武汉大学规划教材

多元统计分析与SAS实现

主编　王培刚

副主编　梁　静　张刚鸣

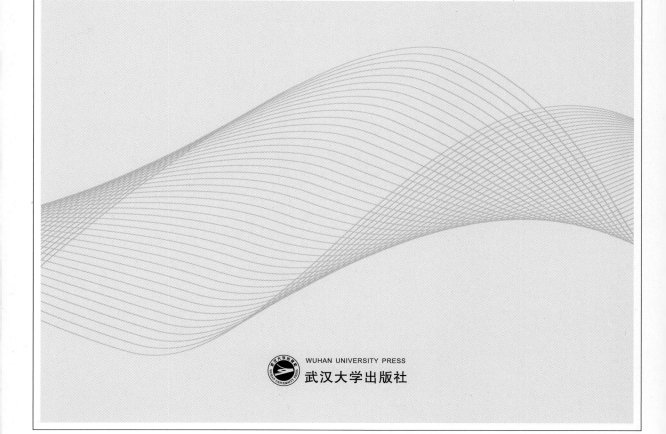

WUHAN UNIVERSITY PRESS
武汉大学出版社

图书在版编目（CIP）数据

多元统计分析与 SAS 实现/王培刚主编.—武汉：武汉大学出版社，
2020.11
武汉大学规划教材
ISBN 978-7-307-21839-0

Ⅰ.多… Ⅱ.王… Ⅲ.多元分析—统计分析—应用软件—高等学校—
教材 Ⅳ.O212.4-39

中国版本图书馆 CIP 数据核字（2020）第 194770 号

责任编辑:林 莉 沈继侠 责任校对:李孟潇 版式设计:马 佳

出版发行：**武汉大学出版社** （430072 武昌 珞珈山）
（电子邮箱：cbs22@whu.edu.cn 网址：www.wdp.com.cn）
印刷:武汉市宏达盛印务有限公司
开本:787×1092 1/16 印张:21 字数:498 千字 插页:1
版次:2020 年 11 月第 1 版 2020 年 11 月第 1 次印刷
ISBN 978-7-307-21839-0 定价:58.00 元

前　言

　　当前，统计分析方法日益成为描述问题、分析问题和解释问题的重要工具。无论是在人们的日常生活，还是在各类学术研究中，都有用到统计分析方法的需求。尤其是随着社会的快速发展、大数据的广泛应用、人工智能的日益普及，统计分析的需求和应用范围越来越大，编写本书就是希望能够为广大对统计分析有着广泛爱好的读者提供一种学习指南。

　　本书的主要目的是对学术研究中常用的多元统计方法进行较为详细的介绍。主要根据结局变量的类型和研究方法类型等进行章节的布局，既有常见的方差分析、多元线性回归、Logistic 回归、计数资料回归，也有针对降维数据的研究方法，如因子分析、结构方程模型、潜在类别分析。在这些分析中，还引入了时间维度的研究设计方法，如发展模型、年龄-时期-队列模型，同时，还都不同程度地引入了纵向研究设计的方法。除此之外，也介绍了近些年基于因果推断的反事实研究方法——倾向值评分。

　　本书主要是以中高年级本科生、研究生和广大科研人员为读者对象进行编写的，特别注重涵盖多元统计分析方法的核心内容，尤其强调方法在卫生管理学、卫生统计学、社会医学、人口学、社会学、心理学等多学科的广泛应用，以读者能够快速熟练地掌握这些常见统计分析方法为主要原则。为保持全书格式的一致性，本书还在案例的选择上特别强调数据库来源的一致性、开放性和可及性。各个章节的分析程序是基于 SAS 这一常用的统计分析软件，除个别方法目前在 SAS 程序中无法获取相应的程序外。

　　本书在编写过程中，还特别注意对前沿研究方法的介绍，但也同时考虑到研究方法的广泛适用性。在编写过程中，有不少章节都是采用本课题组已发表论文中的数据和研究方法，为了更好地体现其应用性，有的对有关数据进行缩减，有的对其分析模型进行了简化，有的则原汁原味地保留了分析的全过程，衷心希望本书能够为广大统计分析爱好者在工作中提供帮助和支持。有关本书数据来源，读者可以通过网址 http：//rkjk. whu. edu. cn/进行获取。如对本书有建设性意见或有关疑问，也可以和我们联系，联系邮箱为 phnohu@ whu. edu. en，以便进一步改进和提高。

　　本书的编写得到了本课题成员的大力协助，他们平时接受过比较系统的多元统计方法的训练。参与本书编写的主要成员有：张刚鸣（第一章）、王岑（第二章）、唐芳（第三章）、郑思、唐芳（第四章）、贺安琦（第五章）、吴淑琴、何甜田（第六章）、郑晨（第七章）、张刚鸣、潘超平（第八章）、张玲（第九章）、杨银梅（第十章）、喻妍（第十一章）、潘超平（第十二章）、梁静（第十三章）、姜俊丰（第十四章）。作为主编，我设计了本书的写作框架及对写作工作进行了总体统筹，对写作过程中的疑问和修改中的问题进行了反馈和答疑，并完成统稿的审读和定稿。在这个过程中，梁静和张刚鸣协助主编进行了有关章节的前期审读和校稿，梁静还协助主编进行了沟通联络等工作，对于上述人员的工作致以诚挚的谢意！

　　本书的出版工作得到了武汉大学本科生院、武汉大学出版社的大力支持！武汉大学将本书遴选为年度规划教材，促使我们以一种积极的工作热情来推进本书的编写和出版。武汉大学出版社林莉社长、沈继侠编辑为本书的出版付出了大量的努力，对她们认真严谨的工作态度表示衷心的感谢！当然，由于时间和能力有限，书中漏错之处在所难免，请广大学界同仁和读者朋友多批评指正。

王培刚

2020 年 8 月 30 日

目 录

1

第1章 引　言

　　正如法国雕塑家罗丹的名作《思想者》所言，人类成功脱离动物最重要的那一刻就拥有了思想。数万年来，无论是在原始社会的简陋棚屋里，还是在现代琳琅满目的高科技的精密实验室中，人类无时无刻不在对环绕着自己的外部环境展开着思考与探索。统计学（statistics），就是人类在对周围环境运动规律探索与总结的过程中诞生的，这种探索的对象小到一个苹果的掉落或者一场赌博的胜负，大到一个社会的变迁乃至宇宙星球的变化，而所有探索的目的都是为了发现真相、总结规律，以便人类能够更好地去认识和了解，甚至是利用自己生活的这个世界。

　　关于统计学究竟是什么，在英文权威词典《韦伯斯特国际字典》（*Webster's International Dictionary*）中，统计学被定义为"a branch of mathematics dealing with the collection, analysis, interpretation, and presentation of masses of numerical data"（一系列收集、分析、阐释并且表达大量数字的数学方法）。在中文权威词典《辞海》中，对于统计学定义的阐释也大致相同，即是研究如何收集、分析和表达数据，并通过数据信息对所研究的事物或现象得出结论的科学。总而言之，统计学是一门处理数据中变异性的科学与艺术，其内容包括收集、分析、解释和表达数据，目的是求得可靠的结果。它是一门古老的学科，早在 1690 年，英国的学者 William Petty 就运用了定量分析的方法对英国当时的社会经济问题进行了分析。同时，它又是一门历久弥新的学科，一直随着政治、经济、文化等社会环境的变化而发展。本章主要包括三个内容，首先是对统计学在近现代以来的发展变迁进行论述并介绍本书中各个章节的逻辑关系；其次是对一些多元统计分析的概念进行温习，以便读者能更快地适应本书的高阶方法；最后是对读者在运用统计学进行分析时的一些注意事项进行提醒。

1.1　近现代多元统计分析的发展和突破

　　早在 1690 年，英国学者 William Petty 就运用定量分析的方法对当时英国的社会经济问题展开了一系列的探索。但是那时候的统计学还远远不能被称为一门科学，因为统计分析中的各种谬误严重影响了人们对真相的把握。其中一个最大的挑战就在于如何通过一部分具有代表性的样本来推断出总体的特征与规律。步入近代，随着数学方法的突破，以 Karl Pearson、Ronald Fisher、William Sealy Gosset 等为代表的学者进一步将统计学推入了以推断统计，即以随机样本来推断总体数量特征为主要方法的时代，这完美地解决了样本推断到总体的这一困境，并使得其成为可以分析任何其他科学的一般研究方法，从而广泛地应用在了医学实验、临床试验、流行病学调查以及社会科学等多领域的研究中。这些方法主要有假设检验(hypothesis test)、一般线性回归(simple linear regression)、多元线性回归(multiple linear regression)、Logistic 回归(logistic regression)和广义线性回归(generalized linear regression)。

步入现代，上述这些方法至今仍然被沿用，同时依旧是解决许多问题的有效手段。但是随着科研问题的逐渐复杂化和对因果推断关系要求的提升，传统统计学方法的弊端和无法解决的问题也逐渐暴露了出来。例如，我们研究的每一个个体都不是独立存在于社会之中的。不论我们研究的问题是医学问题还是社会问题，这些个体都会不同程度地受到自己所嵌套的群体的影响。以我们对儿童的心理健康展开的研究为例，在这一研究中儿童是我们研究的对象，但是每个儿童都有其所处的家庭和社区，其心理健康会在一定程度上受到其所处的家庭和社区的影响，即每个儿童是嵌套在家庭和社区这个层面上的。因此当我们再采用传统的回归或方差分析时，就会因为模型估计的标准误产生偏倚，影响了我们对事实与真相的把握。同样，我们在研究时也会遇到一些无法直接观测的变量，这些变量该如何测量和解释，以及如何在无法进行随机对照试验时尽可能地做到因果关系推断的准确性，等等。这些问题都是传统的统计学无法解决的。可是，统计学对真相的追随并不会因此而停住脚步，进入 20 世纪 60 年代，随着数学方法在统计学中应用的进一步加强，计算机技术的迅猛发展，新一代的统计和测量理论及方法开始出现。

这其中最突出的就是多层分析的理论与方法。多层分析方法是为了解决上述的嵌套结构数据而产生的一种方法，其于 20 世纪 90 年代才最终完善成熟，目前已经被广泛使用和接受。如前所述，在开展教育、管理、经济等问题研究的取样过程中，样本往往会呈现出嵌套的结构。这种嵌套结构的样本采用传统的回归分析时往往会导致估计的误差，而采用多层分析的方法不仅可以减少这种误差，而且可以避免由于人为选择分析单位而出现的错误。在多层分析中，各层样本均可以作为分析单位，而且还可以研究它们之间的交互作用，从而进一步加强对各种相互因素探究的力度，拓宽了各专业的研究范围，深化了研究的思路。目前多层分析方法已经日趋成熟，在新一代统计方法中一直处于前沿的位置(王济川等，2008)。

为了解决在研究中不能直接测量变量的问题，结构方程模型(structural equation model)逐渐获得了发展和应用，且成为了现代统计分析方法的另外一个显著成就。潜变量(latent variable)是在心理、教育和社会学中都会涉及的一种变量，即不能直接观察和测量的变量，如智力、社会地位、学习动机等。结构方程模型主要将因子分析的测量能力与路径分析回归建模能力结合起来，使得潜变量可以被几个外显变量来间接测量，并且能够通过分析问题的主效应和交互效应进行探究。这种方法一经问世就被广大的研究者青睐，目前正日趋专业化、复杂化和深入化。

除了上述两个突破外，统计分析技术另外一个显著的突破就是对于纵向数据的分析。相比较于横断面数据，纵向数据最大的优点就在于能够合理地推论变量之间存在的因果关系。一般来讲，要想得出变量之间的因果关系，原因变量(自变量)与结果变量(因变量)之间需要满足下列几个条件：(1)时间顺序上，假设存在因果关系的原因变量必须发生在结果变量之前。(2)假设存在因果关系的原因变量和结果变量之间存在显著的关联。(3)

在所考虑的模型中，其他原因变量(混杂效应)对于结果变量的影响能够被控制或排除(刘红云等，2005)。由此可见，横断面数据不可能实现上述的第一个条件，也就是说横断面数据在变量之间因果关系的推断上具有先天的缺陷与不足。但也正是由于纵向数据的这个优势，所以在科学研究中，运用纵向数据来探讨数据之间的因果关系及其发展与增长的规律。然而纵向数据分析有着一定的数据结构和分析模式，如果采用传统的分析方法对纵向数据进行分析则会导致结果的偏倚。比如，在纵向数据中，对个体进行多次数据的采集，这些数据之间本身就具有很强的相关性，即违背了一般线性回归中的独立同分布原则，所以采用一般的线性回归进行分析则会带来较大的偏倚，影响了我们对事物的把握。目前，对于纵向数据的分析主要是基于分层模型和结构方程模型的理论和方法各自发展出来的一套独立的解法，分别是发展模型(growth model)和潜变量发展模型(latent growth model)。这两种方法均能较好地适应纵向数据分析的需求，克服传统分析带来的偏倚，极大地促进了统计分析技术的发展。除此之外，另外一种纵向数据分析的模型——年龄-时期-队列模型(age-period-cohort model)也在20世纪70年代提出并快速地发展。由于APC模型能够很好地将研究对象的队列效应、年龄效应和时期效应分离出来，也在如人口学、流行病学等诸多学科中广受青睐。

对于研究变量之间的因果推断，众所周知，随机对照试验能够提供最为精确的证据，也一直被视为研究设计的金标准。可是，在大部分的研究中，尤其在数量庞大、实施难度高且违反伦理的情况下，随机对照试验基本不可能得以实现。那么这些研究就永远无法得到最真实的证据了吗？经过科研人员的不懈努力，一种名叫倾向值匹配的方法于21世纪初逐渐被广泛应用。这种方法基于反事实推断的原理被证明是使用非实验数据或观测数据进行干预效应评估时很有用的、较为新颖且具有创造性的方法，并在流行病学、经济学和社会科学等领域得到了广泛的应用(苏毓淞，2017)。

上述就是步入近现代以来统计分析方法获得的一些较为显著的突破，本书就是针对这些前沿和高阶的方法展开的解释。但是也遵循着由浅入深的逻辑层次：除了第1章的引言是对整体情况进行的一个概述，从第2章开始每一章节对一个单独的方法展开介绍，且是一个由浅入深、由易到难的过程。第2章和第3章是相对初阶的内容，主要对方差分析、多元线性回归进行了介绍。第4章、第5章、第6章、第7章、第8章则是中阶的内容，主要对进阶回归分析、生存分析、聚类分析、判别分析、主成分分析和因子分析进行了介绍。从第9章开始，是我们本书重点介绍的内容，也是目前统计方法中比较前沿的方法，它们分别是倾向值评分匹配、结构方程模型、潜变量分析、分层模型、发展模型以及年龄-时期-队列模型。

1.2　统计分析基础简介

学习统计学必须要对一些基础与关键的概念进行了解，本节将主要对本书中涉及的一些基础的且非常重要的统计学概念进行介绍，以便于各位读者在后面各个章节中学习。

1. 总体、个体、抽样与推断

在统计学中用总体这个概念来表示研究对象的全体。例如一所学校的全体学生；某一地区的全部成年男子；某个家庭全部的未成年人。当我们试图就某一个总体下结论时，这一总体便称为目标总体（target population）；如果我们研究的数据来源于目标总体的一部分，那么就将其称为研究总体（study population）。需要注意的是，针对研究总体所下的结论，并不一定适用于目标总体。

相应的，组成总体的每一个构成在统计学中被称为个体。事实上，组成总体的个体往往有很多，针对总体的研究中如果把所有的个体一个一个地都进行观察会费时费力，也毫无意义。例如统计一个地区的所有成年男性的体重，不可能把这一地区几百万的成年男性体重都进行测量，而是科学地从研究总体中抽取少量的且有代表性的个体进行研究。上述这个过程在统计学中被称为抽样（sampling），抽样的个体组成的部分被称为样本（sample）。如前所述，现代统计学是以统计推断（statistical inference）——随机样本数据来推断总体特征为主要方法的。总体、个体、抽样和推断的关系由图 1-1 展示。

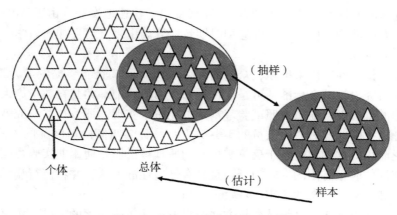

图 1-1　总体、个体与抽样示意图

2. 同质性与异质性

在研究中，我们研究的对象往往是因为拥有一些共同的特征才聚集在一起形成了"总体"，这也就意味着，在总体中的这些个体之间是大同小异的，即具有同质性（homogeneity）。但是，如果总体中的这些个体都完全一样，那么也就失去了研究的意义。我们之所以研究，就是为了发现这些个体之间存在差异的地方，即变异（variation），或者说具有异质性（heterogeneity）。例如，在同一个学校相同性别的小学生具有同质性，属于同一个总体，但是我们要研究的是他们的学习成绩和身体发育情况，这两个方面确实在小学生中是随着个体的不同而在变化的。也就是说，没有同质性不能构成我们研究的总体，而没有异质性则无需我们运用统计学去进行研究。我们统计学的任务就是在变异的背景上描述同一总体的同质性，揭示不同总体的异质性。

3. 变量的类型

总体中个体的特征总是通过一个或多个数量来描述，变异性的存在决定了我们要处理的是变量。变量有多种类型，识别变量的类型也非常重要，因为不同的变量需要用不同的统计学方法来解决。变量的分类方法有很多，可以分为定类变量（nominal variable）、定序变量（ordinal variable）、定距变量（interval variable）和定比变量（ratio variable），定类变量是指按照属性来划分的变量，比如性别、民族、省份等；定序变量不仅含有属性的不同，还隐含有顺序的不同，例如受教育程度等；而定距变量和定比变量不仅有顺序和大小，还可以测量距离，比如年龄、收入和身高等。但总的来说，上面的四种变量划分又可以统一归为分类变量（categorical variable）和数值变量（numerical variable）两大类，其中定类变量和定序变量都可归为分类变量，定距变量和定比变量都可归为数值变量。需要注意的是，数值变量有时候又可以被归为连续型变量。

另外一种普遍使用的划分法是将变量统一划分为定性变量（qualitative variable）和定量变量（quantitative variable）这两种类型。其中在定性变量中又划分为名义变量和有序变量；定量变量中又可分为离散型变量（discrete variable）和连续型变量（continuous variable）。离散型变量只能取整数值。

实际上这两种分法只是变量叫法的区别，意义都大致相同，读者在实际操作中可不必过于纠结变量分类的名称，而是应该主要侧重变量本身的特性。

4. 描述统计

上面了解了统计学的一些基本概念之后，关于统计学本身的分类也需要有一定的了解。总的来说，我们运用统计学这一工具来分析研究问题，主要有两种途径，第一是运用统计学的一些指标来对我们研究的对象进行描述，即描述统计（descriptive statistics）；第二，则是通过我们研究的样本来对研究的总体特征进行推断，即推断统计（inferential statistics）。

如前所述，在研究中，我们不会也不可能将研究总体的数据进行收集。因此在描述统计中，主要是运用一些统计指标和概率分布（probability distribution）来对我们研究对象（样本）的集中趋势和离散（变异）趋势进行描述。主要会用到：

（1）平均数（average）。平均数是目前应用最广、最重要的一个指标体系，常用来描述一组同质观察值的集中位置，反映一组观察值的平均水平。常用的平均数有 3 种。

①算数平均数（arithmetic mean），简称均数（mean）。主要是对服从对称分布的研究对象的平均水平进行描述。当研究对象服从正态分布时，均数能反映全部观察值的平均水平。

②几何平均数（geometrical mean）。几何平均数适用于原始观察值分布不对称，但是经过转换后呈对称分布的变量，比如服从对数正态分布的变量。

③中位数（median）。中位数是将原始观察值按照大小排序后，位次居中的那个数值。在理论上，有一半的观察值低于中位数，一半的观察值高于中位数。中位数适用于各种分布的变量，因为中位数的计算不会受到两段特大或特小值的影响，因此当研究变量呈偏锋分布的时候，中位数更能反映研究对象的平均水平。

（2）极差（range）。极差是对研究对象的离散程度进行描述的指标之一。极差也称为全距，是研究变量（对象）的最大值和最小值之差。当离差越大的时候，说明研究对象数据之间的变异也就越大。值得注意的是，极差受到数据两段极大值或极小值的影响较大。

（3）四分位数间距（inter-quartile range）。四分位数间距又称为四分差，是指将 n 个观察值从小到大排列后，对应于75%位的数值（P_{75}）和25%（P_{25}）位的数值的差。四分位数间距是描述对象离散趋势的一个指标，当其越大时，就意味着数据间的离散趋势越大。相比较极差而言，四分位数间距较稳定，受两段极大或极小数据的影响小，但是无法考虑数据中每个观察值的离散程度。

（4）方差（variance）。方差又称为均方差（mean square deviation），其意义是总体内所有观察值与总体均数差值的平方之和，由于方差考虑了每个观察值与均数的离散程度，因此它在离散程度的描述上比极差和四分位数间距都要好。在分析中，方差越大意味着数据间的离散程度就越大，即被观察变量的变异程度就越大。

（5）标准差（standard deviation）。方差利用了所有观察值的信息描述变量的变异程度，但方差的量纲是原变量量纲的平方。因此，在统计应用中更常用的变异度指标是方差的算术平方根，称为标准差。和方差一样，标准差越大意味着观察值的离散程度越大，特别是对于服从对称分布的变量，常把均数和标准差结合起来，这样就能从平均水平和变异程度两个方面来描述变量的分布特征。

（6）概率分布（probability distribution）。随机变量（random variable）总会遵循一定的概率出现，例如一个袋子里有若干个白色或黑色两种颜色的小球，那么每次从袋子里抽取一个小球，它的颜色只可能是白色或黑色，即取到白色球的概率就是1/2，则每次都有50%的概率抽到白色球就是一种特定的分布规律。也就是说，这种随机变量取值的概率规律就是概率分布。具体而言，概率分布也随着变量的类型而改变，比如离散型变量的概率分布为伯努利分布（Bernoulli distribution）、二项分布（binomial distribution）或泊松分布（Poisson distribution），而连续型变量则多会服从正态分布（normal distribution）。当然还存在其他的一些分布，由于本章仅是对基础性的概念进行介绍，细节的内容就不再一一赘述。值得注意的是，同上述的指标一样，概率分布也是对研究对象描述的一种重要的方式。

5. 推断统计

上述，我们对在描述统计中如何对研究对象（变量）的集中趋势和离散趋势进行描述作了简要的介绍。但是，我们运用统计学对研究对象进行分析更关键的是如何通过样本数据的一些指标来描述总体的特征，下面我们将介绍推断统计的一些内容。

（1）估计（estimation）。由于总体的数据无法全部收集，因此在统计学中，我们寄希望于通过科学收集的样本数据来对总体的情况进行估计。估计分为点估计（point estimation）与区间估计（interval estimation）。以均值为例，点估计就是简单地将样本的均值作为总体的均值进行描述，因此会存在较大的误差。而区间估计，则是运用样本分布（sampling distribution）和中心极限定理（central limit theorem）计算出一个总体均值的取值区间，从而实现了对总体均值的估计。

（2）假设检验（hypothesis testing）。通过样本，对所估计的总体首先提出一个假设，然后通过样本数据去推断是否拒绝这一假设，这个过程被称为假设检验。综合而言，进行假设检验的过程通常分为三步：首先是建立检验假设，其中一个假设被称为零假设/原假设（null hypothesis），通常记为H_0；另一个假设被称为对立假设/备择假设（alternative hypothesis），通常记为H_1。接着，要计算相应的统计量。最后，要根据计算的统计量确定p值。p值的定义是在零假设成立的条件下，出现统计量目前值及更不利于零假设数值的概率。我们在数据分析中经常接触的 t 检验、卡方检验、方差分析都是属于假设检验的范畴。

（3）回归分析（regression analysis）。回归分析这个概念最早是由英国生物学家 Galton 在研究儿子身高与父亲身高之间关系时提出的。他发现，对于高个子的父亲，其儿子的平均身高一定会低于父亲的平均身高。相反，对于矮个子的父亲，其儿子的平均身高则高于父亲的平均身高。于是 Galton 就把这种子代身高向父代平均身高回归的现象称为回归现象。虽然我们现在要学习的回归并非是这种含义，但是后来在研究中，学者们普遍都把研究 X 与 Y 两个变量之间关系的统计学方法称为回归分析。回归分析是研究一个变量如何随另外一个变量变化的方法，在回归中，我们常把被估计或被预测的变量称为因变量（dependent variable）或反应变量（response variable），常用 Y 来表示；Y 所依存的变量称为自变量（independent variable）或解释变量（explanatory variable），或称为预测因子（predictor），常用 X 表示。回归分析是一类统计方法的总称，从简单线性回归、多元线性回归再到 Logistic 回归、广义线性回归，乃至分层模型，其实都属于回归分析的范畴。其主要区别就是变量的数量和类型以及回归估计方法的区别（方积乾等，2013）。

6. 多元统计分析的基础概念

前面我们初步了解了统计分析的基础概念、描述统计以及推断统计中假设检验、回归分析等内容。在我们的实际研究中，我们研究的对象往往都是一些复杂的涉及多个变量之间关系的问题，也就是我们即将介绍的多元统计分析。多元统计分析是与一元统计分析相对应的概念，是讨论多维随机向量的理论和统计方法的总称。在英国统计学家 M. G. Kendall 的著作中，多元统计分析研究的内容和方法被概括为以下几个方面：首先是多元统计分析理论基础，内容主要包括多维随机向量及多维正态随机向量，以及由此定义的多元统计量，推导它们的分布并研究其性质，研究其抽样分布的理论；其次是多元数据的统计推断，主要是多元正态分布的均值向量和协方差矩阵的估计与假设检验等问题；再次多元变量间的相互联系问题，主要是分析一个或几个变量的变化是否依赖于另一些变量的变化，并建立相应的回归分析模型；最后还包括多元数据简化结构（降维）以及分类与判别（归类）的问题，主要包括主成分分析、因子分析、判别分析等。多元统计分析的各个具体内容会在本书中详细讲解。

如前所述，我们在进行描述性统计分析时常常需要对数据的集中趋势和离散趋势进行描述，主要是均值和方差。类似的，在多元统计分析中，我们常用的统计量也包括均值和方差，除此之外，我们还需要计算各个变量之间的协方差（covariance）。但是由于多变量比单变量数据具有一定的复杂性，所以我们常用矩阵的形式对变量之间的关系进行表达。构成矩阵的每一个数据被称为元素，而每个变量的均值与变量间的协方差也被称为均向量（means vector）和协方差矩阵（covariance matrix）。下面主要对均向量和协方差矩阵展开介绍。

（1）均向量。将各个变量的均数用矩阵的形式排列，称为均向量。一般的，对 n 个个体的 M 个变量进行观测，我们可以得到表 1-1 的数据。

表 1-1 多元分析数据结构

个体＼变量	X_1	X_2	$\cdots$	X_m
1	X_{11}	X_{21}	$\cdots$	X_{m1}
2	X_{12}	X_{22}	$\cdots$	X_{m2}
$\vdots$	$\vdots$	$\vdots$	$\cdots$	$\vdots$
n	X_{1n}	X_{2n}	$\cdots$	X_{mn}
均值	$\overline{X}_1$	$\overline{X}_2$		$\overline{X}_m$

则样本的均向量为：$\overline{X} = (\overline{X}_1 \ \overline{X}_2 \cdots \overline{X}_m)'$

总体均向量为：$\mu = (\mu_1 \ \mu_2 \cdots \mu_n)'$

（2）协方差矩阵。一般的，对 n 个个体的 M 个变量进行观测，还如表 1-1 所示，则样本的协方差矩阵为 $m \times m$ 维的对称阵，记为：

$$V = \begin{pmatrix} V_{11} & V_{12} & \cdots & V_{1m} \\ V_{21} & V_{22} & \cdots & V_{2m} \\ \vdots & \vdots & \ddots & \vdots \\ V_{m1} & V_{m2} & \cdots & V_{mm} \end{pmatrix}$$

其中，对角线上为各变量的方差：

$$V_{ik} = V_{ki} = \sum_{j=1}^{n} (X_{ij} - X_i)^2 / n - 1, \ i = 1, \ 2, \ \cdots, \ m, \ i = k$$

对角线两侧则为变量间的协方差：

$$V_{ik} = V_{ki} = \sum_{j=1}^{n} (X_{ij} - X_i)(X_{kj} - X_k) / n - 1, \ i \neq k, \ i = 1, \ 2, \ \cdots, \ m$$

由此可见，方差其实为协方差的特例，而协方差才是更为一般的形式。

1.3　统计分析注意事项

统计学不仅是一门科学，也是一个辅助各个学科开展研究的工具，我们在进行统计分析的时候必须要注意以下几个问题。

第一，从基础开始，从概念起步，充分理解统计方法的内涵与意义。当前，很多学科常常会采用统计学的方法去增强研究的科学性，但也造成了很多研究者在不充分理解某一统计方法的情况下的错用误用，不仅影响了结果的科学性，也误导了其他的读者。我们在进行统计学学习的时候，必须要从基础学起，充分理解统计学的真正内涵。例如，很多读者都知道在进行统计分析时要报告一个 p 值，然而很多人却不能真正理解 P 值的意义与内涵。同样，很多研究者在做研究时也都知道对两组样本进行比较时要采用假设检验，但却不理解为什么要做？有时也会误用 T 检验和卡方检验，这些都是基础不扎实不牢靠的体现。因此，在对研究对象进行统计分析时，必须要对自己将采取的方法进行充分的了解。

第二，在进行统计分析前要对自己的研究有着明确的设计，同时要注意自己选用方法的适用条件与前提。任何统计学方法，都有着一定的假设与前提。因此在开展研究之前，我们必须要明确研究设计，也要仔细地考量即将采用的方法是否符合既有的一些前提与假设。例如，回归分析是要求在正态分布和等方差的前提下进行分析的，但是如果在进行回归分析时，未对数据进行概率分布的正态性检验或检验其是否满足等方差条件，通常会使结果有较大的偏倚。另外，科学是要求结果具有"可重复性"的，某种方法某种结果不仅在一篇论文中有相同的结果，有可能在其他的研究中也会出现同样的结果。因此，在进行统计分析时，尤其在论文撰写时，需要把自己的统计方法进行充分的阐释，以便其他研究人员能够检验结果的准确性。

第三，不要过度追求 p 值小于 0.05，而忽视了研究对象的本身。同时也不要过度强调方法的复杂性而忽略了研究设计本身。过分强调统计学方法往往容易忽视被研究对象的本身。$p < 0.05$ 仅仅是一个统计学上的指标，但结果必须要满足被研究对象事实的合理性。Fisher 强调，研究者应该根据广泛的专业知识对显著性水平进行解释。统计学方法的进步，是为了能够最大限度地克服从样本推广到总体，或者是统计方法本身误差带来的偏倚。然而，无论统计方法如何复杂都无法与研究设计上的精确相媲美。以医学为例，从 20 世纪 50 年代到 70 年代，随机临床试验成为了医学研究的金标准，因为随机临床试验对于因果推断具有强有力的说服作用。在随机临床试验的背景下，简单的假设检验就可以满足分析的需要。然而，对于其他的研究设计，在无法达到随机临床试验在因果推断的有力支持下，就需要在统计方法上对因果推断的说服力进行优化。所以，我们在进行统计分析时要尽量采用精确设计的研究，而不是一开始就追求统计方法的复杂性。

◎ 本章小结

统计学是一门追求真相的学科，步入近代，随着研究问题复杂性的加深和计算机科技的发展，统计学也逐步加强了因果推断的能力，并在分层模型、结构方程模型以及纵向数据追踪上取得了一定的突破。本书主要针对目前国际上一些前沿方法展开介绍。在学习统计学时，不论何种复杂的方法，它的解决思想其实都是由基础的方法演化而来的，因此我们必须要加强对统计学基础知识的把握，了解推断统计学和描述统计学的一些核心内容。这样才能举一反三，更好地对前沿的分析方法进行把握。

◎ 参考文献

[1]刘红云，张雷.追踪数据方法及其运用[M].北京：教育科技出版社，2005.

[2]王济川，谢海义，姜宝法.多层统计分析模型[M].北京：高等教育出版社，2008.

[3]苏毓淞.倾向值匹配法的概述与应用——从统计关联到因果推断[M].重庆：重庆大学出版社，2017.

[4]方积乾，徐勇勇，陈锋等.卫生统计学[M].北京：人民卫生出版社，2013.

第 2 章　方 差 分 析

在科学实验和生活实践中，许多事物的发展常常受到诸多因素影响。而方差分析的目的就是通过数据分析找出对该事物有显著影响的因素，研究各因素之间的交互作用。数理统计中一种有效的方法就是方差分析。方差分析可以认为是假设检验的某种推广，在数理统计中有着广泛的应用。本章我们将以方差分析的基本原理为基础来重点介绍几种常用的方差分析模型，旨在能由浅入深、更为全面地介绍不同资料类型的方差分析。

2.1　方差分析简介

方差分析(analysis of variance，ANOVA)，由英国统计学家 R. A. Fisher 在 1923 年提出，为纪念 Fisher，以 F 命名，故方差分析又称 F 检验，常用于两个及两个以上样本均数差别的显著性检验。方差分析的基本思想是：根据资料设计的类型及研究目的，将总变异分解为两个或多个部分，每个部分的变异可由某因素的作用来解释。通过分析研究中不同来源的变异对总变异的贡献大小，从而确定可控因素对研究结果影响力的大小(孙振球，2014)。

方差分析的应用条件为：各样本须是相互独立的随机样本；各样本来自正态分布总体；各总体方差相等，即满足方差齐性。还需假定每一个观察值都由若干部分累加而成，即总的效果可分成若干部分，而每一部分都有一个特定的含义，称之为效应的可加性。基于以上假定条件，方差分析才能将方差的差异性推断转换成对两个以上总体均值的差异性推断。方差分析的思想逻辑为：将全部观测值的总变异按影响结果的诸因素分解为相应的若干部分变异，构造出反映各部分变异作用的统计量，在此基础上，构建假设检验统计量 F 值，以实现对总体均数是否有差别的推断。

下面以单因素方差分析为例，介绍方差分析原理：

将 N 个实验对象(对人称受试对象)随机分为 $g(g \geqslant 2)$ 组，分别接受不同的处理，第 g 组的样本含量为 n_i，第 $i(i = 1, 2, \cdots, g)$ 处理组的第 $j(j = 1, 2, \cdots, n_i)$ 个测量值用 X_{ij} 表示。方差分析的目的就是在零假设 $H_0: \mu_1 = \mu_2 = \cdots = \mu_k$ 成立的条件下，通过分析各处理组均数 $\overline{X_i}$ 之间的差别大小，推断 g 个总体均数间有无差别，从而说明处理因素的效果是否存在。

归纳整理数据的格式和符号，如表 2-1 所示。

表 2-1				**g 个处理组的试验结果**						
处理分组			测量值						统计量	
1 水平	X_{11}	X_{12}	$\cdots$	X_{1j}	$\cdots$	X_{1n_1}	n_1	$\overline{X}_1$	S_1
2 水平	X_{21}	X_{22}	$\cdots$	X_{2j}	$\cdots$	X_{2n_2}	n_2	$\overline{X}_2$	S_2
$\cdots$	$\cdots$	$\cdots$	$\cdots$	$\cdots$		$\cdots$	$\cdots$	$\cdots$	$\cdots$
g 水平	X_{g1}	X_{g2}	$\cdots$	X_{gj}	$\cdots$	X_{gn_g}	n_g	$\overline{X}_g$	S_g

记总均数 $\overline{X} = \sum\limits_{i=1}^{g} \sum\limits_{j=1}^{n_i} X_{ij}/N$，各处理组均数为 $\overline{X}_i = \sum\limits_{j=1}^{n_i} X_{ij}/n_i$，总例数为 $N = n_1 + n_2 + \cdots + n_g$，$g$ 为处理组数。

实验数据有三种不同的变异：总变异、组间变异和组内变并(孙振球，2014)。

(1)总变异：全部测量值大小不同，这种变异称为总变异。总变异的大小可以用离均差平方和(sum of squares of deviations from mean，SS)表示，即各变量值与总均数 ($\overline{X}$) 差值的平方和，记为SS总。总变异SS总反映了所有测量值之间总的变异程度。离均差平方和及自由度分别表示如下：

$$SS_{总} = \sum_{i=1}^{g} \sum_{j=1}^{n_i} (X_{ij} - \overline{X})^2 = \sum_{i=1}^{g} \sum_{j=1}^{n_i} X_{ij}^2 - C \tag{2-1}$$

其中
$$C = \frac{\left(\sum\limits_{i=1}^{g} \sum\limits_{j=1}^{n_i} X_{ij}\right)^2}{N}, \quad \nu_{总} = N - 1$$

(2)组间变异：各处理组由于接受处理的水平不同，各组的样本均数($i = 1, 2, \cdots, g$)也大小不等，这种变异称为组间变异。其大小可用各组均数 $\overline{X}_i$ 与总均数 $\overline{X}$ 的离均差平方和表示，记为SS组间。

$$SS_{组间} = \sum_{i=1}^{g} n_i (\overline{X}_i - \overline{X})^2 = \sum_{i=1}^{g} \frac{\left(\sum\limits_{j=1}^{n_i} X_{ij}\right)^2}{n_i} - C \tag{2-2}$$

$$\nu_{组间} = g - 1$$

(3)组内变异：在同一处理组中，虽然每个受试对象接受的处理相同，但测量值仍各不相同，这种变异称为组内变异(误差)。组内变异可用组内各测量值 X_{ij} 与其所在组的均数的差值的平方和表示，记为SS组内，其表示随机误差的影响。

$$SS_{组内} = \sum_{i=1}^{g} \sum_{j=1}^{n_i} (X_{ij} - \overline{X}_i)^2 \tag{2-3}$$

$$\nu_{组内} = N - g$$

三种变异的关系如下：

总离均差平方和分解为组间离均差平方和与组内离均差平方和。

$$SS_{总} = SS_{组间} + SS_{组内} \tag{2-4}$$

相应地，总自由度分解为组间自由度和组内自由度。

$$\upsilon_\text{总} = N - 1 = (N - g) + (g - 1) = \upsilon_\text{组内} + \upsilon_\text{组间} \tag{2-5}$$

变异程度除与离均差平方和的大小有关外，还与其自由度有关，由于各部分自由度不相等，因此各部分离均差平方和不能直接比较，须将各部分离均差平方和除以相应的自由度，其比值称为均方差，简称均方(mean square，MS)。组间均方和组内均方的计算公式为：

$$\text{MS}_\text{组间} = \frac{\text{SS}_\text{组间}}{\upsilon_\text{组间}} \tag{2-6}$$

$$\text{MS}_\text{组内} = \frac{\text{SS}_\text{组内}}{\upsilon_\text{组内}} \tag{2-7}$$

组内均方和组间均方的比值称为 F 统计量，即：

$$F = \frac{\text{MS}_\text{组间}}{\text{MS}_\text{组内}} \tag{2-8}$$

F 值的分布服从 F 分布，所以 F 值在 F 分布上有对应的显著概率 p 值。当 p 值大于假设检验的显著性水平时，说明组间方差和组内方差没有显著性差异，也就是说因素的不同水平对于数据总体没有影响；反之，当 p 值小于假设检验的显著性水平，说明因素的不同水平对于数据总体有影响。

最基础的完全随机设计资料的变异分解如表 2-2 所示。

表 2-2 　　　　　　　　　　　单因素完全随机设计方差分析表

变异来源	自由度	SS	MS	F
总变异	$N - 1$	$\sum\limits_{i=1}^{g}\sum\limits_{j=1}^{n_i} X_{ij}^{2} - C$		
组　　间	$g - 1$	$\sum\limits_{i=1}^{g}\dfrac{\left(\sum\limits_{j=1}^{n_i} X_{ij}\right)^2}{n_i} - C$	$\dfrac{\text{SS}_\text{组间}}{\upsilon_\text{组间}}$	$\dfrac{\text{MS}_\text{组间}}{\text{MS}_\text{组内}}$
组　　内	$N - g$	$\text{SS}_\text{总} - \text{SS}_\text{组间}$	$\dfrac{\text{SS}_\text{组内}}{\upsilon_\text{组内}}$	

从上面可以看出方差分析的基本思想是根据研究的目的和设计类型，将总变异 $\text{SS}_\text{总}$ 及其自由度 υ 分别分解成相应的若干部分，然后求各相应部分的变异。再用各部分的变异与组内变异进行比较，得出统计量 F 值。最后根据 F 值的大小确定 p 值，作出统计推断(孙振球，2014)。

方差分析能够一次性比较两个及两个以上的总体均值，看它们之间是否有显著性差异。t 检验和 u 检验虽然适用于两个样本均数的比较，但对于多个样本均数的比较，如果仍用 t 检验或 u 检验，犯第一类错误的概率就会增加。因而 t 检验和 u 检验并不适用于多个样本均数的比较。用方差分析比较多个样本均数，可有效地控制第一类错误。常用的方差分析方法包括：单因素方差分析、多因素方差分析、多元方差分析、协方差分析、重复测量方差分析，这几种方法将在后几节中详细介绍。

2.2 一元方差分析

一般情况下，基本的一元方差分析模型可分为：（1）单因素方差分析（one-way ANOVA）：主要用于检验一个因素（自变量）对所研究变量（因变量）的影响大小。（2）多因素方差分析（two/ more-way ANOVA）：检验两个或两个以上因素（自变量）的变化对某一研究变量（因变量）的影响。

2.2.1 单因素方差分析

2.2.1.1 单因素方差简介

在上一节中，以单因素方差分析为例详细介绍了方差分析的基本思想及分析逻辑。实际上，单因素方差分析就是指对单因素试验结果进行分析，检验因素对试验结果有无显著性影响的方法。单因素方差分析是两个样本平均数比较的引伸，它是用来检验多个平均数之间的差异，从而确定因素对试验结果有无显著性影响的一种统计方法（赵丹亚等，2000）。在使用单因素方差分析来进行比较分析的过程中，用 y_{ij} 表示第 i 个处理组第 j 个测量值，我们可以对其进行分解，公式可以表示为：

$$y_{ij} = \mu + \alpha_i + \varepsilon_{ij} \tag{2-9}$$

这里 μ 表示总的平均值，α_i 表示第 i 个处理组的影响效应，ε_{ij} 是随机误差，它表示所有其他未加控制因素以及各种误差的总效应。

这个模型是方差分析模型中最为简单的一种模型，称为单因素方差分析模型，因为它只涉及一个因素。

2.2.1.2 实例分析与 SAS 实现

为分析 2010 年我国不同地区人口平均预期寿命，本小节节选了 2018 年《中国卫生健康统计年鉴》中 2010 年部分省级行政地区人口平均预期寿命数据。我们将数据以北部、中部、南部划分成 3 个地区。通过单因素方差分析来进行比较分析，数据如表 2-3 所示。

表 2-3　　　　　　　　　　我国部分地区人口平均预期寿命

省份	area	age	省份	area	age	省份	area	age
天　津	1	74.91	湖　北	2	72.37	江　苏	3	73.91
河　北	1	72.54	湖　南	2	70.07	浙　江	3	74.7
内蒙古	1	71.65	重　庆	2	71.73	贵　州	3	65.96
辽　宁	1	69.87	四　川	2	71.2	福　建	3	72.55
吉　林	1	73.34	安　徽	2	71.85	广　西	3	71.29
黑龙江	1	73.1	江　西	2	68.95	海　南	3	72.92

注：原始数据来源于《中国卫生健康统计年鉴》（2018 年）。

本节将其数据集命名为 exe2_1，在 SAS 程序中导入数据集。其中所涉及的变量有：

因变量：

age：表示 2010 年人口平均预期寿命

自变量：

area：不同地区（1＝北部，2＝中部，3＝南部）

SAS 程序：

data exe2_1; set work. exe2_1;

proc univariate normal；

var age；

class area；

run；

proc anova；

class area；

model age＝area；

means area/snk；

means area/hovtest；

run；

SAS 程序解释：

proc univariate normal 做正态性检验。利用 **proc anova** 过程对数据进行方差分析，class 语句指定分类变量，指定模型中的效应因子变量。model 语句定义分析所用的效应模型，即方差分析的因变量和效应变量。model age＝area 定义模型，分析 area 对 age 的影响。means 语句计算和比较均值，指令系统输出这个语句中给出的每一个效应变量各个水平对应的因变量的均值，或几个效应变量交叉水平对应的因变量的均值，并且可以检验比较各个水平对应的均值之间的两两差异，这里的/snk 就是 SNK-q 检验，适用于多个样本均数两两之间的全面比较。hovtest 进行方差齐性检验。

SAS 结果：

SAS 结果输出如下：

Tests for Normality				
Test	Statistic		p Value	
Shapiro-Wilk	W	0. 900666	Pr<W	0. 3779
Kolmogorov-Smirnov	D	0. 271536	Pr>D	>0. 1500
Cramer-von Mises	W-Sq	0. 061886	Pr>W-Sq	>0. 2500
Anderson-Darling	A-Sq	0. 368787	Pr>A-Sq	>0. 2500

图 2-1(a)　北部地区数据正态性检验结果

Tests for Normality				
Test	Statistic		p Value	
Shapiro-Wilk	W	0.939387	Pr<W	0.6543
Kolmogorov-Smirnov	D	0.196955	Pr>D	>0.1500
Cramer-von Mises	W-Sq	0.047854	Pr>W-Sq	>0.2500
Anderson-Darling	A-Sq	0.291169	Pr>A-Sq	>0.2500

图 2-1(b)　中部地区数据正态性检验结果

Tests for Normality				
Test	Statistic		p Value	
Shapiro-Wilk	W	0.848554	Pr<W	0.1532
Kolmogorov-Smirnov	D	0.276572	Pr>D	>0.1500
Cramer-von Mises	W-Sq	0.085881	Pr>W-Sq	0.1422
Anderson-Darling	A-Sq	0.500661	Pr>A-Sq	0.1260

图 2-1(c)　南部地区数据正态性检验结果

Levene's Test for Homogeneity of age Variance ANOVA of Squared Deviations from Group Means					
Source	DF	Sum of Squares	Mean Square	F Value	Pr>F
area	2	54.0839	27.0419	1.30	0.3015
Error	15	312.0	20.7970		

图 2-1(d) 方差齐性检验结果

Source	DF	Sum of Squares	Mean Square	F Value	Pr>F
Model	2	4.60401111	2.30200556	0.88	0.4367
Error	15	39.41343333	2.62756222		
Corrected Total	17	44.01744444			

图 2-2　方差分析结果

Means with the same letter are not significantly different.			
SNK Grouping	Mean	N	area
A	76.1400	6	1
A			
A	75.4383	6	3
A			
A	74.9050	6	2

图 2-3　三组样本均值比较的检验结果

SAS 结果解释：

图 2-1(a)到图 2-1(d)显示三组样本的正态性检验(参考 Shapiro-Wilk 值,三组 $p>0.05$)均服从正态分布。总体方差齐性检验结果为 $p=0.3015(p>0.05)$,即说明样本数据符合方差齐性。图 2-2 是模型的总体检验结果,F 值=1.32,$p=0.4367(p>0.05)$,模型不具有统计学意义。结果表明我国南部、中部、北部地区人口平均预期寿命没有显著性差异。图 2-3 显示了用 SNK-q 法三组样本均值比较的检验结果,次序由各组平均数由高到低排列,平均数没有显著差异的一组会被分配到相同字母。本例中三组均没有显著差异,这与前面的结论一致。

2.2.2　多因素方差分析

2.2.2.1　多因素方差分析简介

在研究中,单因素方差分析只着眼于单独的某个因素对于因变量的影响,但由于诸多条件因素的限制,还会有很多其他因素无法控制,并且大多数研究者也不仅仅满足于单因素的方差分析。在本节,我们将介绍多因素方差分析,它是对一个独立变量是否受一个或多个因素或变量影响而进行的方差分析,也用于检验不同水平组合之间因变量均数受不同因素影响是否有差异。在多因素方差分析过程中可以分析每一个因素的作用,可以分析因素之间的交互作用,也可以分析协方差,以及各因素变量与协变量之间的交互作用。同样地,多因素方差分析要求因变量来源于正态分布总体并相互独立,且相互比较的各样本总体方差相等。

以下述表 2-5 的数据为例,分析 2000 年与 2010 年我国部分地区人口平均预期寿命差异,这时观测值可表示为 y_{ijk},它表示第 i 个地区第 j 年第 k 个省的人口平均预期寿命,可将其分解为(王松桂,1999):

$$y_{ijk} = \mu + \alpha_i + \beta_j + \gamma_{ij} + \varepsilon_{ijk} \tag{2-10}$$

这里 μ 表示总的平均值，α_i 表示第 i 个地区的影响效应，β_j 表示第 j 年的效应，ε_{ijk} 是随机误差。此例中，$i=1,2,3$；$j=1,2$；$k=1,2,3,4$，问题包含了两个因素：不同的地区和不同的年份。γ_{ij} 则表示地区和年份两因素之间的交互作用。当某因素的各个单独效应随另一因素变化而变化时，则称这两个因素间存在交互作用。

基于方差模型的基本思想，对全部数据总平方和SS$_{总}$进行分解，即：

$$SS_{总} = SS_E + SS_A + SS_B + SS_{AB} \qquad (2\text{-}11)$$

其中SS$_E$ 为误差平方和，SS$_A$ 为因素 A 的平方和，SS$_B$ 为因素 B 的平方和，SS$_{AB}$ 为交互作用的平方和，反映 A 和 B 的交互作用对因变量的影响。

在考虑交互作用的情况下，除了需要检验因素 A、B 对于因变量的影响有无显著差异：H_1：$a_1 = a_2 = \cdots = \alpha_a = 0$；$H_2$：$\beta_1 = \beta_2 = \cdots = \beta_b = 0$，还需要检验交互效应是否存在，即检验：$H_3$：$\gamma_{ij} = 0$，$i = 1,2,\cdots,a$；$j = 1,2,\cdots,b$；当 H_3 成立：

$$F_{AB} = \frac{\dfrac{SS_{AB}}{(a-1)(b-1)}}{\dfrac{SS_E}{ab(c-1)}} = \frac{MS_{AB}}{MS_E} \qquad (2\text{-}12)$$

根据此统计量，可以检验 H_3。如果经检验接受 H_3，则可以认为交互效应不存在。那么此时可以进一步检验因素 A 或因素 B 的各水平效应有无显著差异。以上可以归纳成如表 2-4 所示的内容。

表 2-4   两因素方差分析表

变异来源	自由度	SS	MS	F
总变异	$abc - 1$	SS$_{总}$		
A 主效应	$a - 1$	SS$_A$	$MS_A = \dfrac{SS_A}{a-1}$	$F_A = \dfrac{MS_A}{MS_E}$
B 主效应	$b - 1$	SS$_B$	$MS_B = \dfrac{SS_B}{b-1}$	$F_B = \dfrac{MS_B}{MS_E}$
AB	$(a-1)(b-1)$	SS$_{AB}$	$MS_{AB} = \dfrac{SS_{AB}}{(a-1)(b-1)}$	$F_{AB} = \dfrac{MS_{AB}}{MS_E}$
误差	$ab(c-1)$	SS$_E$	MS_E	

2.2.2.2 实例分析与 SAS 实现

本节通过多因素方差分析 2000 年与 2010 年我国部分地区人口平均预期寿命的差异，使用数据如表 2-5 所示，数据集命名为 exe2_2。

表 2-5　　　　　　　　　　　　　我国部分地区人口平均预期寿命

省份	area	2000 年 age	2010 年 age	省份	area	2000 年 age	2010 年 age	省份	area	2000 年 age	2010 年 age
天　津	1	74.91	78.89	湖　北	2	72.37	74.87	江　苏	3	73.91	76.63
河　北	1	72.54	74.97	湖　南	2	70.07	74.7	浙　江	3	74.7	77.73
内蒙古	1	71.65	74.44	重　庆	2	71.73	75.7	贵　州	3	65.96	71.1
辽　宁	1	69.87	76.38	四　川	2	71.2	74.75	福　建	3	72.55	75.76
吉　林	1	73.34	76.18	安　徽	2	71.85	75.08	广　西	3	71.29	75.11
黑龙江	1	73.1	75.98	江　西	2	68.95	74.33	海　南	3	72.92	76.3

注：原始数据来源于《中国卫生健康统计年鉴》(2018 年)。

因变量：

age：表示平均预期寿命

自变量：

area：3 个不同地区(1＝北部，2＝中部，3＝南部)

year：年份(1＝2000 年，2＝2010 年)

SAS 程序：

data exe2_2；set work. exe2_2；

proc anova；

class area year；

model age＝area year area * year；

run；

SAS 程序解释：

proc anova 调用 anova 过程步进行方差分析，class area year 定义分组变量分别为 area 和 year；model age＝area year area * year 定义模型，分析 area 和 year 对 age 的影响。

SAS 结果：

SAS 结果输出如下：

Source	DF	Sum of Squares	Mean Square	F Value	Pr>F
Model	5	132.7145472	26.5429094	7.17	0.0002
Error	30	111.1328833	3.7044294		
Corrected Total	35	243.8474306			

图 2-4(a)　多因素方差分析总体检验结果

R-Square	Coeff Var	Root MSE	age Mean
0.544252	2.612888	1.924689	73.66139

图 2-4(b)　确定系数结果

Source	DF	Anova SS	Mean Square	F Value	Pr>F
area	2	11.5510056	5.7755028	1.56	0.2269
year	1	120.9633361	120.9633361	32.65	<.0001
area * year	2	0.2002056	0.1001028	0.03	0.9734

图 2-4(c)　因子的主效应和交互效应检验结果

SAS 结果解释：

上面的结果给出了模型的总体检验结果，$p = 0.0002(p < 0.05)$，差异具有统计学意义，$R^2 = 0.5443$。其中，因子的主效应和交互效应检验结果为：因素 year 对因变量（人口平均预期寿命）的影响具有统计学显著性（$p < 0.05$），而与地区的交互效应（$p = 0.9734$）对人口平均预期寿命的影响则没有显著性影响，说明 2000 年与 2010 年人口平均预期寿命有显著性差异，但与地区无交互作用。

2.3　多元方差分析

在研究数据过程中，常常需要同时观察多个因变量，且各因变量之间相互联系、相互影响。此时，若想要分析不同因素各水平之间的差异，针对不同因变量分别采用一元的 t 检验或方差分析，这样处理数据不仅增加了假阳性错误，还忽略了变量间的相互关系。此外，当一元分析结果不一致时，也就更难得出一个综合结论。因此，为解决这一系列问题，可以采用多元方差分析方法来进行分析。

2.3.1　多元方差分析简介

多元方差分析（multivariate analysis of variance，MANOVA），亦称为多变量方差分析，即表示多元数据的方差分析，是一元方差分析的推广。当因变量（结果变量）不止一个时，可用多元方差分析对它们同时进行分析。作为一个多变量过程，多元方差分析将多个因变量看作一个整体，分析因素对于多个因变量的整体影响，发现不同总体的最大组间差异。多元方差分析是单变量方差分析的推广形式，同样也用于检验不同样本间是否存在显著差异（Groenen & Meulman，2004）。与单变量方差分析不同，多元方差分析不仅只考虑一个因变量，而是同时建立在多个因变量观测值之上，这也是与一元多因素方差分析最重要的区别。

多元方差分析法对于分析的数据有一定要求：自变量的各个组内，各因变量之间存在线性关系且要求较大的总样本量。此外，使用多元方差分析进行分析时，还需要考虑以下假设：（1）数据来自随机样本，各观察对象之间相互独立。（2）各因变量服从多元正态分布，多元正态分布指的是多个因变量之间的正态分布，它与单因变量正态分布在形式上尽管不同，但有很多相似之处，实际上是单因变量正态分布在多维上的推广。(3)样本量尽量足够大。(4)各因变量之间存在线性相关关系。(5)各组观察对象因变量的方差-协方差矩阵相等，即方差齐性。协方差矩阵计算的是不同因变量之间的协方差：

$$\text{cov}(X,\ Y) = \frac{\sum\limits_{i=1}^{n}(X_i - \bar{X})(Y_i - \bar{Y})}{n-1} \tag{2-13}$$

假设数据集有三个响应变量$\{x,\ y,\ z\}$，则协方矩阵为：

$$C = \begin{pmatrix} \text{cov}(x,\ x) & \text{cox}(x,\ y) & \text{cov}(x,\ z) \\ \text{cov}(y,\ x) & \text{cov}(y,\ y) & \text{cov}(y,\ z) \\ \text{cov}(z,\ x) & \text{cov}(z,\ y) & \text{cov}(z,\ z) \end{pmatrix} \tag{2-14}$$

协方差矩阵是一个对称的矩阵，而且对角线是各个因变量的方差。协方差矩阵的球形性是指该对角线元素(方差)相等、非主对角线元素(协方差)相等(王学仁，1986)。

$$\Sigma = \begin{bmatrix} \sigma_{11} & \sigma_{11} & \cdots & \sigma_{1p} \\ \sigma_{21} & \sigma_{22} & \cdots & \sigma_{2p} \\ \cdots & \cdots & \cdots & \cdots \\ \sigma_{p1} & \sigma_{p2} & \cdots & \sigma_{pp} \end{bmatrix} = \begin{bmatrix} \sigma^2 & 0 & \cdots & 0 \\ 0 & \sigma^2 & \cdots & 0 \\ \cdots & \cdots & \sigma^2 & \cdots \\ 0 & 0 & \cdots & \sigma^2 \end{bmatrix}$$

对于多元方差分析，假设有i个因变量，j个处理因素水平，则其统计原假设的向量形式如下：

$$H0: \begin{Bmatrix} \mu_{11} \\ \mu_{21} \\ \cdots \\ \mu_{i1} \end{Bmatrix} = \begin{Bmatrix} \mu_{12} \\ \mu_{22} \\ \cdots \\ \mu_{i2} \end{Bmatrix} = \cdots = \begin{Bmatrix} \mu_{1j} \\ \mu_{2j} \\ \cdots \\ \mu_{ij} \end{Bmatrix} \text{ 或} \mu_1 = \mu_2 = \cdots = \mu_j$$

即多组均向量是否相同的检验。

多元方差分析的基本思想与一元方差分析的基本思想一致，离差平方和与离差积和矩阵(total sum of squares and cross products matrix，SSCP)，其实就是 ANOVA 中 $SS_{总}$ 在多元中的对应量。SSCP 矩阵 T 是每个实验单元 i 个因变量所组成的向量与总平均向量之差，乘以此差的转置阵，最后求和。

$$T = \sum_{i=1}^{g} \sum_{j=1}^{n_i} (Y_{ij} - \bar{y}..)(Y_{ij} - \bar{y}..)' \tag{2-15}$$

$$\bar{y}.. = \frac{1}{N} \sum_{i=1}^{g} \sum_{j=1}^{n_i} Y_{ij} \tag{2-16}$$

其中 g 为自变量水平数；n_i 为每组处理中样本个数。

根据公式推导可对离差平方和与离差积和矩阵公式进行分解，最后可得：SSCP = H(组间矩阵) + E(组内矩阵)；$N = n_1 + n_2 + \cdots + n_i$

在多元方差分析中有四个检验统计量，分别是：(1) Pillai's Trace：值越大，表明该效应项对模型的贡献越大。(2)Wilks' Lambda：取值范围在 0~1，值越小，说明该效应项对模型的贡献越大。（3）Hotelling-Lawley's Trace：检验矩阵特征根之和，其值总是比 Pillai's Trace 的值大。与 Pillai's Trace 相似，值越大贡献越大。（4）Roy's Largest Root：为检验矩阵特征根中最大值，因此它总是小于或等于 Hotelling-Lawley's Trace。当模型建立的前提条件不满足时，Pillai's Trace 最为稳健。Pillai's Trace、Wilks' Lambda、Hotelling-Lawley's Trace 和 Roy's Largest Root 作为四个多元统计量，可用于检验组间差异。其中，最常用的统计量为 Wilks' Lambda，该检验 $p<0.05$ 时，自变量的组间差异具有统计学意义。如表 2-6 所示。

表 2-6　　　　　　　　　　　　　多元方差分析分解表

来源	自由度 df	SSCP	Wilk's Lambda 检验统计量
组间	$g-1$	H	
组内	$N-g$	E	$\dfrac{|E|}{|H+E|}$
总和	$N-1$	$T=H+E$	

2.3.2　实例分析与 SAS 实现

本例节选 2018 年《中国卫生健康统计年鉴》中部分省份的基层医疗卫生机构、专业公共卫生机构床位数，通过多元方差分析来了解我国 2017 年医疗卫生机构情况，数据如表 2-7 所示，数据集命名为 exe2_3。

表 2-7　　　　　　　　　2017 年我国各地区卫生机构床位数　　　　　（单位：万张）

省份	area	medical	public	省份	area	medical	public	省份	area	medical	public
天津	1	0.73	0.07	江苏	2	8.94	0.74	江西	3	5.92	1.28
河北	1	8.16	1.29	浙江	2	2.58	0.9	广东	3	6.85	2.93
内蒙古	1	2.68	0.43	河南	2	12.1	2.4	广西	3	6.5	1.38
辽宁	1	3.79	0.36	湖北	2	8.89	1.65	海南	3	0.73	0.15
吉林	1	2.17	0.31	湖南	2	11.4	1.88	贵州	3	4.62	0.83
黑龙江	1	3.22	0.77	重庆	2	5.1	0.41	云南	3	5.56	0.75
新疆	1	3.31	0.31	四川	2	13.94	1.22	西藏	3	0.37	0.07

注：原始数据来源于《中国卫生健康统计年鉴》（2018 年）。

因变量：
medical：基层医疗卫生机构床位数
public：专业公共卫生机构床位数
自变量：
area：不同地区（1＝北部，2＝中部，3＝南部）

SAS 程序:

data exe2_3; set work. exe2_3;

proc glm;

class area;

model medical public = area;

manova h = area/printe printh;

proc corr cov outp = A;

var　medical public;

by area;

run;

SAS 程序解释:

proc glm 调用 glm 过程步进行方差分析, model medical public = area 定义模型, 分析 area 对于 medical 和 public 的影响; manova h = x/printe printh 多元方差分析中显示 *H* 矩阵中每一效应的参数值; **proc corr** cov outp = A 输出误差矩阵和偏相关系数。

SAS 结果:

输出结果如下:

Source	DF	Sum of Squares	Mean Square	F Value	Pr>F
Model	2	109. 8935083	54. 9467542	5. 06	0. 0161
Error	21	228. 1004875	10. 8619280		
Corrected Total	23	337. 9939958			

图 2-5(a)　单变量 medical 方差分析结果

Source	DF	Sum of Squares	Mean Square	F Value	Pr>F
Model	2	2. 13715833	1. 06857917	2. 07	0. 1509
Error	21	10. 82817500	0. 51562738		
Corrected Total	23	12. 96533333			

图 2-5(b) 单变量 pulic 方差分析结果

Partial Correlation Coefficients from the Error SSCP Matrix/Prob> | r |		
DF = 21	medical	public
medical	1. 000000	0. 733074 0. 0001
public	0. 733074 0. 0001	1. 000000

图 2-6(a)　偏相关系数结果

Statistic	Value	F Value	Num DF	Den DF	Pr>F
Wilks' Lambda	0.57454916	3.19	4	40	0.0229
Pillai's Trace	0.46508879	3.18	4	42	0.0227
Hotelling-Lawley Trace	0.67150544	3.31	4	23	0.0279
Roy's Greatest Root	0.54489438	5.72	2	21	0.0104

MANOVA Test Criteria and F Approximations for the Hypothesis of No Overall area Effect
H = Type III SSCP Matrix for area
E = Error SSCP Matrix

S=2   M=−0.5   N=9

NOTE：F Statistic for Roy's Greatest Root is an upper bound.

NOTE：F Statistic for Wilks' Lambda is exact.

图 2-6(b)　多元方差分析结果

SAS 结果解释：

图 2-5(a)和图 2-5(b)是单变量方差分析结果，即分别进行各个因变量的方差分析，对因素 medical(基层医疗卫生机构)的方差分析结果显示 $p = 0.0161(p < 0.05)$，对因素 public(专业公共卫生机构床位数)的方差分析结果显示 $p = 0.1509(p > 0.05)$，表明不同地区之间基层医疗卫生机构床位数有显著差异。

图 2-6(a)和图 2-6(b)是多元方差分析结果，偏相关系数 $r_{12} = 0.733074$，medical、public 显著正相关$(p<0.05)$，即综合考虑 medical(基层医疗卫生机构)，public(专业公共卫生机构)两指标及其相关性的情况下，不同地区的影响具有显著性差异(Wilk's Lambda 检验 $p = 0.0229$，即不同地区之间基层医疗卫生机构床位数、专业公共卫生机构床位数是有显著差异的。

2.4　协方差分析

2.4.1　协方差分析简介

协方差分析(analysis of covariance，ANCOVA)是将线性回归分析与方差分析结合起来的一种统计分析方法。它用于比较一个因变量在一个或几个因素不同水平上的差异，但因变量在受这些因素影响的同时，还受到另一个协变量的影响，而且协变量的取值人为难以控制，不能作为方差分析中的一个因素处理。例如，当研究学习时间对学习成绩的影响时，学生自身的学习能力就是一个协变量。如果协变量与因变量之间可以建立回归关系，则可用协方差分析的方法排除协变量对因变量的影响，然后再用方差分析的方法对各因素水平的差异进行统计推断。

协方差分析有两个重要的应用条件：一是因变量服从正态分布，各因变量相互独立，各样本的总体方差齐性；二是各总体客观存在因变量对协变量的线性回归关系且斜率相同，即要求各样本回归系数本身有统计学意义，而各样本回归系数间的差别无统计学意义。因此进行协方差分析时，必须先对样本资料进行方差齐性检验和回归系数的假设检验，满足这两个条件后才可作协方差分析。

协方差分析（Rutherford，2000）的基本思想就是将那些定量变量 X（指没有加以或难以控制的因素对 Y 造成影响）看作协变量，建立因变量 Y 随协变量 X 变化的线性回归关系的差别，其实质是从因变量 Y 的总离均差平方和中扣除协变量 X 对因变量 Y 的回归平方和，对残差平方和作进一步分解后再进行方差分析，以更好地评价处理因素的效应。

本章用一个最简单的情况：一个协变量，单因素协方差分析为例，对协方差分析的基本原理加以说明（王松桂，1999）。

$$Y_{ij} = \mu_y + \alpha_i + \beta(X_{ij} - \bar{X}_i) + \varepsilon_{ij} \tag{2-17}$$
$$i = 1, 2, \cdots, a; j = 1, 2, \cdots, n$$

其中，μ_y 表示 Y_{ij} 的总体平均数，α_i 表示第 i 个水平的影响效应，β 是 Y 对 X 的回归系数，$\bar{X}_i$ 是 X_{ij} 的总体平均数，ε_{ij} 是随机误差。按照方差分析的不同实验设计类型，相对应也有不同的协方差分析，如有完全随机设计、随机区组设计、拉丁方设计和析因设计等类型的协方差分析，而且协变量可以有一个、两个或多个，分析方法略有不同，但其解决问题的基本思想相同。

2.4.2 实例分析与 SAS 实现

以人均 GDP（x）作为协变量来衡量社会经济发展水平，选用生育率（y）为因变量来衡量各省市的生育水平。笔者选取了我国 15 个省级行政区，根据发展水平的高低划分为高、中、低三个水平，每个水平有 5 个代表行政区。通过协方差分析方法，检验在消除经济发展对生育率的影响后，不同发展水平地区的生育率是否存在显著差异。数据如表 2-8 所示。

表 2-8　　　　　　　　　　　　2005 年人均 GDP 及生育率

省份	area	x(元)	y(‰)	省份	area	x(元)	y(‰)	省份	area	x(元)	y(‰)
上海	1	51474	20.57	山东	2	20096	37.33	广西	3	8675	40.91
北京	1	45444	19.59	海南	2	14782	41.24	四川	3	9440	42.34
江苏	1	24560	28.7	陕西	2	10871	46.49	湖南	3	10426	35.11
浙江	1	27703	32.89	山西	2	12495	37.39	贵州	3	5052	49.27
天津	1	35783	21.83	福建	2	21152	30.76	湖北	3	11431	29.6

注：原始数据源来源于《中国卫生健康统计年鉴》（2006 年）。

本节数据集命名为 exe2_4，在 SAS 程序中导入数据集。涉及的变量有：

因变量：

y：表示生育率(‰)

协变量：

x：表示人均 GDP(元)

控制变量：

area：地区发展程度(1＝发展高水平地区，2＝发展中等水平地区，3＝发展低水平地区)

SAS 程序：

data exe2_4；set work. exe2_4；

proc sort；

by area；

run；

proc univariate normal；

var y；

by area；

run；

proc discrim pool＝test；

class area；

var y；

run；

proc sort；

by area；

run；

proc reg；

model y＝x；

by area；

run；

proc glm；

class area；

model y＝x area；

run；

SAS 程序解释：

proc univariate normal 过程步检验在效应因子的每一个水平上，因变量 y 是否服从正态分布，**proc discrim** pool 过程步（g>2）做方差齐性检验。**proc reg** 过程步检验在效应因子的每一个水平上，因变量 y 和自变量 x 是否呈线性关系。**proc glm** 调用 glm 过程做协方差分析，class c 定义分组变量为 area，model y＝x c 定义模型，分析 area 和 x 对 y 的影响。

SAS 结果：

SAS 结果如下：

Tests for Normality				
Test	Statistic		p Value	
Shapiro-Wilk	W	0.867651	Pr<W	0.2570
Kolmogorov-Smirnov	D	0.290664	Pr>D	>0.1500
Cramer-von Mises	W-Sq	0.068097	Pr>W-Sq	0.2447
Anderson-Darling	A-Sq	0.387617	Pr>A-Sq	0.2383

图 2-7(a)　发展高水平地区数据正态性检验结果

Tests for Normality				
Test	Statistic		p Value	
Shapiro-Wilk	W	0.971367	Pr<W	0.8840
Kolmogorov-Smirnov	D	0.210256	Pr>D	>0.1500
Cramer-von Mises	W-Sq	0.037221	Pr>W-Sq	>0.2500
Anderson-Darling	A-Sq	0.219473	Pr>A-Sq	>0.2500

图 2-7(b)　发展中等水平地区数据正态性检验结果

Tests for Normality				
Test	Statistic		p Value	
Shapiro-Wilk	W	0.985696	Pr<W	0.9626
Kolmogorov-Smirnov	D	0.177763	Pr>D	>0.1500
Cramer-von Mises	W-Sq	0.025577	Pr>W-Sq	>0.2500
Anderson-Darling	A-Sq	0.168164	Pr>A-Sq	>0.2500

图 2-7(c)　发展低水平地区数据正态性检验结果

Chi-Square	DF	Pr>ChiSq
0.319879	2	0.8522

图 2-8(a)　方差齐性检验结果

Source	DF	Sum of Squares	Mean Square	F Value	Pr>F
Model	3	913.041701	304.347234	12.69	0.0007
Error	11	263.889939	23.989994		
Corrected Total	14	1176.931640			

图 2-8(b) 方差齐性检验结果

R-Square	Coeff Var	Root MSE	y Mean
0.775781	14.29310	4.897958	34.26800

图 2-8(c) 方差齐性检验结果

Source	DF	Type III SS	Mean Square	F Value	Pr>F
x	1	227.1203811	227.1203811	9.47	0.0105
area	2	25.1745241	12.5872621	0.52	0.6058

图 2-8(d) 方差齐性检验结果

SAS 结果解释:

图 2-7(a)到图 2-7(c)说明三组数据正态性检验结果均服从正态分布，图 2-8(a)显示方差齐性检验结果符合方差齐性($F = 0.3198$、$p = 0.8522$)。

图 2-8(b)显示总体方差检验得到 $F = 12.69$，$p < 0.05$，可以认为三个地区之间生育率存在显著差异。根据 Type III SS 定义，检验模型中每一个自变量时，都校正模型中的其他自变量对 y 的影响。图 2-8(d)表明，在校正了人均 GDP 对生育率的影响之后，不同发展水平地区生育率没有显著性差异（$p = 0.6058$）。

2.5 重复测量资料的方差分析

重复测量是指对同一研究对象的某一观察指标在不同场合(如时间点)进行的多次测量，用于分析观察指标在不同时间上的变化规律。在实际工作中，重复测量资料常被误作配对设计或随机单位组设计进行分析，不仅损失了重复测量数据所蕴含的信息，还容易得出错误的结论(Lee，2015)。同一受试对象在不同时间点的观测值之间往往存在某种程度的相关，彼此不独立，因此并不能满足常规统计方法所要求的独立性假定，使得其分析方法有别于一般的统计分析方法。

2.5.1 重复测量资料的方差分析简介

重复测量资料在很多医学研究中较为常见。设有 n 个研究对象，第 $i(i = 1, \cdots, n)$ 个

研究对象在时间点 $j(j = 1, \cdots, m)$ 的随机反应变量 Y_{ij}，可以表示为：

$$Y_{ij} = \mu + \alpha_i + \beta_j + \varepsilon_{ij} \tag{2-18}$$

实际测量值为 Y_{ij}。模型中 μ 为总体平均值，α_i 为研究对象间效应，β_j 为研究对象之间或第 j 时间点的效应，ε_{ij} 是随机误差项。基于前面几节的基础，最终可以将总离均差平方和分解，如下：

$$SS_{总} = SS_{研究对象间} + SS_{研究对象内} + SS_{误差} \tag{2-19}$$

相应地，自由度对应：

$$\upsilon_{总} = nm - 1$$

$$\upsilon_{研究对象间} = n - 1$$

$$\upsilon_{研究对象内} = m - 1$$

$$\upsilon_{误差} = (n - 1)(m - 1)$$

重复测量资料方差分析的前提条件：（1）各样本是相互独立的随机样本。（2）各样本来自正态总体。（3）各处理组总体方差相等，即方差齐性。（4）需满足协方差阵的球形性或复合对称性。重复测量数据若满足"球对称"假设，可用随机区组方差分析；若不满足"球对称"假设，亦可用随机区组方差分析，但需校正时间效应 F 界值的自由度。校正的方法是利用"球对称"系数 ε 分别乘处理组间效应 F 界值的自由度 υ_1 和 υ_2，得 $\tau_1 = \upsilon_1 \varepsilon$，$\tau_2 = \upsilon_2 \varepsilon$，用 $F_{\alpha(\tau_1, \tau_2)}$ 作为检验界值。"球对称"系数 ε 的常用估计方法有：Geenhouse-Geisser 调整系数（G-G）法、Huynh-Feldt 调整系数（H-F）法和 Lower-bound（L-B）法（孙振球，2014）。

重复测量设计优点在于每一个体作为自身的对照，克服了个体间的变异，分析时可更好地集中于处理效应，同时被试者间自身差异的问题不再存在，即减少了一个差异来源。重复测量设计的每一个体作为自身的对照，研究所需的个体相对较少，因此更加经济。重复测量设计的缺点在于滞留效应，前面的处理效应有可能滞留到下一次的处理；潜隐效应，前面的处理效应有可能激活原本以前不活跃的效应；学习效应，由于是逐步熟悉实验，因此研究对象的反应能力有可能逐步得到提高（汪海波，2013）。

2.5.2　实例分析与 SAS 实现

本节采用"中国居民健康与营养调查"（China Health and Nutrition Survey，CHNS）的数据，该调查是由美国北卡罗来纳大学教堂山分校人口中心与中国疾病预防控制中心营养与健康所联合开展的国际合作的连续性的队列研究，调查自 1989 年起，每隔 2—4 年进行一次追踪调查（1989—2015 年）。本节我们将通过 CHNS 数据观察我国城乡间儿童体重指数的变化，采用重复测量资料的方差分析来进行比较分析。1991 年、1993 年、1997 年、2011 年儿童营养健康调查的追踪数据数据（部分）如表 2-9 所示。

表 2-9 我国城乡儿童体重指数（BMI，CHNS）

area	id	t_1	t_2	t_3	t_4
1	1	21. 56454491	20. 75298439	24. 77508651	24. 30968424
1	2	15. 98380308	19. 55555556	21. 30400317	21. 90789841
1	3	16. 49102012	14. 74808673	16. 85991073	21. 15763283
1	4	16. 97808535	18. 7654702	20. 70081674	21. 015625
1	5	19. 11111111	20. 0000000	20. 02884153	20. 82999519
1	6	15. 14001082	15. 54459984	18. 68535202	20. 56273577
1	7	18. 13053139	17. 79548558	20. 22605592	20. 71226866
1	8	15. 38405483	16. 89155221	17. 10609417	20. 1608582
1	9	19. 75308642	26. 15933413	29. 06574394	31. 02040816
1	10	15. 4839172	14. 50838153	16. 5842872	24. 90038741
1	11	13. 07354571	15. 64868698	17. 3186561	22. 49134948
1	12	15. 79747505	17. 34653718	17. 58523306	20. 62566388
1	13	14. 39253387	14. 0800000	16. 02814244	21. 0871378
1	14	13. 63075393	16. 17431641	15. 7196208	20. 73469388
1	15	14. 12329638	16. 12775636	18. 76358981	20. 39283077
1	16	16. 54389566	14. 64110873	15. 72326071	19. 02379008
1	17	17. 03070934	19. 76646968	21. 37741047	22. 81250000
1	18	15. 85287625	17. 76077278	16. 52892562	18. 35555556
1	19	16. 00000000	15. 30612245	20. 31250000	22. 49134948
1	20	17. 31301939	15. 67705271	13. 96930786	18. 47854051
1	21	15. 69255153	15. 73418483	18. 72550443	20. 54729957
1	22	19. 44444444	16. 35930993	14. 6092038	15. 71726581
1	23	16. 39660494	18. 31425598	18. 31425598	18. 43961956
2	24	15. 59367342	16. 44444444	21. 46666667	19. 27795374
2	25	13. 67539806	14. 86325803	15. 17538332	17. 31341037
2	26	15. 01922856	15. 14668367	15. 11814307	21. 8299522
2	27	13. 97462277	13. 83559622	18. 28036986	19. 5046224
2	28	16. 40548391	13. 22488924	15. 91073887	19. 52950753
2	29	15. 54874652	15. 67232061	17. 04913715	20. 91070816
2	30	16. 63294798	18. 76524676	19. 69230769	17. 30103806
2	31	14. 18313604	14. 3494898	14. 48520593	18. 22195291

area	id	t_1	t_2	t_3	t_4
2	32	14. 84191811	15. 82663745	16. 27218935	18. 10678168
2	33	15. 0885518	19. 42869145	21. 34204315	20. 00000000

注：原始数据来源于"中国营养与健康调查"（CHNS）（1991 年、1993 年、1997 年、2011 年）

本节数据集命名为 exe2_5，在 SAS 程序中导入数据集。所涉及的变量有：

因变量：

BMI：体重指数，每次调查均会询问儿童的身高和体重，根据 BMI＝体重/身高² 公式计算，该变量为连续变量。

自变量：

t：调查年份（t_1＝1991 年，t_2＝1993 年，t_3＝1997 年，t_4＝2011 年）

SAS 程序：

data exe2_5；set work. exe2_5；

proc glm；

class area；

model t1－t4＝area；

repeated time **4** (**1 2 3 4**)

contrast（1）/printe summary；

run；

SAS 过程解释：

proc glm 过程步做方差分析；model t1－t4＝area 定义模型，分析地区 area 对于调查年份的影响；repeated 语句指定模型中的重复测量因子 time，有 4 个水平。

SAS 结果：

SAS 结果输出如下：

MANOVA Test Criteria and Exact F Statistics for the Hypothesis of no time Effect						
H ＝ Type III SSCP Matrix for time						
E ＝ Error SSCP Matrix						
S＝1 M＝0.5 N＝13.5						
Statistic	Value	F Value	Num DF	Den DF	Pr>F
Wilks' Lambda	0. 29647537	22. 94	3	29	<. 0001
Pillai's Trace	0. 70352463	22. 94	3	29	<. 0001
Hotelling-Lawley Trace	2. 37296148	22. 94	3	29	<. 0001
Roy's Greatest Root	2. 37296148	22. 94	3	29	<. 0001

图 2-9(a)　时间效应的方差分析结果

MANOVA Test Criteria and Exact F Statistics for the Hypothesis of no time * area Effect

H = Type III SSCP Matrix for time * area

E = Error SSCP Matrix

S = 1   M = 0. 5   N = 13. 5

Statistic	Value	F Value	Num DF	Den DF	Pr>F
Wilks' Lambda	0. 96870034	0. 31	3	29	0. 8163
Pillai's Trace	0. 03129966	0. 31	3	29	0. 8163
Hotelling-Lawley Trace	0. 03231098	0. 31	3	29	0. 8163
Roy's Greatest Root	0. 03231098	0. 31	3	29	0. 8163

图 2-9(b)　时间和城乡地区交互效应的方差分析结果

Source	DF	Type III SS	Mean Square	F Value	Pr>F
area	1	66. 2722754	66. 2722754	3. 78	0. 0611
Error	31	543. 7623590	17. 5407213		

图 2-10(a)　观察对象组之间的方差分析结果

Source	DF	Type III SS	Mean Square	F Value	Pr>F	Adj Pr>F G - G	Adj Pr>F H-F-L
time	3	318. 7539555	106. 2513185	35. 90	<. 0001	<. 0001	<. 0001
time * area	3	2. 3423020	0. 7807673	0. 26	0. 8513	0. 8124	0. 8301
Error(time)	93	275. 2816278	2. 9600175				

图 2-10(b)　观察对象内部的方差分析结果

Source	DF	Type III SS	Mean Square	F Value	Pr>F
Mean	1	14. 7958956	14. 7958956	3. 44	0. 0732
area	1	0. 1333159	0. 1333159	0. 03	0. 8614
Error	31	133. 3964231	4. 3031104		

图 2-11(a)　t2 与 t1 的比较结果

Source	DF	Type III SS	Mean Square	F Value	Pr>F
Mean	1	147. 4939277	147. 4939277	19. 40	0. 0001
area	1	0. 1908083	0. 1908083	0. 03	0. 8752
Error	31	235. 6813416	7. 6026239		

图 2-11(b)　t3 与 t1 的比较结果

Source	DF	Type III SS	Mean Square	F Value	Pr>F
Mean	1	542. 0682492	542. 0682492	67. 29	<. 0001
area	1	2. 6153241	2. 6153241	0. 32	0. 5729
Error	31	249. 7176528	8. 0554082		

图 2-11(c)　t4 与 t1 的比较结果

SAS 结果解释：

图 2-9(a)和图 2-9(b)输出有关重复因子 time 效应的假设检验结果 Wilk's Lambda = 0. 2965，$F = 22. 94$，$p < 0.0001$，time 和 area 因子间交互效应的假设检验结果 Wilk's Lambda = 0. 9687，$F = 0. 31$，$p > 0.05$；说明仅重复因子 time 效应显著。

图 2-10(a)到图 2-10(c)输出有关观察对象的组间差异的方差分析结果，$F = 0. 0611$，$p > 0.05$，表示城乡两组之间差异无显著统计学意义。根据校正后观察对象内部的方差分析结果来看，重复因子 time 效应 $F = 35. 90$，$p < 0.001$，重复因子 time 效应有显著统计学意义。可以得出结论：不同时间点下测量儿童的 BMI 值的差异有显著统计学意义。

图 2-11(a)到图 2-11(c)输出有关因子的各水平间的比较结果：t2 与 t1 相比，$F = 3. 44$，$p > 0.05$；t3 与 t1 相比，$F = 19. 40$，$p < 0.05$；t4 与 t1 相比，$F = 67. 29$，$p < 0.05$。从所有观测值来看，1997 年、2011 年与 1991 年时间点下测量儿童 BMI 值的差异有统计学意义。

◎ 本章小结

本章主要介绍了常用的方差分析方法，其中包括一元方差分析中的单因素方差分析和多因素方差分析、多元方差分析、协方差分析、重复测量方差分析。方差分析的用途很广，包括两个或多个样本均数间的比较，分析两个或多个因素间的交互作用，线性回归方程的假设检验，多元线性回归分析中偏回归系数的假设检验，两样本的方差齐性检验等。一个复杂的事物，其中往往有许多因素互相制约又互相依存。方差分析的目的是通过数据分析找出对该事物有显著影响的因素，各因素之间的交互作用，以及显著影响因素的最佳水平等。方差分析是在可比较的数组中，把数据间的总的"变差"按各指定的变差来源进行分解的一种方法。这些方法的应用也日益广泛。方差分析模型看似简单，用起来实则不然。方差分析涵盖多种不同的设计类型，研究者在进行数据分析过程中很可能遇到实验设计考虑不周，误用了其他设计类型的统计分析方法等问题，所以一定要结合自己的数据特征、资料类型来选择合适的方差分析方法。

◎ 参考文献

[1]Groenen P J F and J J Meulman. A comparison of the ratio of variances in distance-based and classical multivariate analysis[J]. Statistica Neerlandica，2004，58(4).

[2]Lee Y. What repeated measures analysis of variances really tells us[J]. Korean Journal of

Anesthesiology，2015，68（4）.

［3］Rutherford A. Introducing anova and ancova［J］. A Glm Approach，2000.

［4］王学仁. 地质数据的多变量统计分析［M］. 北京：科学出版社，1986.

［5］孙振球. 医学统计学（第四版）［M］. 北京：人民卫生出版社，2014.

［6］王松桂等编著. 线性统计模型：线性回归与方差分析［M］. 北京：高等教育出版社，1999.

［7］何晓群编著. 多元统计分析（第五版）［M］. 北京：中国人民大学出版社，2018.

［8］赵丹亚、邵丽. 中文版 Excel2000 应用案例［M］. 北京：人民邮电出版社，2000.

［9］汪海波等编著. SAS 统计分析与应用从入门到精通［M］. 北京：人民邮电出版社，2013.

［10］范思昌. 多元方差分析［J］. 第四军区大学学报，1989（06）：54-57.

第3章　多元线性回归分析

第2章介绍了方差分析，描述了某一变量的统计特征，并对各组间的差别进行比较。但在实际研究中，常常需要对变量之间的关系进行分析，我们知道，一元线性回归能利用单一的解释变量来预测因变量，然而实际上因变量不止受单一因素的影响，往往受多个因素的共同影响，因此一元线性回归在实际研究中有较大的局限性。围绕如何解决多个自变量和因变量的线性问题产生了诸多极具启发意义的解决方法，以解决因变量受多个因素共同影响的问题，比如多元线性回归方法。本章将着重介绍多元线性回归的意义和几种特殊情况下的多元线性回归模型估计方法。

3.1　多元线性回归模型简介

3.1.1　多元线性回归介绍

在实际研究中，研究者们经常会探究多个因素共同对因变量的影响。例如，要研究居民健康水平的决定因素，除了考虑居民饮食的影响之外，还应考虑医疗保险、健康运动、生活环境等多种因素的共同影响。此时，我们需要将简单的一元回归模型推广到包含多个解释变量的多元回归模型，以满足研究的需要，并更为合理地解释现实。因此，我们有必要扩展线性回归模型，使其能容纳更多的解释变量。多元线性回归模型（multiple linear regression model）可以使用多个变量或者多个特征来预测因变量。

由于在做多元回归预测时需要分析的数据往往是多变量的，自变量不再是一组数据，而是由多组数据作为自变量。那么我们在做多元回归分析时就需要特别注意了解我们的数据是否能够满足做多元线性回归分析的前提条件。应用多元线性回归进行统计分析时要求满足哪些条件呢？多元回归模型基于以下假设，需满足的条件总结起来包括：线性关系、相互独立、正态分布、方差齐性。

（1）因变量是连续变量，自变量是连续变量或分类变量。

（2）自变量与因变量之间存在线性关系，这可以通过绘制散点图进行考察因变量随各自变量的变化情况。如果因变量与某个自变量之间呈现出曲线趋势，可尝试通过变量变换予以修正，常用的变量变换方法有对数变换、倒数变换、平方根变换、平方根反正弦变换等。

（3）各观测间相互独立，残差之间不存在自相关，任意两个观测残差的协方差为0，也就是要求自变量间不存在多重共线性问题。其实，观测值是否相互独立与研究设计有关。如果研究者确信观测值不会相互影响，我们甚至可以不做检验，直接认定研究满足残差之间不存在自相关。

（4）残差服从正态分布，不同组的残差均服从同一个均数为 0，标准差为 σ^2 的正态分布。

（5）残差的大小不随所有变量取值水平的改变而改变，即方差齐性。如果方差齐，不同预测值对应的残差应大致相同，即散点图中各点均匀分布，不会出现特殊的分布形状。如果残差点分布不均匀，散点图形成漏斗或者扇形，表明方差不齐。当然，如果不满足方差齐性假设，我们也可以通过一些统计手段进行矫正。比如，采用加权最小二乘法回归方程，改用更加稳健的分析方法以及转换数据等。

（6）因变量没有异常值，在线性回归中，异常值是指观测值与预测值相差较大的数据。这些数据不仅影响回归统计，还对残差的变异度和预测值的准确性有负面作用，并阻碍模型的最佳拟合。因此，我们必须重视异常值。

满足以上条件后，含有一个因变量和两个以上（含两个）解释变量的线性回归模型，我们称为多元线性回归模型（Neter J，1996）。

3.1.2 多元线性回归的基本模型

设需要测量的因变量，即可预测的随机变量为 y，它受到 k 个非随机因素 x_1，x_2，$\cdots$，x_k 和不可预测的随机因素 u 的影响。多元线性回归的数学模型可以写成如下形式：

$$y = \beta_0 + \beta_1 x_1 + \beta_2 x_2 + \cdots + \beta_k x_k + u \tag{3-1}$$

其中 β_0 称为常数项或截距，β_1，β_2，$\cdots$，β_k 是回归系数。x_1，x_2，$\cdots$，x_k 是自变量，u 是剩余项，也称残差，并且服从 $u \sim N(0, \sigma^2)$ 分布。因变量 y 可以近似地表示为自变量 x_1，x_2，$\cdots$，x_k 的线性函数。这里的"线性"是针对公式(3-1)中各回归参数而言的，即因变量 y 是 β_0 和 β 等参数的线性函数。为了便于理解，我们将对 y 和 x_1，x_2，$\cdots$，x_k 分别进行 n 次独立观测，取得 n 组数据 y_i，x_{i1}，x_{i2}，$\cdots$，x_{ik-1}，$(i = 1, 2, 3, \cdots, n)$。

则有：

$$\begin{cases} y_1 = \beta_0 + \beta_1 x_{11} + \beta_2 x_{21} + \cdots + \beta_{k-1} x_{1, k-1} + u_1 \\ y_2 = \beta_0 + \beta_1 x_{21} + \beta_2 x_{22} + \cdots + \beta_{k-1} x_{2, k-1} + u_2 \\ \cdots\cdots \\ y_n = \beta_0 + \beta_1 x_{n1} + \beta_2 x_{n2} + \cdots + \beta_{k-1} x_{n, k-1} + u_n \end{cases} \tag{3-2}$$

其中 u_1，u_2，u_3，$\cdots$，u_n 相互独立，且服从 $N(0, \sigma^2)$ 分布。其中，β_0 为截距，β_1 为自变量 x_{n1} 的系数，β_2 为 x_{n2} 的系数。以此类推。

令：

$$y = \begin{bmatrix} y_1 \\ y_2 \\ \vdots \\ y_n \end{bmatrix} \quad \beta = \begin{bmatrix} \beta_1 \\ \beta_2 \\ \vdots \\ \beta_k \end{bmatrix} \quad \mu = \begin{bmatrix} u_1 \\ u_2 \\ \vdots \\ u_n \end{bmatrix} \quad x = \begin{bmatrix} 1 & x_{11} \cdots & x_{1, k-1} \\ \vdots & \ddots & \vdots \\ 1 & x_{n1} \cdots & x_{n, k-1} \end{bmatrix}$$

则 n 次独立观测用矩阵形式表示为：

$$y = x\beta + \mu$$

3.1.3　模型中参数的意义

我们通常把多元线性回归模型中 β_1，β_2，$\cdots$，β_k 称为偏回归系数(partial regression coefficient)，其意义为当模型中其他自变量保持不变的情况下，β_0 反映了第 i 个自变量 x_i 对因变量 y 线性影响的度量，或者调整 x_i 和其他预测因子对 y 的共同线性影响后(Hoaglin，2016)，x_i 每改变一个单位时因变量 y 的平均变化量。β_0 表示截距，表示当其他解释变量都等于 0 时 y 的值，但在实际情况中，解释变量都不会均为 0，所以我们一般不关注此截距值。

由线性回归的适用条件(1)可知，自变量不一定为连续变量，也可能为分类变量。如果自变量 x 为二分类变量，例如是否结婚(1 = 是，0 = 否)，则偏回归系数 β_1 可以解释为：其他自变量不变的条件下，$x = 1$(已婚)与 $x = 0$(未婚)相比，所引起的因变量的平均变化量。

当自变量 x 为多分类变量时，例如职业、学历、流动范围等，此时仅用一个回归系数来解释多分类变量之间的变化关系，及其对因变量的影响，就显得太不理想。我们通常会将原始的自变量(多分类变量)转化为哑变量，将哑变量引入线性回归模型，虽然使模型变得较为复杂，但可以更直观地反映出该自变量的不同属性对于因变量的影响，提高了模型的精度和准确度。每个哑变量能够代表某两个级别或若干个级别间的差异。在线性回归程序中，每一个哑变量都能得出一个估计的偏回归系数，从而使得回归的结果更易于解释，更具有实际意义。其解释表达为：其中某个哑变量相对于参照项的偏回归系数，表示其他自变量不变的条件下，与参照项相比，所引起的因变量的平均变化量。

值得注意的是，多元线性回归中偏回归系数与一元线性回归中的斜率系数不同：前者是在保持其他因素(控制变量)不变的情况下，相应自变量对因变量的影响大小；而后者则没有考虑其他影响因素的变化。在实际研究中，经常需要考虑到残差的影响，根据上述提到的适用条件(3)中"在给定 x_1 的条件下，x_1 和 u 不相关"，即协方差为零，也就是说，残差项的影响因素应是模型的外生因素。当这个假定没有满足时，模型存在设定偏误。在一元回归模型中，我们将除自变量之外的因素都包含在残差项中，若其中有的因素与自变量有关，则不再满足外生性假定，这时就需要我们使用多元回归模型进行估计。采用一元回归模型无法满足"残差项与自变量不相关"的设定，存在模型设定偏误，得到的估计结果也很可能是有偏的。所以在研究应用中，需要充分考虑误差项的存在，采取合理的操作得到偏差小的结果。

3.2　多元线性回归的参数估计方法与模型检验

3.2.1　参数估计方法

多元线性回归中常见的参数估计方法有普通最小二乘法。普通最小二乘法(ordinary

least squares，OLS)其原理是选择估计值使回归残差的平方和最小(Tilke C，1993)，并且该原理不受模型中解释变量个数的影响。比如，对于一元线性回归模型，假设从总体中获取了 n 组观察值$(x_1，y_1)$，$(x_2，y_2)$，$\cdots$，$(x_n，y_n)$，对于平面中的这 n 个点，可以使用无数条曲线来拟合。而多元线性回归就是要求样本回归函数尽可能好地拟合这组值，也就是说，这条直线应该尽可能地处于样本数据的中心位置。因此，选择最佳拟合曲线的标准可以确定为：使回归残差的平方和达到最小。利用最小二乘法的思想，根据观察到的 n 组观察值，代入公式(3-1)得到样本回归方程：

$$\hat{Y} = b_0 + b_1 x_1 + b_2 x_2 + \cdots + b_k x_k \tag{3-3}$$

继续求得回归残差平方和：

$$Q = \sum_{i=1}^{n}(Y_i - \hat{Y}_i)^2 = \sum_{i=1}^{n}[Y_i - (b_0 + b_1 x_{1i} + b_2 x_{2i} + \cdots + b_k x_{ki})]^2 \tag{3-4}$$

当 Q 对b_0，b_1，$\cdots$，b_k 的一阶偏导数都为 0，然后算出使 Q 最小的b_0，b_1，$\cdots$，b_k，解出b_0，b_1，$\cdots$，b_k 的唯一的一组解。该解为β_0，β_1，$\cdots$，β_k 的最小二乘估计。

$$b_0 = \overline{Y} - (b_1 \overline{x_1} + b_2 \overline{x_2} + \cdots + b_m \overline{x_m}) \tag{3-5}$$

比如，最小二乘估计的向量和矩阵形式：

$$B = \begin{bmatrix} b_0 \\ b_1 \\ \vdots \\ b_k \end{bmatrix} \quad \hat{Y} = \begin{bmatrix} \hat{Y}_1 \\ \hat{Y}_2 \\ \vdots \\ \hat{Y}_n \end{bmatrix} \quad Y_i - \hat{Y}_i = e = \begin{bmatrix} e_1 \\ e_2 \\ \vdots \\ e_n \end{bmatrix}$$

回归方程的向量表示$\hat{Y} = xB$

回归残差向量：$e = Y_i - \hat{Y}_i = Y - xB$

由公式(3-5)可得到残差平方和：$Q = \sum_{i=1}^{n}(Y_i - \hat{Y}_i)^2 = e'e = (Y - xB')(Y - xB)$

由于最小二乘估计的思想是：寻找一组参数估计值 B，使得 Q 的值最小。即当 Q 对b_0，b_1，$\cdots$，b_k 的一阶偏导数都为 0 时，求解如下：

$$\begin{bmatrix} \dfrac{\partial Q}{\partial b_0} \\ \dfrac{\partial Q}{\partial b_1} \\ \vdots \\ \dfrac{\partial Q}{\partial b_k} \end{bmatrix} = -2x'Y + 2x'xB = 0$$

得到$x'xB = x'Y$，于是 $B = (x'x)^{-1}x'Y$

3. 2. 2　多元线性回归方程的假设检验

在得到参数的最小二乘法的估计值之后，也需要进行必要的检验与评价，以决定模型是否可以应用。因为对于样本计算出来的多元线性回归方程需要进行假设检验，以判断它是否具有统计学意义。多元线性回归方程的假设检验分为模型检验和偏回归系数检验。

3. 2. 2. 1　模型检验

我们在上一章学习了方差分析，方差分析检验可以应用到检验因变量与多个自变量之间是否存在线性回归关系。F 检验，即方程的显著性检验，旨在对模型中因变量与自变量之间的线性关系在总体上是否显著成立作出推断。可以将因变量的总离均差平方和 $SS_{总}$ 分解为回归平方和 $SS_{回归}$ 和残差平方和 $SS_{残差}$ 两部分。为了从总体上检验模型中因变量与自变量之间的线性关系是否显著成立，检验的原假设为：$H_0 : \beta_1 = \beta_2 = \cdots = \beta_k = 0$，备择假设：$H_1 : \beta_j$ 不全为 0。

$$SS_{总} = SS_{回归} + SS_{残差} \tag{3-6}$$

根据方差分析的解释，F 统计量计算公式为

$$F = \frac{SS_{总}/k}{SS_{残差}/(n-k-1)} = \frac{MS_{回归}}{MS_{残差}} \tag{3-7}$$

因此，如果 F 在 α 水平上拒绝 $H_0(\beta_1 = \beta_2 = \cdots = \beta_k = 0)$，认为 k 个自变量 x_1，x_2，$\cdots$，x_k 与因变量之间存在线性回归关系，即回归方程有统计学意义；否则，无统计学意义。

3. 2. 2. 2　偏回归系数检验

对于多元线性回归模型，总体回归方程线性关系的显著性，并不表示每个自变量对因变量的影响都是显著的。因此，有必要通过检验把那些对因变量影响不显著的自变量从模型中剔除，只保留对因变量影响显著的自变量，以建立更为简单合理的多元线性回归模型，我们常用方法的为 t 检验。如果自变量 x_{nj} 对因变量的影响不显著，则对应于该自变量的回归系数 β_j 的值等于 0。因此，我们只要检验自变量 x_{nj} 的回归系数 β_j 的值是否为 0 就可以了。如下：

（1）建立检验假设，确定检验水准。

原假设：$H_0 : \beta_j = 0$，$j = 1$，2，$\cdots$，k

备择假设：$H_1 : \beta_j \neq 0$，$j = 1$，2，$\cdots$，k；

并且 $\alpha = 0.05$

（2）计算统计量。

$$T_{b_j} = \frac{b_j}{s_{b_j}} \tag{3-8}$$

其中 s_{b_j} 为偏回归系数 b_j 的标准误。

由公式（3-5）中的回归系数估计结果，按公式（3-8）计算，可以得到 t_{b_j} 以及 p 值。判别

标准：若 t 检验结果 $p \leqslant \alpha$，则接受备择假设，那么此自变量对因变量的影响是显著的；若 $p \geqslant \alpha$，则接受原假设，那么此自变量对因变量的影响不是显著的。

3.2.3 多元线性回归方程的拟合优度

多元线性回归模型建立后，是否与实际数据有较好的拟合度，其模型线性关系的显著性如何等，还需要通过数理统计进行检验。常见的统计检验有 R 检验。

我们都知道，在实际运用中，对任何一个观测个体 i，其实际观测值 Y，不可能全等于预测值 y。那么，要检验所做回归是否较好地实现了对所有观测数据的拟合，需要了解拟合优度，即变异的解释程度。

$$R = \sqrt{\frac{SS_{回归}}{SS_{总}}} = \sqrt{1 - \frac{SS_{残差}}{SS_{总}}} = \sqrt{1 - \frac{\sum_1^n (Y_i - \hat{Y}_i)^2}{\sum_1^n (Y_i - \bar{Y}_i)^2}} \tag{3-9}$$

R 是复相关系数，表示回归方程中的全部自变量与因变量的相关密切程度，用于测定回归模型的拟合优度，拟合优度表示的是因变量观测值的总变异中能够由模型解释的部分所占的比例，也就是样本方差中能够被 OLS 回归线所解释的部分。R^2 则是复相关系数的平方，称为决定系数，反映线性回归方程能在多大程度上解释因变量的变异性。根据定义可知，R^2 是一个介于 0 和 1 之间的小数，如果 R^2 越大，说明 y 与 x_1，x_2，$\cdots$，x_k 的线性关系越显著，说明回归方程的拟合程度越好；反之，其值越小，说明回归方程拟合程度越差。但单纯使用 R^2 作为模型拟合优度的评判标准往往会导致模型自变量个数过多。所以，为了解决这个问题，大多数回归软件都在报告 R^2 的同时，也报告一个被称为调整 R^2（adjusted R-squared）的统计量。调整 R^2 与 R^2 不同的是，它剔除了自变量个数的影响，这使得调整 R^2 永远小于 R^2，且调整 R^2 的值不会由于自变量个数的增加而越来越接近 1。调整 R^2 可以改进 R^2 随变量个数增加而增大的问题，因此是更为公正和客观的拟合优度衡量指标。（Chatterjee S. & Hadi A S.，2006）

R^2 是指回归中因变量变异被自变量解释的程度。但很多人对 R^2 的具体解释存在误解，我们将在这里给大家举例说明。比如，我们想要预测因变量的值，最简单的办法就是运行空模型，即回归中仅有因变量，没有自变量。这时，最佳预测值就是因变量的均数。当然这种空模型也是最差的预测模型，所有自变量对因变量预测值的影响都被我们忽略了。但是在这种空模型中，我们可以估算出回归预测的总变异。随后，我们把相关的自变量重新放入回归模型，再次估算回归变异程度。因为自变量可以在一定程度上影响或解释因变量的变化情况，加入自变量后的变异会比总变异小。这个减少的部分就是 R^2 值，即自变量解释因变量变异的程度。但不可以为了机械地提高 R^2，而往模型中添加大量不具有统计学意义的解释变量，这一点在实际研究操作中尤其需要注意。在 SAS 中会自动输出 R^2 与调整 R^2。

3.3　一般多元线性回归应用

3.3.1　线性回归与交互项

在实际研究中，x_1 对 y 的影响可能取决于 x_2 或者 x_3 或者两者兼而有之，这种情况在统计学中被称为"交互效应"（Leona S. A，et al.，1991），交互效应是指一个因素各个水平之间反应量的差异随其他因素的不同水平而发生变化的现象。它的存在说明同时研究的若干因素的效应非独立。在回归模型中加入交互项是一种非常常见的处理方式。它可以极大地拓展回归模型对变量之间的依赖的解释。交互作用的效应可度量一个因素不同水平的效应变化依赖于另一个或几个因素的水平的程度。它的测试方式是将两个预测变量相乘的项放入模型中。用模型表达即为：

$$y = \beta_0 + \beta_1 x_1 + \beta_2 x_2 + \beta_3 x_1 x_2 + \cdots + \beta_k x_k + u \tag{3-10}$$

其中，$x_1 x_2$ 即为"交互项"。如果证实模型为包含交互项的非线性模型，则简单模型将遗漏此交互项，从而导致"遗漏变量偏差"（omitted variable bias）：

$$y = \beta_0 + \beta_1 x_1 + \beta_2 x_2 + (\beta_3 x_1 x_2 + u) \tag{3-11}$$

其中，剩余项 $\beta_3 x_1 x_2 + u$ 必然与解释变量 x_1、x_2 相关，导致内生性。因此，在线性回归中加入交互项，可有助于缓解遗漏变量偏差。不过在做交互效应前，需要考虑几个问题。第一，思考为什么要加交互效应，需要依据先前的文献和研究目的。第二，清楚为什么加交互项后，主效应变得不显著的原因。第三，虽然我们常以为变量显著为好，但有时变量不显著也有其好处，重要的是符不符合实际和研究认识，需要从专业角度解释。

3.3.2　实例分析与 SAS 实现

为了更好地区分加入交互和未加交互的线性回归区别，本节先做未加交互的线性回归，再做加入交互的线性回归模型，并分别进行分析解释。本章所用的数据来自于 2018 年湖北省流动人口监测数据。因变量选择流动人口接受健康教育的数量（过去一年，您在现居住社区/单位是否接受过××（教育内容）的健康教育？是 = 1，否 = 0，最后将所有类别健康教育的项目相加，得到教育健康项目的数量），形成新的变量。

数据分析目的：分析收入、流动时间和年龄对接受健康教育数量的影响。

因变量：

health：流动人口接受健康教育的数量

自变量：

age：年龄

flow：流动人口的流动时间

logincome：log（家庭月收入），将家庭月收入变量变换为自然对数

gen：性别（1 = 男，0 = 女）

range：流动范围（1 = 跨省，2 = 省内跨市，3 = 市内跨县，4 = 跨境）

此处我们用 SAS 程序进行多元线性回归分析，导入数据库并命名为 exe3_1，在运行

线性回归之前，注意到解释变量中有分类变量 range，这时，我们需要将其设置为哑变量，在 SAS 程序中可以通过以下程序设置哑变量。

SAS 程序：

data exe3_11；

set exe3_1；

if range=2 then x2=1；else x2=0；

if range=3 then x3=1；else x3=0；

if range=4 then x4=1；else x4=0；

run；

这样在新的数据集 exe3-11 中新生成了 $x2$，$x3$，$x4$ 变量，为 range 的哑变量，以 range 变量中"跨省"为参照项。随后，再运用 **proc reg** 语句来进行多元线性回归。

SAS 程序：

proc reg data=exe3_11；

model health= age flow logincome sex｛x2 x3 x4｝；

run；

SAS 结果：

SAS 结果输出如下：

Number of Observations Read	5000
Number of Observations Used	4991
Number of Observations with Missing Values	9

图 3-1　观测变量

Analysis of Variance					
Source	DF	Sum of Squares	Mean Square	F Value	Pr>F
Model	7	204. 81424	29. 25918	8. 28	<. 0001
Error	4983	17611	3. 53414		
Corrected Total	4990	17815			

图 3-2(a)　方差分析

Root MSE	1. 87993	R-Square	0. 0115
Dependent Mean	2. 25225	Adj R-Sq	0. 0101
Coeff Var	83. 46881		

图 3-2(b)　方差分析

Parameter Estimates					
Variable	DF	Parameter Estimate	Standard Error	t Value	Pr>|t|
Intercept	1	3.16733	0.46924	6.75	<.0001
age	1	−0.00855	0.00284	−3.02	0.0026
flow	1	0.00798	0.00456	1.75	0.0804
logincome	1	−0.18704	0.11697	−1.60	0.1099
sex	1	0.05370	0.05386	1.00	0.3188
x2	1	−0.15924	0.06477	−2.46	0.0140
x3	1	0.29013	0.06511	4.46	<.0001
x4	1	−0.69076	1.33010	−0.52	0.6036

图 3-3　参数估计

SAS 结果解释:

上面的结果中，图 3-1 显示有 5000 个观测值被读入，4991 个观测值被纳入分析，结果变量中有 9 个观测值缺失；图 3-2(a)显示回归方程显著，$F = 8.28$，$p < 0.0001$，提示因变量和自变量之间存在线性相关。另外，图 3-2(b)显示误差方差估计值为：1.8799；$R^2 = 0.0115$ 与调整 $R^2 = 0.0101$，表示拟合优度，因变量观测值的总变异中能够由模型解释的部分所占的比例为 1.01%，也就是样本方差中能够被 OLS 回归线所解释的部分，说明回归方程的拟合程度较差。图 3-3 显示了回归系数的估计值，年龄的偏回归系数为 −0.0086（$p = 0.0026$），收入的偏回归系数为 −0.1870（$p = 0.1099$），流动时间的偏回归系数为 0.0079（$p = 0.0804$），这提示在 $\alpha = 0.05$ 的水平上，年龄与健康教育项目数量存在线性关系。年龄的系数可解释为在保持其他变量不变的情况下，年龄每增长 1 岁将使得因变量健康教育项目数量减少 0.0086，由于收入与流动时间对因变量的影响不显著，所以可以将不显著的解释变量从模型中剔除。当自变量是分类变量时，不能再按照连续变量的方法进行解释。以此节研究中的性别变量为例，在录入数据时，我们将女性录入为 0，男性录入为 1。SAS 自动默认是以 0 组为参照，将 1 组与 0 组进行对比，即将男性与女性进行对比。性别变量的系数是指这男女之间因变量预测值的差异。此节的研究中，性别的系数是 0.0537，提示男性的流动人口接受健康教育数量的预测值比女性高 0.0537（控制了其他自变量），但没有统计学意义（$p = 0.3188$）。另外，在控制其他变量后，省内跨市的流动人口接受健康教育数量的预测值比跨省流动的低 0.1592（$p = 0.0140$）。同理可以得到省内跨县和跨境的解释，这里不再赘述。截距项对应的系数在 0.05 下显著，但实际上，我们并不关注回归的截距，需要关注的只有自变量的系数。

下面我们用三个连续的预测变量或主效应及其双向交互作用拟合模型。因为我们有三个主效应，所以存在三种可能的双向交互：age * flow，age * logincome，flow * logincome，但在此次研究中，我们假设年龄越大，其对健康重视程度越高，接受的健康教育项目数量也会越高，同时，收入越多，其对健康重视程度越高，接受的健康教育项目数量也会越高，age 和 logincome，可能会存在交互。所以接下来将模型中加入交互项。

SAS 程序：

data exe3_12；

set exe3_11；

age_logincome = age * logincome；

run；

结果可在 exe3_12 数据集中发现生成了一列 age_logincome 新变量，即表示 $x_1 x_2$ 交互项，然后再将新生成的交互项变量放入到程序中。

SAS 程序：

proc reg data = exe3_12；

model health = age flow logincome age_logincome sex {x2 x3 x4}；

run；

SAS 结果：

SAS 结果输出如下：

Number of Observations Read	5000
Number of Observations Used	4991
Number of Observations with Missing Values	9

图 3-4 观测变量

Analysis of Variance					
Source	DF	Sum of Squares	Mean Square	F Value	Pr>F
Model	8	263.99474	32.99934	9.37	<.0001
Error	4982	17551	3.52297		
Corrected Total	4990	17815			

图 3-5(a) 方差分析

Root MSE	1.87696	R-Square	0.0148
Dependent Mean	2.25225	Adj R-Sq	0.0132
Coeff Var	83.33681		

图 3-5(b) 方差分析

Parameter Estimates					
Variable	DF	Parameter Estimate	Standard Error	t Value	Pr>|t|
Intercept	1	8. 77875	1. 44705	6. 07	<. 0001
age	1	−0. 15556	0. 03598	−4. 32	<. 0001
flow	1	0. 00830	0. 00456	1. 82	0. 0687
logincome	1	−1. 67460	0. 38127	−4. 39	<. 0001
age_logincome	1	0. 03906	0. 00953	4. 10	<. 0001
sex	1	0. 04765	0. 05379	0. 89	0. 3758
x2	1	−0. 15334	0. 06468	−2. 37	0. 0178
x3	1	0. 29165	0. 06500	4. 49	<. 0001
x4	1	−0. 66073	1. 32802	−0. 50	0. 6188

图 3-6　参数估计

SAS 结果解释:

图 3-5(a)显示回归方程显著, $F = 9.37$, $p < 0.0001$, 提示因变量和自变量之间存在线性相关。图 3-5(b)表示误差方差估计值为: 1.8769; $R^2 = 0.0148$ 与调整 $R^2 = 0.0132$, 因变量观测值的总变异中能够由模型解释的部分所占的比例为 1.32%。图 3-6 显示了回归系数的估计值, 年龄的偏回归系数为 −0.1556($p < 0.001$), 收入的偏回归系数为 −1.6746 ($p < 0.001$), 流动时间的偏回归系数为 0.0083($p = 0.0687$), 年龄和收入交互项的偏回归系数为 0.0391($p < 0.001$), 在 $\alpha = 0.05$ 的水平上, 年龄、收入与健康教育项目数量存在显著关系; 在控制其他变量后, 省内跨市的流动人口接受健康教育数量的预测值比跨省流动的低 0.1533($p = 0.0178$), 市内跨县的流动人口接受健康教育数量的预测值比跨省流动的高 0.2917($p < 0.0001$), 同理可以得到跨境的解释, 这里不再赘述。截距项对应的系数为 8.7788($p < 0.001$)。可以由此写出回归方程的表达式:

$$y = 8.7788 - 0.1556age - 1.6746logincome + 0.0391age * logincome$$
$$- 0.1533x2 + 0.2917x3$$

对于交互项的解释, 年龄 * 收入的偏回归系数为 0.0391($p < 0.001$), 表明交互效应的存在。其系数可以从两个方面解释: 第一, 随着收入增加, 年龄对健康教育项目数量的影响更加显著, 收入每增加 1 个单位, 年龄对健康教育项目数量的影响为 −0.1165 (−0.1165 = −0.1555 + 0.0390)。第二, 随着年龄的增加, 收入对健康教育项目数量的影响会更加显著, 年龄每增加一岁, 收入对健康教育项目数量的影响为 −1.6355(−1.6355 = −1.6746 + 0.0391)。

3.4 偏最小二乘回归

3.4.1 偏最小二乘回归的简介

在实际多元线形回归的应用中，我们常受到许多限制。比如：自变量之间存在多重相关性；样本量很少，甚至比变量的维度还少。用偏小二乘回归法（partial least-square method）能解决此类问题。举个例子，有很多因素（x_1，x_2，$\cdots$，x_n），这些因素可以影响结果变量（y_1，y_2，$\cdots$，y_n），但是样本量很少，而我们又完全不清楚自变量之间、因变量之间存在的关系，探究自变量与因变量之间到底是一个什么关系，是偏最小二乘要解决的问题。偏最小二乘回归法最初由经济计量学家 Herman Wold 于 20 世纪 60 年代提出，其提出的比较系统的算法体系（Wold H，1966），被许多统计学家称为"第二代多元统计分析方法"。

偏最小二乘回归的成分之间是相互正交的，这在一定程度上可以克服多重共线性的问题（Serneels S，2004）。另外，偏最小二乘回归算法的实质是按照协方差极大化准则，在分解自变量数据矩阵 x 的同时，也在分解因变量数据矩阵 y，并且建立相互对应的解释变量与反应变量之间的回归关系方程，充分体现了偏最小二乘回归的基本思想。

其建模原理为：设有 q 个因变量 $\{y_1$，y_2，$\cdots$，$y_q\}$ 和 p 个自变量 $\{x_1$，x_2，$\cdots$，$x_p\}$。为了研究因变量和自变量的统计关系，我们观测了 p 个样本，由此构成了自变量与因变量的数据表 $x = \{x_1$，x_2，$\cdots$，$x_q\}$ 和 $y = \{y_1$，y_2，$\cdots$，$y_p\}$。偏最小二乘回归分别在 x 与 y 中提取出成分 t_1 和 u_1（也就是说，t_1 是 x_1，x_2，$\cdots$，x_p 的线形组，u_1 是 y_1，y_2，$\cdots\cdots$，y_q 的线形组合）。在提取这两个成分时，为了回归分析的需要，有下列两个要求（Liao，et al.，2013）：

（1）t_1 和 u_1 应尽可能大地携带他们各自数据表中的变异信息。

（2）t_1 与 u_1 的相关程度能够达到最大。

这两个要求表明 t_1 和 u_1 应尽可能好地代表数据 x 与 y，同时自变量的成分 t_1 对因变量的成分 u_1 又有最强的解释能力。

在第一个成分 t_1 和 u_1 被提取后，偏最小二乘回归分别实施 x 对 t_1 的回归以及 y 对 u_1 的回归。如果回归方程已经达到满意的精度，则算法终止；否则，将利用 x 被 t_1 解释后的残余信息以及 y 被 t_2 解释后的残余信息进行第二轮的成分提取。如此往复，直到能达到一个较满意的精度为止。若最终对 x 共提取了 m 个成分 t_1，t_2，$\cdots$，t_m，偏最小二乘回归将通过实施 y_k 对 t_1，t_2，$\cdots$，t_m 的回归，然后再表达成 y_k 关于原变量 x_1，x_2，$\cdots$，x_p 的回归方程，$k = 1$，2，$\cdots$，p。

3.4.2 实例分析与 SAS 实现

由于偏最小二乘回归法的数据需要符合多重相关性，本节实证分析我们截取了中国家庭追踪调查（China Family Panel Studies，CFPS）中 2016 年儿童问卷的部分数据来分析儿童体重、睡眠时长和运动时长对健康自评得分的影响，该调查是由北京大学中国社会科学调查中心实施的社会跟踪调查项目。将其数据命名为数据集 exe3_2 来演示偏最小二乘回归。

因变量：

health_score：健康自评得分

自变量：

weight：体重

sleeping_time：每天睡眠时长

sports_time：每天运动时长

SAS 程序：

proc pls data = exe3_2 cv = one method = pls cvtest；

model health_score = weight sleeping_time sports_time/solution；

run；

SAS 程序解释：

proc pls 表示我们使用多元线性回归模型中偏最小二乘回归法进行模型拟合，cv 表示指定交叉确认方法以确定适当因子数。常用的有 cv = one，cv = split，cv = block，cv = random。cvtest 表示对交叉确认方法选择的不同成分的模型进行比较检验。method 用于指定因子提取方法，常用有 pls（偏最小二乘回归法）、pcr（主成分回归法）、rrr（降秩法）。由于侧重点不同，这些方法在多因变量分析时有较大的差别；单因变量分析时差别不大，可直接选 method = pls；solution 是 model 常用语句，用于指定给出以 0 为中心的标准化（即均数为 0，标准差为 1）回归系数和原始变量的回归系数。

SAS 结果：

SAS 结果输出如下：

Cross Validation for the Number of Extracted Factors			
Number of Extracted Factors	Root Mean PRESS	T * * 2	Prob>T * * 2
0	1.0625	4.595281	0.0270
1	0.791193	2.036568	0.1530
2	0.730236	0.935542	0.3330
3	0.660137	0	1.0000

图 3-7　交叉验证提取因子

Minimum root mean PRESS	0.6601
Minimizing number of factors	3
Smallest number of factors with p>0.1	1

图 3-8　提取因子检验

Percent Variation Accounted for by Partial Least Squares Factors				
Number of Extracted Factors	Model Effects		Dependent Variables	
	Current	Total	Current	Total
1	96. 6702	96. 6702	49. 9784	49. 9784

图 3-9　偏最小二乘回归法提取因子及其贡献率

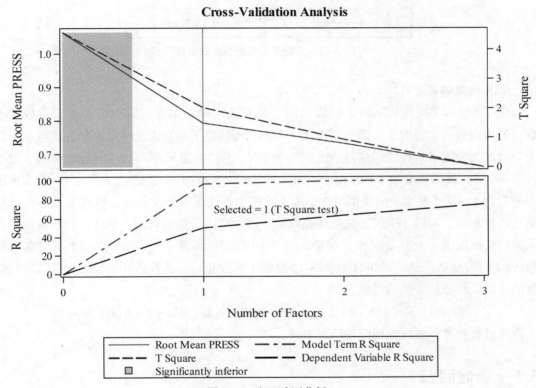

图 3-10　交叉验证分析

Parameter Estimates for Centered and Scaled Data	
	health_score
Intercept	0. 0000000000
weight	0. 2644844435
sleeping_time	0. 2373525934
sports_time	0. 2175865206

图 3-11　标准化回归系数估计

Parameter Estimates	
	health_score
Intercept	55.69242213
weight	0.23324285
sleeping_time	0.16880552
sports_time	0.15170012

图 3-12 原始变量的回归系数估计

SAS 结果解释：

图 3-7 显示交叉确认法确定提取的因子数并给出检验结果，其中第 1 列为提取因子数，第 4 列表示：提取 1 个因子与提取 3 个因子所提供的信息无统计学差异；提取 2 个因子与提取 3 个因子所提供的信息也无统计学差异。图 3-8 显示第一行结果为 0.6601，第二行结果为 3，提示提取两个因子时 PRESS 均方最小（0.6601）；第三行结果为 1，表明最小因子数为 1，且 1 个因子的模型与 2 个因子的模型相比无统计学差异。既然差别不大，从简化角度来看，提取 1 个因子显然比提取 2 个或 3 个因子更为可取。图 3-9 显示偏最小二乘回归法提取因子及其贡献率：提取的 1 个因子已经涵盖了 96.67%的自变量信息以及 49.98%的因变量信息。图 3-11 和图 3-12 显示了标准化回归系数估计和原始变量的回归系数估计得最终原始变量的模型为：

$$health\_score = 55.69 + 0.23weight + 0.17sleeping\_time + 0.15sport\_time$$

系数的解释参考一般线性回归的结果解释。

3.5 稳健回归

3.5.1 稳健回归的简介

上述关于线性回归的模型，都是基于最小二乘法来实现的。但是，当数据样本点出现很多的异常点时，这些异常点对回归模型的影响会非常大，传统的基于最小二乘的回归方法将不适用。例如，在实际研究中，我们时常会遇到离群值，如果数据中有离群值，做线性回归对结果影响大吗？答案是肯定的。当然，可以考虑在做回归分析之前，对数据做预处理，剔除掉那些异常点。但是，在实际的数据中，存在两个问题：

（1）异常点并不能很好地被确定，并没有一个很好的标准用于确定哪些点是异常点。

（2）即便确定了异常点，但这些被确定为异常的点，真的是错误的数据吗？很有可能这看似异常的点，就是原始模型的数据，如果是这样的话，那么这些异常的点就会带有大量的原始模型的信息，剔除之后就会丢失大量的信息。

因此，我们可以通过 Cook's D 来识别明显的离群值，剔除后再进行线性回归。但如果在离群值不明显、数量较多、研究者无充分理由认为可能的离群值有错误的情况下，直接剔除离群值可能不太合适。那么，稳健回归是用来处理离群值的问题。当数据含有离群点或者强影响点时，稳健回归(robust regression)会比普通最小二乘法的表现要更优异。关于稳健回归的估计方法，最早的方法是由 Huber 于 1973 年提出的 M 估计，其是较早的一种处理异常点的方法，M 估计未忽略掉离群值，从而相对地降低了离群值的权重，最终降低了离群值对回归结果的影响(Huber，1973)。而后由 Rousseeuw 于 1984 年提出的 LTS 估计，可用于处理高杠杆值问题(Rousseeuw，1984)。1984 年 Yohai 提出了 S 估计，是一种通过密集型计算方式来针对自变量中的离群值估计方法。虽然稳健回归得到各种改进，但目前我们应用得最多的一种稳健回归估计是 MM 估计(Salini S，et al.，2016)，由 Yashi 于 1987 年提出，它将 M 估计与 LTS 估计和 S 估计结合起来，综合了上述估计方法的优点。因此，我们目前普遍选择 MM 估计。

稳健回归的基本思想是对不同数据点给予不同权重，残差较小的给予较大的权重，而残差较大的给予较小权重，根据残差大小确定权重，并据此建立加权的最小二乘估计，反复迭代以改进权重系数，直至权重系数的改变小于一定的允许误差，以减小异常值对模型的影响，通过对数据中各样本赋予不同的权重来考虑离群值对回归方程的影响(Lawrence C，1992)。

在进行稳健性回归分析前，我们需要了解几个概念：杠杆率是指当某个观测值所对应的预测值为极端值时，该观测值称为高杠杆率点。杠杆率衡量的是独立变量对自身均值的偏异程度。高杠杆率的观测值对于回归方程的参数有重大影响。影响力点是指若某观测值的剔除与否，对回归方程的系数估计有显著效应，则该观测值是具有影响力的，称为影响力点。影响力是由高杠杆率和离群情况引起的。Cook's D 是指综合了杠杆率信息和残差信息的统计量。

3.5.2 实例分析与 SAS 实现

数据需要符合有不可删除的离群值，本节实证分析截取了中国家庭追踪调查中 2016 年儿童问卷的部分数据来探讨儿童年龄、儿童至今吃母乳月数对儿童体重的影响。将其数据命名为数据集 exe3_3 来演示稳健回归。

因变量：

weight：体重

自变量：

age：年龄

time：孩子至今吃母乳月数

首先采用线性回归对数据进行异常点诊断分析，然后采用稳健回归对数据进行分析，稳健回归先对数据进行 OLS 回归，重点观察回归结果中的残差、拟合值、Cook 距离和杠杆率。

SAS 程序：

proc reg data＝exe3_3；

model weight ＝ age time ／r influence；

run；

SAS 程序解释：

其中 **proc reg** 表示我们使用一般线性回归进行模型拟合，r 表示 r 进行残差分析，influence 寻找强影响点。

SAS 结果：

SAS 结果输出如下：

Analysis of Variance					
Source	DF	Sum of Squares	Mean Square	F Value	Pr>F
Model	2	2265. 92232	1132. 96116	1287. 67	<. 0001
Error	16	14. 07768	0. 87985		
Corrected Total	18	2280. 00000			

图 3-13(a)　方差分析

Root MSE	0. 93801	R-Square	0. 9938
Dependent Mean	22. 00000	Adj R-Sq	0. 9931
Coeff Var	4. 26366		

图 3-13(b)　方差分析

Parameter Estimates					
Variable	DF	Parameter Estimate	Standard Error	t Value	Pr>|t|
Intercept	1	2. 37807	0. 53389	4. 45	0. 0004
age	1	0. 28172	0. 18000	1. 57	0. 1371
time	1	0. 73931	0. 17505	4. 22	0. 0006

图 3-14　参数估计

				Output Statistics							
Obs	Dependent Variable	Predicted Value	Std Error Mean Predict	Residual	Std Error Residual	Student Residual	Cook's D	RStudent	Hat Diag H	Cov Ratio	DFFITS
1	4	4.1384	0.4325	−0.1384	0.832	−0.166	0.002	−0.1612	0.2126	1.5332	−0.0837
2	6	5.8988	0.3854	0.1012	0.855	0.118	0.001	0.1147	0.1688	1.4563	0.0517
3	8	7.9408	0.3519	0.0592	0.869	0.068	0.000	0.0659	0.1408	1.4112	0.0267
4	10	9.9829	0.3204	0.0171	0.882	0.019	0.000	0.0188	0.1167	1.3739	0.0068
5	12	12.0250	0.2915	−0.0250	0.892	−0.028	0.000	−0.0271	0.0966	1.3432	−0.0089
6	14	14.0671	0.2660	−0.0671	0.899	−0.075	0.000	−0.0722	0.0804	1.3184	−0.0214
7	16	16.1091	0.2450	−0.1091	0.905	−0.121	0.000	−0.1168	0.0682	1.2989	−0.0316
8	18	19.6298	0.3906	−1.6298	0.853	−1.911	0.255	−2.1063	0.1734	0.6748	−0.9646
9	20	20.1933	0.2213	−0.1933	0.912	−0.212	0.001	−0.2056	0.0557	1.2743	−0.0499
10	22	22.2354	0.2206	−0.2354	0.912	−0.258	0.001	−0.2505	0.0553	1.2687	−0.0606
11	24	22.5171	0.3138	1.4829	0.884	1.678	0.118	1.7893	0.1119	0.7649	0.6351
12	26	26.3195	0.2418	−0.3195	0.906	−0.353	0.003	−0.3427	0.0664	1.2700	−0.0914
13	28	28.3616	0.2619	−0.3616	0.901	−0.401	0.005	−0.3907	0.0780	1.2769	−0.1136
14	30	30.4036	0.2867	−0.4036	0.893	−0.452	0.007	−0.4404	0.0934	1.2881	−0.1414
15	32	29.3826	0.2738	2.6174	0.897	2.917	0.264	4.1289	0.0852	0.1360	1.2599
16	34	33.0792	0.8434	0.9208	0.410	2.244	7.085	2.6239	0.8085	2.0410	5.3919
17	36	36.5299	0.3793	−0.5299	0.858	−0.618	0.025	−0.6053	0.1635	1.3495	−0.2676
18	38	38.5719	0.4139	−0.5719	0.842	−0.679	0.037	−0.6676	0.1948	1.3804	−0.3283
19	40	40.6140	0.4498	−0.6140	0.823	−0.746	0.055	−0.7352	0.2300	1.4173	−0.4018

图 3-15　统计输出结果

SAS 结果解释：

图 3-13(a)和图 3-13(b)表示方差分析结果，图 3-14 表明解释变量年龄对体重的影响无统计学差异($t=1.57$，$p=0.1371$)，儿童至今吃母乳月数对体重的影响有统计学差异($t=4.22$，$p=0.0006$)。图 3-15 中第 15 号观测的学生化残差(Student Residual)绝对值远远大于其他观测，而杠杆值(Hat Diag H)并不是非常高，提示其因变量为异常点；第 16 号观测的杠杆值远远大于其他观测，而学生化残差并不很高，提示其自变量为异常点；Cook's D 值和 DFFITS 则显示，第 15 号和第 16 号的值均高于其他观测的值，提示这两个观测可能为强影响点。图 3-16 直观地展示了 Cook's D 值由一般线性回归分析可知存在强影响点，且其值较大，因此我们采用稳健回归对数据进行分析。

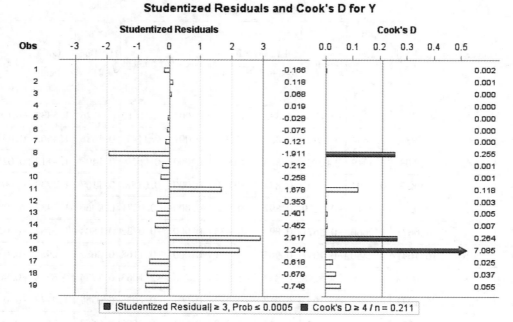

图 3-16　残差和 Cook's D

SAS 程序：

proc robustreg data = exe3_3　method = mm；

model weight　= age time /diagnostics leverage；

run；

SAS 程序解释：

proc robustreg 表示进行稳健回归分析，method 指定稳健估计方法，可选的有 M、LTS、S、MM；model options：diagnostics 进行异常点诊断，leverage 进行杠杆点诊断。

SAS 结果：

SAS 结果输出如下：

Summary Statistics						
Variable	Q1	Median	Q3	Mean	Standard Deviation	MAD
age	8.0000	18.0000	25.0000	17.5789	10.7823	11.8608
time	10.0000	20.0000	28.0000	19.8421	11.0868	11.8608
weight	12.0000	22.0000	32.0000	22.0000	11.2546	14.8260

图 3-17　变量的统计描述

MM Profile	
Chi Function	Tukey
K1	3.4400
Efficiency	0.8500

图 3-18　MM 估计的概括性描述

Parameter Estimates							
Parameter	DF	Estimate	Standard Error	95% Confidence Limits		Chi-Square	Pr>ChiSq
Intercept	1	3.9811	0.0251	3.9319	4.0303	25144.2	<.0001
age	1	0.9961	0.0104	0.9756	1.0166	9087.33	<.0001
time	1	0.0044	0.0105	−0.0161	0.0250	0.18	0.6732
Scale	0	0.3236					

图 3-19　参数估计

Diagnostics						
Obs	Projected Distance			Leverage	Standardized Robust Residual	Outlier
	Mahalanobis	Robust	Off-Plane			
1	1.3824	1.4188	0.7787	*	−3.0468	*
8	0.5864	0.6614	1.5574	*	−0.0176	
11	0.3150	0.1961	0.7787	*	3.1056	*
15	0.7375	0.5981	0.0000		9.2625	*
16	0.0211	0.0835	3.8935	*	15.3740	*

图 3-20　数据诊断

Diagnostics Summary		
Observation Type	Proportion	Cutoff
Outlier	0.2105	3.0000
Leverage	0.2105	2.2414

图 3-21　数据诊断结果

Goodness-of-Fit	
Statistic	Value
R-Square	0.7901
AICR	15.7336
BICR	24.5514
Deviance	1.6463

图 3-22　模型拟合结果

SAS 结果解释：

在图 3-17 的统计描述中，因为绝对离差中位数（MAD）是稳健的变量尺度，标准差与 MAD 差值越大，提示可能存在异常。结果分析显示 weight 的标准差与 MAD 的差值为 $14.8260 - 11.2546 = 3.5714$；age 的标准差与 MAD 的差值为 $11.8608 - 10.7823 = 0.0785$；time 的标准差与 MAD 的差值为 $11.8608 - 11.0868 = 0.7740$；3.5714 比 0.0785 和 0.7740 大，提示 weight 更有可能存在异常值。

图 3-18 为 MM 估计的概括性描述，结果显示最高的失效点为 3.4400，估计率为 0.85。失效点通常来讲就是所需的估计方法在数据有多少异常点时仍可保持模型的稳健性。失效点所占比例越高，表明估计方法越稳健。

图 3-19 为参数估计结果给出了参数的 MM 估计、标准误、95% 可信区间、卡方值及相应的 p 值。稳健回归所得方程为：

$$weight = 3.9811 + 0.9961age + 0.0044time$$

但通过参数估计的结果显示年龄的偏回归系数为 $0.9961（p < 0.0001）$，与体重存在线性关系，但儿童至今吃母乳月数的偏回归系数为 $0.004（p = 0.6732）$，无统计学差异，可以将不显著的解释变量从模型中剔除。

图 3-20 数据诊断结果：杠杆点主要根据稳健 MCD 距离（robust MCD distance）判断，当该值大于诊断界值（cutoff）时，即判断为杠杆点，并以"$*$"标识；离群点主要根据稳健残差（robust residual）判断，当该值的绝对值大于诊断界值（cutoff）时，即判断为离群点，并以"$*$"标识；第 15 号判断为离群点，第 8 号判断为高杠杆点，第 1、11、16 号判断为高杠杆点，且同时为离群点。

图 3-21 数据诊断结果显示离群点的比例为 0.2105，杠杆点的比例为 0.2105。

图 3-22 模型拟合结果：最后拟合优度显示 $R^2 = 0.7901$，因变量观测值的总变异中能够被模型解释的部分为 79.01%。可以发现稳健回归的结果与普通线性回归所得到的结果相差较大，这是因为当数据中存在高杠杠点、离群点甚至强影响点时，普通线性回归受他们的影响特别大，很有可能由于一两个数据的影响而偏离了实际，而稳健回归则避免了这种误导。

◎ **本章小结**

本章首先给出了多元线性回归分析方法的主要内容及解决问题的一般步骤，列举了多元线性回归模型应该遵从的假定条件，探讨了多元线性回归模型中未知参数的估计方法及其假设检验问题，并且介绍了几种特殊情况下的多元线性回归模型估计方法，除此之外，还存在其他一些估计方法，比如主成分回归的应用也日益广泛。但由于篇幅有限，本章不再对此进行详细介绍。

多元线性回归分析是统计分析的重要组成部分，在科学研究领域有着广泛应用，用多元线性回归分析方法建立模型来研究实际问题是一种常用的有效方法。它通过研究随机变量之间的关系来描述数据群体的主要特征。但需要明确，每种线性回归估计方法都需要适应特定的研究假设，在使用回归分析方法应当对因变量和自变量进行散点图分析，确定是否适用于线性回归。并且多元线性回归的各类方法有各自的优势与缺点，比如最小二乘法要求拟合误差尽可能小；引入交互项的副作用可能会在多元线性回归模型中产生多重共线性等问题。因此，研究者在进行多元线性回归估计时，既要结合数据特征选择合适的估计方法，也要根据专业知识作出合理的判断，考虑内生性和外生性的情况，避免得出不合理的估计结果。

◎ 参考文献

[1] Hoaglin, David, C. Regressions are commonly misinterpreted：A rejoinder[J]. The Stata Journal, 2016, 3(5).

[2] Huber, Peter J. Robust regression：Asymptotics, conjectures and monte carlo[J]. The Annals of Statistics, 1973, 1(5).

[3] Lawrence C. Hamilton. How robust is robust regression? [J]. Stata Technical Bulletin, 1992, 1(2).

[4] Leona S A, Stephen G W. Multiple regression：testing and interpreting interactions-Institute for social and economic research[J]. Evaluation Practice, 1991, 14(2).

[5] Neter J, Wasserman W, Kutner M H. Applied linear statistical models[J]. Technometrics, 1996, 39(3).

[6] Rousseeuw P J. Robust regression by means of S-estimators[C]. Nalysis, Lecture Notes in Statistics, 1984, 9(5).

[7] Salini S, Cerioli A, Laurini F, et al. Reliable robust regression diagnostics [J]. International Statal Review, 2016, 84(1).

[8] Serneels S, Croux C, Espen P J V. Influence properties of partial least squares regression[J]. Chemometrics & Intelligent Laboratory Systems, 2004, 71(1).

[9] Tilke C. The relative efficiency of OLS in the linear regression model with spatially autocorrelated errors[J]. Statistical Papers, 1993, 34(1).

[10] Wold H. Estimation of principal components and related models by iterative least squares[J]. Journal of Multivariate Analysis, 1966, 1(8).

[11] Chatterjee S., Hadi A S. Multiple linear regression[M]. Analysis by Example. John Wiley & Sons, Lted, 2006.

[12] Liao Chunhua, et al.. Improved partial least squares regression reconmondation algorithm [M]. ICAIEES, 2013.

第 4 章 Logistic 回归分析

第 3 章介绍了因变量为连续变量的线性回归，在科学研究中我们也常常遇到因变量是分类变量，有两种或多种取值的情况，比如，使用二分类变量来测量的有人口流动与不流动、生育与不生育、患病与未患病等；在描述态度时可能会采用"完全赞同""赞同""有点赞同""完全不赞同"等几个类型进行测量，这一类的测量结局往往是有序的；还有一类是由多个无序的测量结局构成，例如不同的血型分类，不同的职业领域分类等。当遇到上述的因变量是分类变量的情况时，我们通常需要使用 Logistic 回归分析。

4.1 Logistic 回归模型介绍

当遇到上述的因变量是分类变量的情况时，我们的分析实际转变为在自变量的影响下，目标人群得到每种测量结局的概率，而这个概率应当取值于 0 至 1 的区间。其次，在现实生活中，自变量对因变量的影响往往存在着非线性的关系，即某一自变量的作用对某个个体发生某种事件的可能性并不相同（David et al. 2012），如买车与否这种行为，对于月收入 1000 元、5000 元和 10000 元的人来说，月收入增长 500 元对于他们买车还是不买车的作用是不同的。在这种情况下，线性回归模型就不再适用了，这时我们最常使用 Logistic 回归的分析方法来描述因变量与自变量之间的关系。Logistic 回归是一种多元统计方法，适用于多分类（包括二分类）的因变量与多个影响因素之间关系的研究（Paull，1999；Fred，2000）。按照因变量的类型 Logisitic 可分为：二分类因变量的 Logistic 回归，多分类有序因变量的 Logistic 回归和多分类无序因变量的 Logistic 回归。

4.1.1 Logistic 回归的基本模型

设某事件 y 在影响因素 $x_i (i = 1，2，3，\cdots，i)$ 的作用下发生的概率为 P，不发生的概率为 $1 - P$，则 Logistic 回归模型定义为：

$$P = \frac{\exp(\beta_0 + \beta_1 x_1 + \beta_2 x_2 + \cdots + \beta_i x_i)}{1 + \exp(\beta_0 + \beta_1 x_1 + \beta_2 x_2 + \cdots + \beta_i x_i)} \tag{4-1}$$

其中 β_0 称为常数项或截距，β_1，β_2，$\cdots$，β_i 称为 Logistic 模型的回归系数。从 Logistic 回归模型的定义公式（4-1）可以看出，Logistic 回归模型是一个概率型非线性模型，当 $\beta_0 + \beta_1 x_1 + \beta_2 x_2 + \cdots + \beta_i x_i$ 在 $(-\infty，+\infty)$ 间变化时，P 在区间 $(0，1]$ 之间变化，$\beta_0 + \beta_1 x_1 + \beta_2 x_2 + \cdots + \beta_i x_i$ 和 P 的关系如图 4-1 所示，其中自变量 x_i 可以任意取值，自变量的类型可以是数值变量，也可以是分类变量，从而满足了实际问题中不同变量的取值要求。

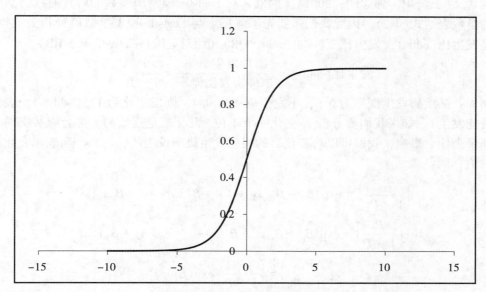

图 4-1 Logistic 函数的图形

为了方便理解和解释 Logistic 回归模型的意义，我们可以将公式(4-1) 转换为自变量的线性表达模式。

首先，定义事件发生概率与事件不发生概率的比为事件发生比(odds)，表达式为：

$$\left(\frac{P}{1-P}\right) = \exp(\beta_0 + \beta_1 x_1 + \beta_2 x_2 + \cdots + \beta_i x_i) \tag{4-2}$$

那么，将公式(4-2) 两边同取对数，就可以得到概率的函数与自变量之间的线性表达式：

$$\text{logit}P = \ln\left(\frac{P}{1-P}\right) = \beta_0 + \beta_1 x_1 + \beta_2 x_2 + \cdots + \beta_i x_i \tag{4-3}$$

需要注意的是，经过转换之后的公式(4-3)，等式左边的取值范围由原来的(0，1] 变为了(− ∞， + ∞)。

4.1.2　模型中参数的意义

模型中参数是指模型中的系数，即常数项 β_0 和回归系数 $\beta_i (i = 1，2，3，\cdots，n)$。因为 Logistic 回归的因变量是对数发生比 logit$P$，所以每个自变量的估计系数便是自变量 x_i 对 logit$P$ 的作用。假设事件定义为某疾病的发生状况，常数项 β_0 指不考虑其他自变量 x_i 的作用时，某疾病发生与不发生概率之比的对数值(logit$P$)。而回归系数 β_i 测量的是自变量的变化对连续变量 logit$P$ 的作用，当 β_i 为正数时，说明自变量 x_i 每增加一个单位可以使某疾病发生与不发生概率之比的对数值(logit$P$) 提高 β_i；当 β_i 为负数时，说明自变量 x_i 每增加一个单位可以使某疾病发生与不发生概率之比的对数值(logit$P$) 降低 β_i。虽然对于 logit$P$ 的作用解释在线性表达的基础上更加方便，但在实际研究中，这样的解释缺乏对事件概率的直观含义（王济川、郭志刚，2001）。因此，对 Logistic 模型中参数的解释通常会基于发生比的指数表达式（4-2），因此我们需要先了解三个与 Logistic 模型参数解释相关的概念，分别是发生比（odds），发生比率（odds ratio，OR）和相对危险（relative risk，RR）。

$$发生比（odds）= \frac{事件发生概率}{事件未发生概率} = \frac{P}{1-P} \tag{4-4}$$

例如：某疾病发生概率为 0.6，不发生概率为 0.4，则发生比为 1.5（odds>1，表示疾病更可能发生）。如果我们要分析 x_1 变化一个单位（假设 x_1 是连续的）将会给某疾病的发生概率带来什么影响，我们可以将变化后的疾病发生概率设为 P_1，(x_1+1) 表示变化后自变量取值，则：

$$\left(\frac{P_1}{1-P_1}\right) = \exp[\beta_0 + \beta_1(x_1+1) + \beta_2 x_2 + \cdots + \beta_i x_i]$$

$$\left(\frac{P}{1-P}\right) = \exp(\beta_0 + \beta_1 x_1 + \beta_2 x_2 + \cdots + \beta_i x_i + \beta_1)$$

$$\left(\frac{P_1}{1-P_1}\right) = \left(\frac{P}{1-P}\right)\exp(\beta_1)$$

我们将 x_1 变化前后的两个发生比之比称为发生比率，则：

$$发生比率（OR）= \frac{P_1(1-P_1)}{P(1-P)} = \exp(\beta_1) \tag{4-5}$$

OR 值可以测量自变量的变化给发生比带来的变化。需要说明的是，大于 1（小于 1）的 OR 值，表明事件发生的可能性会提高（降低），或自变量对事件概率有正（负）的作用；OR 值为 1 表示变量对事件概率无作用。在具体研究中可结合解释变量所代表的因素对其做出恰当的解释。

还有一种常用的解释指标为相对危险，它是两组之间事件发生概率的比：

$$相对风险（RR）= \frac{P_1}{P_2} \tag{4-6}$$

若 $P_1 = P_2$，RR 值为 1，则说明两组在事件发生概率方面并没有差别。

总的来说，对 Logistic 模型中参数的解释可以从线性表达式与指数表达式两个角度进行解释，前者表示的是加法效应，后者表示的则是乘法效应，可以根据实际研究选取解释角度（Fred，2000）。此外，在实际运用中，根据自变量类型的不同，对于模型参数的解释也存在着差异。

1. 连续型自变量回归参数的解释

连续型自变量如身高、体重，我们关注的往往是自变量的变化幅度给 odds 带来的变化。截距 β_0 表示基准 odds 的对数值，即当 Logistic 回归模型中没有任何自变量时（除常量外，所有自变量都取 0 值）的 odds 值。那么基于 odds 的指数表达式（4-2），若 $\beta_i > 0$，则 odds = $\exp(\beta_i) > 1$，若 $\beta_i < 0$，则 odds = $\exp(\beta_i) < 1$，即 x_i 每增加一个单位，odds 会相应地增加（减少），$\exp(\beta_i)$ 则反映了自变量 x_i 每变化一个单位时 odds 所变化的倍数。

2. 二分类自变量回归参数的解释

二分类自变量，例如性别，取值可以用 0 或 1 编码，也称为虚拟变量。若 x_2 为取值为 0 或 1 的二分类变量，则有：

$$\ln\left(\frac{P}{1-P}\right)_{x_2=1} = \beta_0 + \beta_1 x_1 + \beta_2 * 1$$

$$\ln\left(\frac{P}{1-P}\right)_{x_2=0} = \beta_0 + \beta_1 x_1 + \beta_2 * 0$$

两式作差得：

$$\beta_2 = \ln\left(\frac{P}{1-P}\right)_{x_2=1} - \ln\left(\frac{P}{1-P}\right)_{x_2=0} = \ln\left(\frac{P_1(1-P_1)}{P_0(1-P_0)}\right)$$

因此 β_2 就是在控制其他变量条件下，$x_2=1$ 与 $x_2=0$ 的对数发生比的差，也是发生比率 OR 值的对数，即 x_2 取值为 1 的个体的事件发生比是 x_2 取值为 0 的个体的 $\exp(\beta_2)$ 倍。

3. 多分类变量的处理与回归参数的解释

当自变量的分类多于两个类别时，则需要将其中一个类别作为参照类。

例如，如果将年龄变量分为四个类别：age = 0（40 岁及以下），age = 1（40 岁至 50 岁），age = 2（50 岁至 60 岁），age = 3（60 岁及以上）。则需要将其中一类作为参照类，其他类别的参数估计值都是与它相比而得到的。哪一类作为参照类是随意的，取决于偏好或解释的方便。若将 age = 0 作为参照类，则 Logistic 模型可以写为：

$$\text{logit}P = \ln\left(\frac{P}{1-P}\right) = \beta_0 + \beta_{1j} \text{age}_j \tag{4-7}$$

其中，j 为年龄变量 age 的类别（$j=0$，1，2，3），除参照类外每个类别都会产生对应的系数 β_{1j}。与二分类变量的系数解释相似，β_{11}，表示 age = 1 这一组的个体的事件发生比（odds）是 age = 0 组的 $\exp(\beta_{11})$ 倍。

4.1.3　模型的参数估计

Logistic 回归模型的参数估计通常采用的是最大似然估计法（maximum likelihood estimation，MEL），其优点是适用范围广，不要求自变量呈多元正态分布，其基本思想是对 n 例观察样本建立似然函数 L：

$$L = \prod_{i=1}^{n} P_i^{Y_i} (1-P_i)^{1-Y_i} \quad i=1, 2, \cdots, n$$

上述公式中 P_i 表示第 i 例观察对象在自变量的作用下阳性结果发生的概率，如果实际出现的是阳性结果，取 $Y_i=1$，否则取 $Y_i=0$。然后根据最大似然原理：在一次抽样中获得现有样本的概率应该最大，即似然函数 L 应该达到最大值。此时，求似然函数达到极大时的参数取值。但是使似然函数取最大值的过程是十分困难的，为简化计算，通常取似然函数的对数形式：

$$\ln L = \sum_{i=1}^{n} [Y_i \ln P_i + (1-Y_i)\ln(1-P_i)]$$

上述方程的求解常常依靠统计软件完成，依赖于 SAS 软件，我们可以得到使这一似然函数达到最大值的参数估计。

在样本量较大的情况下，Logistic 回归的最大似然估计逐渐向真值靠拢，估计可以被看作近似无偏的，此时参数估计的标准误也会相应的缩小，并且最大似然函数估计值分布趋近于正态分布，因此我们可以进行研究假设的显著性检验和参数置信区间的计算。但是 Logistic 回归的最大似然估计的这些优点在样本较大时才会出现，当面对小样本时，最大似然估计的风险可能较大，解释概率估计值和相应的置信区间应当十分谨慎。

4.1.4　模型的拟合指标

模型的拟合优度（goodness of fit）指评价模型能否有效描述反因变量及模型拟合数据的程度，如果模型预测值与实际观测值之间的差异是可以接受的，则表示可以接受这一模型（David et al.，2012）。常用的拟合优度指标有以下几种，大部分在 SAS 的结果中都会提供。

1. Pearsonχ^2 值（Pearson Chi-Square Statistic）和 D 统计量（Deviance）

Pearsonχ^2 值是通过比较模型预测事件发生和不发生的频数与实际观测事件发生和不发生的频数来检验模型成立的假设。若 χ^2 值很小则意味着模型预测值和观测值之间没有显著差别，表示模型很好地拟合了观测数据。D 统计量以可以完全反映观测数据的模型为基础，来比较进行验证的模型与完全模型的最大似然值，通过似然函数来测量验证模型和完全模型之间的差异程度，当 D 值较大时，则意味着模型拟合较差。Pearsonχ^2 值和 D 统计量都服从于渐进的 χ^2 分布，主要用于自变量不多且为分类变量的情况。

在 SAS 中，需要通过设置 aggregate 和 scale 两个选项来对协变量类型进行设置，才能输出 Pearsonχ^2 值和 D 统计量。

2. HL 指标（The Hosmer-Lemeshow tests，HL）

HL 指标是一种类似于 Pearsonχ^2 值的指标，主要用于自变量较多且含有连续型变量的情况。其对应的零假设 H_0 是预测值概率和观测值之间没有显著差异，如果 HL 指标显示较大的 p 值，说明统计结果不显著，则我们不能拒绝关于模型拟合数据很好的假设，这意味着模型很好地拟合了数据。在 SAS 中需要调用 lackfit 选项命令来输出 HL 指标值。

3. 信息指标（information measures）

信息指标中最常见的是-2LL（-2 log likelihood）、AIC（Akaike's information criterion）和 SC（Schwarts criterion）。其中-2LL 值是模型似然函数值的自然对数再乘以-2，其值越小，意味着 Logistic 回归模型的似然值越接近于 1，模型的拟合程度也就越好。AIC 和 SC 都是在-2LL 基础上开发的其他指标，且 SC 是 AIC 的一种修正，与 AIC 同向作用。具体来说，在其他条件不变的情况下，AIC 值和 SC 值越小表明模型拟合程度越好。在 SAS 中会自动输出上述三个信息指标。

4.1.5　模型的假设检验

模型假设检验的目的是检验整个模型是否有统计学意义以及单个回归系数是否为零。常用的检验方法有似然比检验（likelihood ratio test，LR）、Wald 检验和比分检验（score test）。

1. 似然比检验

假设检验的零假设 H_0 为：$\beta_1 = \beta_2 = \cdots = \beta_i = 0$，基本思想是比较两种不同假设条件下

的对数似然函数值差别的大小。具体方法是：（1）先拟合不包含影响因素的 Logistic 模型，求对数似然函数值 $\ln L_0$。（2）再拟合包含影响因素的 Logistic 模型，求另一个对数似然函数值 $\ln L_1$。（3）比较两个对数似然函数值差别的大小。若 2 个模型分别包含 m 个自变量和 n 个自变量，则似然比统计量 $\mathrm{LR} = -2(\ln L_m - \ln L_n)$，当样本量较大时，在 H_0 成立的条件下，LR 近似服从自由度为 $v = m - n$ 的 χ^2 分布。而如果只对一个回归系数（或一个自变量）进行检验，则自由度为 1。在似然比检验中，若 p 值小于 0.05，则拒绝原假设。通过比较不加入与加入 i 个自变量两种不同假设条件下的对数似然函数值，看其差别大小，判别新加入的 i 个自变量是否有统计学意义。

2. 比分检验

以未包含某个或几个变量的模型为基础，保留模型中参数的估计值，并假设新增加的参数为零，计算似然函数的一价偏导数（也称"有效比分"）及信息矩阵，两者相乘便得比分检验的统计量 S。样本量较大时，S 近似服从自由度为影响因素个数的 χ^2 分布。

3. Wald 检验

即用 μ 检验或 χ^2 检验来检验各参数 β_i 是否为 0，也可以视为广义的 t 检验。进行假设检验的统计量为 $w = \mu = \dfrac{\beta_i}{S_{\beta_i}}$ 或 $w = \chi^2 = \left(\dfrac{\beta_i}{S_{\beta_i}}\right)^2$，其中 S_{β_i} 是偏回归系数 β_i 的标准误。当零假设 H_0：$\beta_1 = \beta_2 = \cdots = \beta_i = 0$ 为真时，w 服从自由度为 1 的渐近 χ^2 分布，对于大样本资料，在零假设下 w 近似服从标准正态分布。

上述三种假设检验中，似然比检验最可靠，既适合单个自变量的假设检验又适合多个自变量的同时检验。Wald 检验在计算和使用上更容易一些，但是结果略偏于保守，它未考虑各变量的综合作用，当变量间存在共线性时，结果不可靠。在小样本情况下，比分检验统计量的分布比似然比检验统计量更接近 χ^2 分布，犯一类错误的概率小一些。在大样本情况下，使用三种方法得到的结论一般相同。假设检验统计量的计算结果同样会在 SAS 程序的结果中提供。

4.1.6　变量的筛选

在建立 Logistic 模型过程中，我们需要识别可以很好地预测因变量的候选自变量，并且将它们全部纳入模型。通常有以下几种方法进行自变量的筛选。

1. 向前逐步（forward stepwise）

即在不加入自变量的模型基础上，将符合既定显著水平的自变量一次一个地加入模型。首先第一个变量进入模型，并进行 F 检验和 t 检验，计算残差平方和，计为 $S1$，如果通过显著性水平检验，则该变量保留。然后引入第二个变量，重新构建一个新的估计方程，并进行 F 检验和 t 检验，同时计算残差平方和，计为 $S2$。从直观上看，增加一个新的变量后，模型整体的回归平方和应该增大，残差平方和应该减小，即 $S2$ 小于等于 $S1$，称 $S1-S2$ 的值是第二个变量的偏回归平方和。直观地说，如果该值明显偏大，则说明第二个变量对因变量有显著影响，反之则没有显著影响。向前逐步最大的缺点是先引入模型的变量不会再剔除，可能会给后面引入的变量产生影响。在 SAS 中需要调用的命令为：

selection＝forward sle＝＊（＊代表选定的显著水平，下同）。

2. 向后逐步（backward stepwise）

即在保留所有自变量的基础上，将不符合既定显著水平的自变量一次一个地剔除模型。同向前回归法正好相反，首先，所有的 X 变量全部引入模型进行 F 检验和 t 检验，然后逐个删除不显著的变量，删除的原则是根据其偏回归平方和的大小决定去留。如果偏回归平方和很大则保留，反之则删除。向后逐步最大的缺点是可能会引入一些不重要的变量，而且真正重要的变量一旦被剔除，就再也没有机会进入模型。在 SAS 中需要调用的命令为：selection＝backward sls＝＊。

3. 混合逐步（combined stepwise）

即将向前和向后逐步结合起来，根据既定的显著水平将自变量加入或者剔除。变量一个个进入模型，在引入变量时需要利用偏回归平方和进行检验，显著时才加入该变量，当模型加入了该变量后，又要对原先引入的所有变量重新用偏回归平方和进行检验，一旦某变量变得不显著时就删除该变量，如此反复，直到原先引入的变量均不可删除，新变量也无法加入为止。在混合逐步中需要注意的一个问题是引入自变量要求的显著性水平应当小于或等于剔除自变量要求的显著性水平，即"严进宽出"。在 SAS 中需要调用的命令为：selection＝stepwise sle＝＊ sls＝＊。

上述的三种方法都是基于研究者所定的显著水平来进行自变量的筛选，通常来说，如果我们选择的显著水平太小，就有可能在建立模型时遗漏某些重要的自变量。但是使用较大的显著水平也可能将一些不太重要的变量包括在模型之中，因此，在决定一个模型之前，应当从统计和实际意义两个方面进行显著水平的把关。并且为了计算方便，通常向前逐步选取变量用似然比检验，而向后逐步变量常用 Wald 检验。

4.2　二分类因变量的 Logistic 回归

4.2.1　二分类因变量的 Logistic 回归简介

二分类因变量，即因变量的取值只有两种，"是"或者"否"。所以我们可以对二分类的因变量进行编码：

$Y＝1$，代表事件发生

$Y＝0$，代表事件不发生

若 $P(Y=1)$ 为事件发生的概率，则可以对事件发生的概率建立 Logistic 模型如下：

$$\text{logit}P(Y=1)=\beta_0+\beta_1 x_1+\beta_2 x_2+\cdots+\beta_i x_i \tag{4-8}$$

4.2.2　实例分析与 SAS 实现

在本节中，我们用 2015 年全国流动人口卫生计生动态监测数据来演示二分类因变量 Logistic 回归的 SAS 实现，本节将其数据集命名为 exe4_1。

数据分析目的：分析流动人口在本社区建立健康档案的影响因素。

因变量：

health_ re：是否在本地建立健康档案（1＝是，0＝否）

自变量：

gen：性别（1＝男，0＝女）

age：年龄（连续变量）

marriage：婚姻状况（1＝在婚，0＝不在婚）

edu：受教育程度（1＝小学及以下，2＝初中，3＝高中及以上）

time：每周工作时间（1＝40 小时以下，2＝40～56 小时，3＝56～70 小时，4＝70 小时以上）

income：家庭月收入（1＝2000 元以下，2＝2000～4000 元，3＝4000～6000 元，4＝6000～8000 元，5＝8000～10000 元，6＝10000 元以上）

years：流动时间（1＝小于 1 年，2＝1～5 年，3＝5～10 年，4＝10 年以上）

range：流动范围（1＝跨省，2＝省内跨市，3＝市内跨县，4＝跨境）

SAS 程序：

proc logistic data＝exe4-1 descending；

class gen marriage edu income time years range；

model health_re＝gen marriage edu income time years range age

／selection＝stepwise

　sle＝0.10 sls＝0.10；

run；

SAS 程序解释：

其中 descending 是指令系统输出因变量取值由大到小的概率，缺省时，系统输出因变量取值由小到大的概率。使用和不使用 descending 语句的回归模型的回归系数绝对值完全相同，但是符号完全相反。

class 语句的作用是在分析的过程中定义分类变量，一般将最大的编码值（按升序排列）作为参照类。

model 语句给出的是 Logistic 模型的因变量和自变量，等号左边的是因变量，等号右边的是自变量。

selection 语句选择的是用逐步回归法拟合模型，变量选入和剔除水平均为 0.10。

SAS 结果：

SAS 结果输出如下：

Number of Observations Read	206000
Number of Observations Used	172172

图 4-2　二分类因变量的 Logistic 回归模型样本规模

Response Profile		
Ordered Value	Health_re	Total Frequency
1	1	59934
2	0	112238

Probability modeled is Health_re = '1'.

图 4-3　二分类因变量的 Logistic 回归模型的基本情况

Model Fit Statistics		
Criterion	Intercept Only	Intercept and Covariates
AIC	222539. 79	217646. 13
SC	222549. 84	217837. 20
−2 Log L	222537. 79	217608. 13

图 4-4　二分类因变量的 Logistic 回归模型拟合结果

Testing Global Null Hypothesis：BETA=0			
Test	Chi-Square	DF	Pr>ChiSq
Likelihood Ratio	4929. 6556	18	<. 0001
Score	4878. 0588	18	<. 0001
Wald	4786. 9258	18	<. 0001

图 4-5　二分类因变量的 Logistic 回归假设检验结果

Association of Predicted Probabilities and Observed Responses			
Percent Concordant	59. 7	Somers' D	0. 202
Percent Discordant	39. 5	Gamma	0. 204
Percent Tied	0. 8	Tau-a	0. 092
Pairs	6726872292	c	0. 601

图 4-6　二分类因变量的 Logistic 回归模型观测数据对及序次相关指标

Summary of Stepwise Selection							
Step	Effect		DF	Number In	Score Chi-Square	Wald Chi-Square	Pr>ChiSq	Variable Label
	Entered	Removed						
1	range		3	1	4085.7534		<.0001	Range
2	years		2	2	252.2110		<.0001	years
3	marriage		1	3	173.4489		<.0001	Marriage
4	edu		2	4	139.2284		<.0001	Edu
5	gen		1	5	77.1552		<.0001	Gen
6	age		1	6	70.5719		<.0001	age
7	time		3	7	51.9764		<.0001	time
8	income		5	8	51.1889		<.0001	Income

图 4-7　二分类因变量的 Logistic 回归模型逐步筛选结果

Analysis of Maximum Likelihood Estimates						
Parameter		DF	Estimate	Standard Error	Wald Chi-Square	Pr>ChiSq
Intercept		1	−0.8002	0.1081	54.7497	<.0001
gen	0	1	0.0493	0.00529	87.0396	<.0001
marriage	0	1	−0.0909	0.00754	145.3443	<.0001
edu	1	1	−0.1404	0.0105	178.5280	<.0001
edu	2	1	0.0284	0.00732	15.0972	0.0001
income	1	1	0.0336	0.0213	2.4977	0.1140
income	2	1	0.0477	0.0104	21.1507	<.0001
income	3	1	0.0412	0.00995	17.1366	<.0001
income	4	1	−0.0109	0.0124	0.7755	0.3785
income	5	1	−0.0338	0.0159	4.5281	0.0333
time	1	1	0.0388	0.00852	20.7691	<.0001
time	2	1	0.0416	0.00872	22.7372	<.0001
time	3	1	−0.0325	0.0104	9.7278	0.0018
years	2	1	−0.0922	0.00726	161.4888	<.0001
years	3	1	0.0585	0.00787	55.3211	<.0001
range	1	1	−0.4311	0.1059	16.5849	<.0001
range	2	1	0.2355	0.1059	4.9427	0.0262
range	3	1	0.1607	0.1060	2.2975	0.1296
age		1	0.00461	0.000578	63.5888	<.0001

图 4-8　二分类因变量的 Logistic 回归模型最大似然估计结果

Odds Ratio Estimates			
Effect	Point Estimate	95% Wald Confidence Limits	
gen　　　　0 vs 1	1.104	1.081	1.127
marriage　0 vs 1	0.834	0.810	0.859
edu　　　　1 vs 3	0.777	0.751	0.804
edu　　　　2 vs 3	0.920	0.899	0.941
income　　1 vs 6	1.118	1.050	1.190
income　　2 vs 6	1.134	1.085	1.184
income　　3 vs 6	1.126	1.079	1.175
income　　4 vs 6	1.069	1.021	1.119
income　　5 vs 6	1.045	0.993	1.100
time　　　1 vs 4	1.091	1.051	1.131
time　　　2 vs 4	1.094	1.054	1.135
time　　　3 vs 4	1.016	0.976	1.057
years　　2 vs 4	0.882	0.857	0.908
years　　3 vs 4	1.025	0.994	1.057
range　　1 vs 4	0.627	0.274	1.437
range　　2 vs 4	1.222	0.534	2.799
range　　3 vs 4	1.134	0.495	2.597
age	1.005	1.003	1.006

图 4-9　二分类因变量的 Logistic 回归模型 OR 值估计结果

SAS 结果解释：

图 4-2 和图 4-3 描述了数据的基本情况、模型的因变量、样本规模和关联函数的基本情况。由于我们调用了 descending 命令，所以代表事件发生的类别（health_re=1）被排在第一位，而事件未发生（health_re=0）则排在第二位，我们建立的模型是关于事件发生的概率的模型。

关于零假设检验（即所有回归系数均为 0 的假设），SAS 则提供了似然比卡方、比分卡方和 Wald 卡方三个指标。由图 4-4 和图 4-5 结果可以看出三种方式得出的概率 p 值均小于 0.05，说明模型是有意义的。

图 4-6 显示了观测数据对总数，以及和谐对、不和谐对和结的数量，在本例中，因变量 health_re 有 59934 个 1 值，112238 个 0 值，因此共有 59934×112238=6726872292 个观测数据对，其中 59.7% 为和谐数据对，39.5% 为不和谐对，0.8% 为结。根据和谐对、不

和谐对、结等数据，SAS 还提供了四个序次相关指标，分别是 Somers' D、Gamma、Tau-a 和 c 统计量，相对来说，如果一个模型在这些指标上取得较高的数值，就意味着模型具有较强的预测能力，反之，预测能力则较差。序次相关指标的这个特点可以用于比较因变量相同的不同模型。

图 4-7 到图 4-9 显示了偏回归系数。自变量除了 age 为连续变量，其余的都是作为分类变量处理，因此系数的解释也各有不同。对于自变量 age，它的 p 值小于 0.05，说明是一个显著的自变量，回归系数为 0.0046，因此在控制其他自变量的情况下，age 每增加一岁将会使在本地建档的概率增大，发生比变为原来的 1.005 倍（$e^{0.0046} \approx 1.005$）。而对于 gen 和 marriage 这类二分类自变量，已经按照 1 和 0 进行编码，并且以 1 值所在的类别作为参照。当我们考虑 gen 这个变量时，男性编码为 1，女性编码为 0，p 值小于 0.05 说明是显著的自变量，系数 0.0493 则表示在控制其他变量的情况下，女性在本地建立健康档案的发生比是男性的 1.104 倍（$e^{0.0493} \approx 1.104$）。而其他自变量，分类多于两个类别，一般将其中一个类别作为参照类，如变量 edu，将受教育程度分为小学及以下（edu = 1），初中（edu = 2），高中及以上（edu = 3），以 edu = 3 作为参照类，p 值均小于 0.05。edu = 1 的系数为 -0.1404，表示在其他变量条件不变的情况下，受教育程度在小学及以下的流动者在本地建立健康档案的发生比是高中及以上的 0.777 倍（$e^{-0.1404} \approx 0.777$），edu = 2 的系数解释也是同理，受教育程度较低对于在本地建立健康档案的发生比可能有负向的影响。此外，有一些变量的某些分类的回归系数并不显著，如 income = 4，这表明在控制其他变量的基础上，收入在 6000~8000 元的流动者在本地建立健康档案的发生比与收入在 10000 元以上的人并没有显著差异。在解释 Logistic 回归结果时需要注意的一点是，SAS 提供的变量系数都是偏回归系数，因此在解释结果意义时应当注意是在控制其他变量影响下的效应。

4.3 有序多分类因变量的 Logistic 回归

4.3.1 有序多分类因变量的 Logistic 回归简介

在具体的研究中，有序多分类的因变量十分多见，如某病的治疗效果：痊愈、有效、无效；对某事的态度：非常不同意、不同意、同意、非常同意等。此类的因变量通常都按照"1、2、3、4"等序列进行编码，因此也有研究者将 5 个分类以上的有序多分类变量视作连续变量进行分析，但这其实暗含了一个假设条件，即各分类之间的差距是相等的。因此在回归分析中将有序多分类变量视为连续变量可能有产生误导结果的风险，为了避免这种出错风险，可以选择专门为分析有序多分类变量设计的模型，其中之一便是累积 Logistic 回归模型（cumulative logistic regression model）（侯文、顾长伟，2009），其回归方程如下：

设因变量 y 为有 k 个等级的有序变量，k 个等级分别用 1，2，3，…，k 表示。x 为自变量。将 y 处于 $j(j = 1, 2, 3, \cdots, k)$ 等级的概率记为 $P(y = j | x)$，则等级小于等于 $j(j = $

1，2，3，…，k）的概率为 $P(y \leq j|x) = P(y \leq 1|x) + P(y \leq 2|x) + \cdots + P(y \leq j|x)$，称为等级小于等于 j 的累积概率，做 Logit 转换后为：

$$\text{Logit } P_j = \ln \frac{P(y \leq j|x)}{1 - P(y \leq j|x)} = \beta_{0j} + \sum_{k=1}^{k} \beta_k x_k \quad (j = 1, 2, \cdots, k-1) \qquad (4\text{-}9)$$

由公式(4-9)可以得出，在累积 Logistic 回归模型中，模型的发生比是后 $k-j$ 个等级的累积概率与前 j 个等级的累计概率的比，累积概率可以通过以下公式进行计算：

$$P(y \leq j|x) = \frac{1}{1 + \exp(\beta_{0j} + \sum_{k=1}^{k} \beta_k x_k)} \qquad (4\text{-}10)$$

4.3.2　实例分析与 SAS 实现

我们将通过以下例子来演示累积 Logistic 模型的 SAS 实现，所用数据来自于 2014 年全国流动人口卫生计生动态监测数据，我们简单探究流动人口城市归属感的影响因素。本节将数据集命名为 exe4_2，相关变量如下：

因变量：

belongcity：对本地城市的归属感(1＝非常弱，2＝弱，3＝一般强烈，4＝非常强烈)

自变量：

gen：性别(1＝男，0＝女)

marriage：婚姻状况(1＝在婚，0＝不在婚)

edu：受教育程度(1＝小学及以下，2＝初中，3＝高中及以上)

income：家庭月收入(1 = 2000 元以下，2 = 2000 ~ 4000 元，3 = 4000 ~ 6000 元，4 = 6000 ~ 8000 元，5 = 8000 ~ 10000 元，6 = 10000 元以上)

range：流动范围(1＝跨省，2＝省内跨市，3＝市内跨县，4＝跨境)

SAS 程序：

proc logistic data＝exe4-2 descending；

class gen edu income range marriage；

model belongcity＝gen edu income marriage range

/scale＝none aggregate rl；

run；

其中，scale＝none aggregate rl 命令使得回归过程计算偏差(Deviance)和 Pearson 卡方拟和优度统计量，其中 scale＝none 表示对过离散的情况不作调整。

SAS 结果：

SAS 部分结果输出如下：

Number of Observations Read	15999
Number of Observations Used	15997

图 4-10　有序多分类因变量的 Logistic 回归模型样本规模

Response Profile		
Ordered Value	Belongcity	Total Frequency
1	4	5234
2	3	8479
3	2	2016
4	1	268

图 4-11 有序多分类因变量的 Logistic 回归模型的基本情况

Score Test for the Proportional Odds Assumption		
Chi-Square	DF	Pr>ChiSq
48. 8555	22	0. 0008

图 4-12 有序多分类因变量的 Logistic 回归模型成比例假设检验结果

Deviance and Pearson Goodness-of-Fit Statistics				
Criterion	Value	DF	Value/DF	Pr>ChiSq
Deviance	642. 5409	556	1. 1556	0. 0064
Pearson	705. 6092	556	1. 2691	<. 0001

图 4-13 有序多分类因变量的 Logistic 回归模型 Pearsonχ^2 值和 D 统计量

Model Fit Statistics		
Criterion	Intercept Only	Intercept and Covariates
AIC	33009. 421	32379. 696
SC	33032. 461	32487. 218
$-2 \log L$	33003. 421	32351. 696

图 4-14 有序多分类因变量的 Logistic 回归模型模型拟合结果

Testing Global Null Hypothesis：BETA = 0			
Test	Chi-Square	DF	Pr>ChiSq
Likelihood Ratio	651. 7247	11	<. 0001
Score	638. 3480	11	<. 0001
Wald	635. 4977	11	<. 0001

图 4-15 有序多分类因变量的 Logistic 回归模型假设检验结果

Analysis of Maximum Likelihood Estimates						
Parameter		DF	Estimate	Standard Error	Wald Chi-Square	Pr>ChiSq
Intercept	4	1	−0.4712	0.0364	167.2921	<.0001
Intercept	3	1	2.1210	0.0405	2748.7628	<.0001
Intercept	2	1	4.4204	0.0703	3958.5113	<.0001
gen	0	1	0.00211	0.0154	0.0188	0.8910
edu	1	1	−0.1559	0.0356	19.2076	<.0001
edu	2	1	−0.00297	0.0235	0.0160	0.8992
income	1	1	−0.0633	0.0602	1.1057	0.2930
income	2	1	−0.1518	0.0320	22.5443	<.0001
income	3	1	−0.0924	0.0301	9.4042	0.0022
income	4	1	−0.0933	0.0359	6.7612	0.0093
income	5	1	0.1739	0.0480	13.1129	0.0003
marriage	0	1	−0.1142	0.0209	29.7995	<.0001
range	1	1	−0.6225	0.0319	380.2167	<.0001
range	2	1	0.00558	0.0320	0.0304	0.8617

图 4-16　有序多分类因变量的 Logistic 回归模型最大似然估计结果

Odds Ratio Estimates and Wald Confidence Intervals					
Effect		Unit	Estimate	95% Confidence Limits	
gen	0 vs 1	1.0000	1.004	0.945	1.067
edu	1 vs 3	1.0000	0.730	0.653	0.816
edu	2 vs 3	1.0000	0.851	0.797	0.908
income	1 vs 6	1.0000	0.748	0.627	0.893
income	2 vs 6	1.0000	0.685	0.603	0.778
income	3 vs 6	1.0000	0.727	0.644	0.820
income	4 vs 6	1.0000	0.726	0.638	0.826
income	5 vs 6	1.0000	0.948	0.817	1.101
marriage	0 vs 1	1.0000	0.796	0.733	0.864
range	1 vs 3	1.0000	0.290	0.245	0.342
range	2 vs 3	1.0000	0.543	0.460	0.640

图 4-17　有序多分类因变量的 Logistic 回归模型 OR 值估计结果

SAS 结果解释：

在本例中，累积 Logistic 回归模型将对当地的归属感按由高到低的顺序排列，重新排序后的对数发生比(Logit)为：非常强烈的归属感对一般强烈，弱、非常弱的归属感的对数发生比；非常强烈或一般强烈的归属感对弱和非常弱的归属感的对数发生比；非常强烈、一般强烈和弱的归属感对非常弱的归属感的对数发生比。图 4-12 显示卡方值为 48.8555，自由度为 22，p 值小于 0.05，这说明成比例假设(也称为平行假设)可能不是对所有 Logit 都成立，运用累积 Logistic 回归模型有一定的风险。图 4-13 显示模型的拟合情况均较好，Deviance 和 Pearson 卡方值都是显著有意义的，也通过了回归系数检验。在累积回归中，SAS 提供的拟合优度指标和预测指标的解读与二分类因变量 Logistic 回归中类似，对系数的解释也基本与二分类因变量 Logistic 回归相同。比如，图 4-16 中，变量 Marriage 的回归系数为−0.1142，p 值小于 0.05，有统计性差异，这表明对于所有的累积 Logit 而言（即非常强烈的归属感对一般强烈，弱、非常弱的归属感的对数发生比；非常强烈或一般强烈的归属感对弱和非常弱的归属感的对数发生比；非常强烈、一般强烈和弱的归属感对非常弱的归属感的对数发生比），在其他变量不变的情况下，未婚状态中的流动者对本地城市感到有归属感的发生比是其他人的 0.796 倍（$e^{-0.1142} \approx 0.796$），因此婚姻状态对于本地城市的归属感来说是一个限制性因素。总的来说，累积 Logistic 回归模型对于变量分类的次序非常敏感，当我们运行累积 Logistic 回归模型时，应当按照研究所需保证因变量的类别排序正确。

4.4 无序多分类因变量的 Logistic 回归

4.4.1 无序多分类因变量的 Logistic 回归简介

实际研究问题中，对不同品牌的偏好，选择不同专业，对不同的候选人进行投票等情况都属于无序多分类的变量类型。对于这类变量，可以采用多项 Logit 模型（multinomial Logit model）（高歌、张明芝，2003），多项 Logit 模型是 Logistic 回归分析的扩展，自变量并不需要做多元正态分布的假设。但是多项 Logit 模型假设所有个体同质，并且服从非相关分类间的独立性假设。

假设 y 是有 j 个分类（$j = 1, 2, \cdots, j$）的无序因变量，则多项 Logit 模型可以被定义为：

$$\ln\left[\frac{P(y = j \mid x)}{P(y = J \mid x)}\right] = \alpha_j + \sum_{k=1}^{k} \beta_{jk} x_k \tag{4-11}$$

从公式（4-11）可以看出，多项 Logit 模型是对每一类的概率分别建立模型，若因变量有 j 个类别，则多项 Logit 模型中便有 $j - 1$ 个 Logit 值，其中第 j 个分类常常被视为参照类：

$$\ln\left[\frac{P(y = 1 \mid x)}{P(y = J \mid x)}\right] = \alpha_1 + \sum_{k=1}^{k} \beta_{1k} x_k$$

$$\ln\left[\frac{P(y = 2 \mid x)}{P(y = J \mid x)}\right] = \alpha_2 + \sum_{k=1}^{k} \beta_{2k} x_k$$

$$\cdots$$

$$\ln\left[\frac{P(y = J - 1 \mid x)}{P(y = J \mid x)}\right] = \alpha_{J-1} + \sum_{k=1}^{k} \beta_{(J-1)k} x_k$$

那么，归入因变量中第 j 类的概率可以由下列公式进行估计：

$$P(y = j \mid x) = \frac{e^{\alpha_j + \sum_{k=1}^{k} \beta_{jk} x_k}}{1 + \sum_{j}^{j-1} e^{\alpha_j + \sum_{k=1}^{k} \beta_{jk} x_k}} \tag{4-12}$$

4.4.2 实例分析与 SAS 实现

我们仍然选择用数据集 exe4_2 来描述多项 Logit 模型的 SAS 实现，在上一小节的结果中发现存在不成比例的风险，因此我们可以选择用多项 Logit 模型来进行分析。因变量 belongcity 有四个类别，那么在多项 Logit 模型下就应该有三个对数发生比（Logit）：非常强烈的归属感比非常弱的归属感，一般强烈的归属感比非常弱的归属感，弱的归属感比非常弱的归属感，将非常弱的归属感作为参照类。

SAS 程序：

SAS 的 **proc catmod** 程序是专门为了分类变量的分析而设置的，进行多项 Logit 模型分析的 SAS 程序实现如下：

proc sort data＝exe4_2;

by desending belongcity;

proc catmod order＝data;

model belongcity ＝gen edu income range marriage;

run;

其中，**proc catmod** 程序默认将因变量的最后一个类别作为参照类，当我们想要以非常弱的归属感作为参照类，我们就需要先对因变量的类别进行排序，然后在程序中设定 order＝data。

SAS 结果：

SAS 结果输出如下：

Response Profiles	
Response	Belongcity
1	4
2	3
3	2
4	1

图 4-18　无序多分类因变量的 Logistic 回归模型的变量排序

Maximum Likelihood Analysis of Variance			
Source	DF	Chi-Square	Pr>ChiSq
Intercept	3	674.62	<.0001
gen	3	1.64	0.6498
edu	6	46.96	<.0001
income	15	77.32	<.0001
range	6	496.66	<.0001
marriage	3	35.37	<.0001
Likelihood Ratio	534	597.78	0.0288

图 4-19　无序多分类因变量的 Logistic 回归模型方差的最大似然统计结果

Analysis of Maximum Likelihood Estimates					
Parameter		Function Number	Estimate	Standard Error	Chi-Square	Pr>ChiSq
Intercept		1	3.6308	0.2532	205.65	<.0001
		2	3.8732	0.2530	234.39	<.0001
		3	2.2014	0.2617	70.74	<.0001
gen	0	1	0.0642	0.0638	1.01	0.3150
	0	2	0.0741	0.0631	1.38	0.2405
	0	3	0.0625	0.0660	0.89	0.3441
edu	3	1	0.2844	0.0992	8.23	0.0041
	3	2	0.2037	0.0979	4.33	0.0374
	3	3	0.00980	0.1028	0.01	0.9241
	2	1	0.0999	0.0891	1.26	0.2623
	2	2	0.1179	0.0877	1.81	0.1789
	2	3	0.1211	0.0919	1.74	0.1876
income	2	1	−0.2270	0.1259	3.25	0.0714
	2	2	−0.0483	0.1242	0.15	0.6973
	2	3	−0.0276	0.1308	0.04	0.8327
	3	1	0.1469	0.1259	1.36	0.2434
	3	2	0.2724	0.1245	4.78	0.0288
	3	3	0.2881	0.1305	4.87	0.0273
	6	1	0.1678	0.1922	0.76	0.3825
	6	2	−0.00788	0.1907	0.00	0.9670
	6	3	−0.2268	0.2046	1.23	0.2676
	4	1	0.1276	0.1465	0.76	0.3840
	4	2	0.1655	0.1449	1.30	0.2537
	4	3	0.3500	0.1513	5.35	0.0207
	5	1	0.3130	0.1998	2.45	0.1172
	5	2	0.1816	0.1983	0.84	0.3596
	5	3	0.0399	0.2097	0.04	0.8489
range	1	1	−1.2953	0.2457	27.80	<.0001
	1	2	−0.7916	0.2456	10.39	0.0013
	1	3	−0.3023	0.2538	1.42	0.2336
	3	1	1.3774	0.4753	8.40	0.0038
	3	2	0.8536	0.4756	3.22	0.0727
	3	3	0.3819	0.4910	0.61	0.4367
marriage	0	1	0.00462	0.0870	0.00	0.9576
	0	2	0.1116	0.0859	1.69	0.1936
	0	3	0.2019	0.0896	5.08	0.0242

图 4-20　无序多分类因变量的 Logistic 回归模型最大似然估计结果

SAS 结果解释：

图 4-18 显示因变量的分类在模型中的排序已经进行了反序排序，所以非常弱的归属感成为参照类。同时，由于多项 Logit 模型会产生每一自变量对不同对数发生比的系数，为分类变量的自变量也应当注意变量类别的顺序。图 4-19 显示的是各个自变量对于因变量的整体作用。模型的拟合优度可以根据似然比指标（likelihood ratio）进行评价，如果这一指标统计性不显著则表示模型拟合很好。但在本例中，$p < 0.05$，统计性可以被认为是显著的，因此模型拟合度并不好，可能是因为遗漏了部分重要自变量。多项 Logit 模型是对每一类的概率分别建立模型，其系数表示在控制其他变量的情况下，某一自变量一个单位的变化对某一类别相对参照类的对数发生比的影响，因此多项 Logit 模型的系数解释与二分类 Logistic 回归相同。比如，高中及以上的流动者，回归系数为 0.2844，$p < 0.05$，统计性显著，则可以表示在控制其他变量的基础上，受教育程度在高中及以上的人对当地城市有强烈归属感对有非常弱归属感的发生比是其他人的 1.329 倍（$e^{0.2844} \approx 1.329$）。SAS 结果表明，受教育程度越高的流动人口更可能对当地城市有强烈的归属感。

◎ 本章小结

Logistic 回归是一种多元统计方法，适用于自变量为分类变量的科学研究。本章先对 Logistic 回归的基本模型、模型参数的意义、参数估计的方法、模型的拟合优度指标、模型的假设检验和变量的筛选作了简要阐述。按照自变量类型分类可以分为二分类因变量的 Logistic 回归、有序多分类因变量的 Logistic 回归和无序多分类因变量的 Logistic 回归，针对不同类型因变量的回归，SAS 实现的程序是不同的，在本章的后三个小节中分别作了具体阐述。

值得注意的是，Logistic 回归的所有统计推断都是建立在大样本的基础上，因此其应用的一个基本条件是要求有足够的样本量，样本量越大结果越可靠。此外，Probit 回归（也称为概率单位回归）也常常应用于类别变量回归中，它与 Logistic 回归相似，不同的是它将取值分布在实数范围内的变量通过累积概率函数转换成取值分布在（0，1）区间的概率值。虽然两种模型所得结果高度相似，但从文献的应用情况来看，Logistic 回归的应用远多于 Probit 回归，这主要是因为 Logistic 回归的易解释性。如果想明确用哪一种回归，可以通过函数的假定，用拟合优度检验来检验残差是符合 Logit 函数还是符合 Probit 函数。

◎ 参考文献

［1］David W H，Stanley L，Rodney X S. Applied logistic regression［M］. Wiley，2012.

［2］Paul D A. Logistic Regression using the SAS system：Theory and application［M］. Cary NC：SAS Institute，1999.

［3］Fred C P. Logistic regression：A primer［M］. Thousand Oaks，London，New Delhi：Sage Publications，2000.

［4］王济川，郭志刚. Logistic 回归模型——方法与运用［M］. 北京：高等教育出版社，2001.

[5]侯文，顾长伟. 累积比数 Logistic 回归模型及其应用[J]. 辽宁师范大学学报(自然科学版)，2009，32(4).

[6]高歌，张明芝. 多分类有序反应变量 Logistic 回归及其应用[J]. 同济大学学报(自然科学版)，2003(10).

第 5 章　计数资料模型分析

随着数据多元化的发展，人们逐渐认识到在许多研究应用中，因变量不仅限于连续性变量和分类变量，在社会科学、经济学、医学等领域中常常会涉及大量的计数数据。所谓计数数据，是指单位时间或空间内某事件的发生次数。比如一定时间内发生事故的次数、妇女一定时期内的生育子女数、一年内某种疾病的发病次数等，它们都不是连续的且分布又呈明显偏态，此时经典线性回归和 Logistic 回归将不再适用于此类情景。以离散计数数据为因变量，研究他们与多个自变量的关系，构成了计量研究中的一类问题，这类问题的共同点是：因变量的观测值表现为非负整数且多服从正偏态分布。在针对计数资料进行回归分析的方法未出现之前，人们常使用线性回归模型对其进行分析，但会导致估计结果没有效率或存在偏倚。目前，许多学者在线性回归的基础上发展了专门针对计数变量的统计模型，本章将对研究中最常用的几种计数模型——Poisson 回归、负二项回归和零膨胀模型进行系统的介绍并通过实例说明其应用。

5.1　Poisson 回归

5.1.1　Poisson 回归概述

Poisson 回归模型假设因变量 Y 符合一种特殊的概率分布，即 Poisson 分布。Poisson 分布由法国著名数学家 Siméon-Denis Poisson 于 1837 年提出(夏元睿等，2019)，适用于计数数据。对仅存在两种结果的 n 次独立重复随机试验，当 n 很大而指定结果发生的概率 P 很小，而 np 适中时，Poisson 分布是一个很好的近似。Poisson 回归是对单位时间或单位空间内某个特定事件发生次数进行分析常用的一种方法，并且在对稀有事件(即小概率事件)出现的概率进行描述时也特别有用，比如 10 分钟内闯红灯的人数、每 10 万人中患癌症的人数、在某种液体单位体积中观察到的微生物数目等，这都可以看成服从 Poisson 分布的随机变量。

上述例子中明显的一个特点在于：低概率性，以及单位时间或单位空间内的数量；通常情况下，满足以下三个条件时，则称数据满足 Poisson 分布，三个条件分别是：

(1)平稳性：这是指事件发生次数的多少只与单位大小有关系(比如以 10000 为单位，或者 10 万为单位时患癌症人数不同)。

(2)独立性：这是指事件发生频数的大小，各个数之间没有影响关系，即频数数值彼此独立，没有关联关系(比如前 10 分钟闯红灯的人多了，后 10 分钟闯红灯的人数并不会受影响）。

（3）普通性：发生频数足够小，即低概率性。

如果数据符合这类特征时，而此时研究者又想探讨 X 对 Y 的影响（Y 呈现 Poisson 分布），此时则应该使用 Poisson 回归，而不是使用传统的线性回归等。

检验数据是否符合 Poisson 分布，一般有两种方法：第一种是通过特征判断，即要求数据符合以上提到的三个条件；第二种则是通过 Poisson 检验，此法可通过相应的软件程序实现。在现实研究中，通常更倾向于通过特征进行判断该数据是否基本服从 Poisson 分布。

Poisson 回归是基于计数变量而建立的回归模型，它是经典线性回归分析的扩展。当因变量服从 Poisson 分布时，通常会采用该模型进行统计分析。目前，Poisson 回归模型被广泛应用于社会学、经济学、医学、心理学等众多领域。在当今，许多现实数据服从 Poisson 分布，因此对 Poisson 回归模型有必要进行系统的研究。

5.1.2　Poisson 回归模型

为了对 Poisson 回归模型进行更好的理解，我们首先从 Poisson 分布进行介绍。Poisson 分布是概率论中常见的一种离散型概率分布。以 y 表示某一事件发生数的观测，假定随机变量 Y 等于 y 的概率，并服从均值为 λ 的 Poisson 分布，则该 Poisson 分布的密度函数为：

$$\Pr(Y = y \mid \lambda) = \frac{e^{-\lambda} \lambda^y}{y!} \tag{5-1}$$

其中 e 是自然对数的底数，其值为 2.71828…，$y!$ 表示 y 的阶乘。y 只能取非负数的整数值，也就是 0、1、2、3…，因此 Poisson 分布是右偏的。在 Poisson 分布中 λ 是唯一的参数，它表示在一定时间内事件的平均数。Poisson 分布的均值和方差均等于 λ，如果 λ 越大，那么 Poisson 分布就会逐渐逼近正态分布。

公式（5-1）是针对单变量 Poisson 分布的情况。当然也可以通过允许每一观测具有不同的 λ 值将 Poisson 分布扩展为 Poisson 回归模型（Long & Freese，2001）。在更一般的情况下，Poisson 回归模型假定，表示对个体 i 某一事件发生数的观测 y_i 遵循均值为 λ_i 的 Poisson 分布，该分布的密度函数为：

$$\Pr(Y_i = y_i \mid \lambda_i) = \frac{e^{-\lambda_i} \lambda_i^{y_i}}{y_i!} \tag{5-2}$$

λ_i 可以根据一些可观察的特征估计得到，于是便可以得到以下方程：

$$\lambda_i = E(y_i \mid X_i) = \exp(X_i'\beta') \tag{5-3}$$

对 $X_i'\beta'$ 取指数是为了保证参数 λ_i 为非负数。这时，均值 λ_i 也是一个条件均值，反映的是在一系列因素作用下事件的平均发生数，只不过作用被表达为乘法形式。将公式（5-3）两边取对数，就可以得到该条件均值的一种加法形式表达：

$$\log \lambda_i = X_i'\beta' = \sum_{j=1}^{k} \beta_j x_{ji} = \beta_0 + \beta_1 x_{i1} + \cdots + \beta_k x_{ik} \tag{5-4}$$

通过这种对数转换，我们最终得到了 Poisson 模型的一般形式。方程左侧的对数条件均值已经被表达为 K 个自变量的线性函数。其中 β_j 是解释变量 X_{ji} 对应的回归系数。在选择了 Poisson 回归模型后的一个重要任务就是估计回归系数 β_j。

　　Poisson 分布最显著的一个特征是均值和方差相等，即 $E(Y_i) = Var(Y_i) = \lambda_i$。在 Poisson 回归模型中，这成为一个非常关键的假定条件，即等离散假定。违背此假定的情况既可能是过大离散（over-dispersion），即方差大于均值，也可能是过小离散，即方差小于均值（under-dispersion）。

　　在 Poisson 回归模型中，只有 β_j 是未知参数，其参数估计不能用最小二乘法估计，可以采用最大似然法进行估计，或者采用迭代再加权最小二乘法求解（Cameron & Trivedi，1998；Powers & Xie，2003）。具体计算步骤从略。需要指出的是尽管这两种方法的估计结果虽不尽相同，但通常是相近似的。由于最大似然法具有许多优良的特性，因此它是使用最广泛的方法。

　　对 Poisson 回归估计系数进行假设检验有两种方法：（1）似然比检验：通过比较两个嵌套模型（如模型 P 嵌套于模型 K 内）的对数似然函数统计量 G（又称 Deviance）来进行，其统计量为：$G = G_P - G_K = -2(L_P - L_K)$，其中 L_P 是模型 P 的对数似然函数，L_K 是模型 K 的对数似然函数，模型 P 中的变量是模型 K 中变量的一部分，另一部分就是我们要检验的变量，这里 G 服从自由度为 $K - P$ 的 χ^2 分布。（2）回归系数的 Ward 检验：比较估计系数与 0 的差别是否有统计学意义，其检验统计量为：$Z = \dfrac{\hat{\beta} - 0}{SE(\hat{\beta})}$，这里 Z 为标准正态变量。参数的置信区间是基于 Ward 统计量导出的，$\hat{\beta}$ 的 95% 置信区间为 ($\hat{\beta} - 1.96SE(\hat{\beta})$ ~ $\hat{\beta} + 1.96SE(\hat{\beta})$)。

　　模型拟合的输出结果一般都会提供对数似然值，由于该值会受到样本量大小的影响，因此不能单独用作对模型拟合优度评价的指标。一般采用 Deviance 偏差统计量和广义 χ^2 统计量进行评价。Deviance 偏差统计量越小，模型的估计值与观测值的偏差越小，拟合效果越好；广义 χ^2 统计量越大，模型估计值与观测值差别就越大，模型拟合效果就越差。对于正态分布来说，广义 χ^2 统计量就是离差平方和；对于 Poisson 分布或者负二项分布来说，广义 χ^2 统计量就是一般的 Pearsonχ^2。

　　对 Poisson 回归模型进行解释有许多不同的方式，这取决于研究者是对计数变量的期望值还是对计数的分布感兴趣（Long & Freese，2001）。如果对期望值感兴趣，那么有多种方法可以用于计算某一自变量一定程度的变化量所带来的计数变量期望值的变化量，既可以用期望值的倍数变化来表达，也可以用百分比变化来表达，甚至还可以用期望值的边际变化来表达。其中，最常用的解释方法是计算倍数变化，这一解释方法非常直观且易于理解。Poisson 回归系数 β_j 可以被解释为：在控制其他变量的条件下，x_j 每变化 1 个单位将带来对数均值上的变化量。然而通常情况下，研究者真正关心的并不是取对数的均值，而是期望计数本身。因此，可以用 $\exp(\beta_j)$ 来反映 x_j 每变化 1 个单位时期望计数的倍数变化。当自变量为分类变量时，$\exp(\beta_j)$ 表示在控制其他变量的条件下，某一类别的期望计数为参照类期望计数的相应倍数。这其实与 Logistic 回归系数的解释类似。

　　Poisson 回归模型的参数估计采用最大似然法或者迭代重复加权最小二乘法求解。以前，这些计算一般是通过专门用于对广义线性模型进行统计分析的 GLIM 软件包来进行（Rodriguez & Cleland，1988）。现在，SAS 和 Stata 等许多常见的统计分析软件也都可以对

Poisson 回归模型进行估计。

5.1.3 实例分析与 SAS 实现

本节将使用 2017 年湖北省流动人口动态监测调查分析流动人口流动过的城市数量(除本地外)的影响因素,样本量为 5000。因变量是"除本地外流动过的城市数量"。自变量包括了两种类型的指标:一是性别、年龄、受教育程度、婚姻状况、民族等个体指标;二是包括流动范围和流动时间的流动特征指标。将其数据命名为数据集 exe5 来演示 Poisson 回归,其变量赋值具体如下。

因变量:

y:除本地外流动过的城市数量(计数资料)

自变量:

gender:性别(1=男性,2=女性)

age:年龄(连续变量)

education:受教育程度(1=小学及以下;2=初中;3=高中;4=大专及以上)

marry:婚姻状况(1=在婚;2=非在婚)

ethnic:民族(1=少数民族 2=汉族)

range:流动范围(1=跨省流动,2=省内跨市,3=市内跨县)

time:流动时间(连续变量)

SAS 程序:

proc genmod data=exe 5;

class gender education marry ethnic range/param=ref ref=first;

model y= gender age education marry ethnic range time /link=log dist=nb noscale;

run;

proc genmoddata=exe 5;

class education marry ethnic range /param=ref ref=first;

model y= gender age education marry ethnic range time /link=log dist=poisson type1 type3 scale=deviance;

run;

SAS 程序解释:

class 语句的作用是在分析的过程中定义分类变量,这里表示性别、受教育程度、婚姻状况、民族、流动范围是分类变量。

proc genmod 过程可以实现 Poisson 回归模型的参数估计和拟合优检验。

第一个 **proc genmod** 过程是用来检验数据是否存在过离散现象。对是否存在过离散现象进行检验的方法有 z 检验和 Lagrange 乘子检验,**proc genmod** 过程可以进行 Lagrange 乘子检验。在该过程中,通过 dist=nb 拟合负二项回归模型,并使用选项 noscale 来输出 Lagrange 乘子检验的结果。选项 link=log 指定链接函数为对数函数。

第二个 **proc genmod** 过程中,model 语句中选项 dist=poisson 指定资料中因变量(误差项)的分布为 Poisson 分布,type1 选项要求给出第一型分析似然比统计量,即要求程序给出模型从截距项到指定的所有变量逐个引入时的偏差统计量，type3 选项要求给出第三型分析似然比统计量，即要求给出每个因素和层别效应统计量。"scale＝deviance"选项是对过离散参数进行估计。

SAS 结果：

SAS 输出结果如下：

Model Information		
Data Set	WORK. EXE5	
Distribution	Negative Binomial	
Link Function	Log	
Dependent Variable	y	y

Number of Observations Read	5000
Number of Observations Used	5000

图 5-1　模型信息

Lagrange Multiplier Statistics			
Parameter	Chi-Square	Pr>ChiSq	
Dispersion	321. 3102	<. 0001	*
* One-sided p-value			

图 5-2　Lagrange 乘子统计量结果

Criteria for Assessing Goodness Of Fit			
Criterion	DF	Value	Value/DF
Deviance	4989	8347. 7257	1. 6732
Scaled Deviance	4989	4989. 0000	1. 0000
Pearson Chi-Square	4989	11393. 3535	2. 2837
Scaled Pearson X2	4989	6809. 2128	1. 3648
Log Likelihood		−2703. 7331	
Full Log Likelihood		−7340. 7432	
AIC (smaller is better)		14703. 4864	
AICC (smaller is better)		14703. 5393	
BIC (smaller is better)		14775. 1755	

图 5-3　模型拟合优度检验结果

Analysis of Maximum Likelihood Parameter Estimates							
Parameter		DF	Estimate	Standard Error	Wald 95% Confidence Limits		Wald Chi-Square	Pr>ChiSq
Intercept		1	1.7776	0.1447	1.4939	2.0613	150.84	<.0001
gender		1	−0.5132	0.0379	−0.5876	−0.4389	183.03	<.0001
age		1	−0.0062	0.0023	−0.0106	−0.0017	7.42	0.0065
education	2	1	0.0360	0.0634	−0.0883	0.1602	0.32	0.5706
education	3	1	−0.1106	0.0698	−0.2474	0.0263	2.51	0.1133
education	4	1	−0.3423	0.0819	−0.5028	−0.1819	17.48	<.0001
marry	2	1	−0.4050	0.0724	−0.5470	−0.2631	31.28	<.0001
ethnic	2	1	−0.1971	0.0744	−0.3429	−0.0513	7.02	0.0081
range	2	1	−0.2248	0.0443	−0.3117	−0.1380	25.73	<.0001
range	3	1	−0.2558	0.0453	−0.3445	−0.1671	31.93	<.0001
time		1	−0.0536	0.0039	−0.0611	−0.0460	193.71	<.0001
Scale		0	1.2935	0.0000	1.2935	1.2935		

图 5-4　参数估计结果

LR Statistics for Type 1 Analysis							
Source	Deviance	Num DF	Den DF	F Value	Pr>F	Chi-Square	Pr>ChiSq
Intercept	9295.9825						
gender	9022.6443	1	4989	163.36	<.0001	163.36	<.0001
age	8959.8488	1	4989	37.53	<.0001	37.53	<.0001
education	8874.0502	3	4989	17.09	<.0001	51.28	<.0001
marry	8797.2141	1	4989	45.92	<.0001	45.92	<.0001
ethnic	8777.9992	1	4989	11.48	0.0007	11.48	0.0007
range	8713.2945	2	4989	19.34	<.0001	38.67	<.0001
time	8347.7257	1	4989	218.48	<.0001	218.48	<.0001

图 5-5　第一型（type1）分析

LR Statistics for Type 3 Analysis						
Source	Num DF	Den DF	F Value	Pr>F	Chi-Square	Pr>ChiSq
gender	1	4989	187.46	<.0001	187.46	<.0001
age	1	4989	7.54	0.0061	7.54	0.0060
education	3	4989	15.13	<.0001	45.39	<.0001
marry	1	4989	34.65	<.0001	34.65	<.0001
ethnic	1	4989	6.64	0.0100	6.64	0.0099
range	2	4989	18.85	<.0001	37.69	<.0001
time	1	4989	218.48	<.0001	218.48	<.0001

图 5-6　第三型(type3)分析

SAS 结果解释：

图 5-1 和图 5-2 为第一个 **proc genmod** 过程的输出结果。图 5-1 给出了模型信息，包括数据集名称、误差分布、链接函数形式、因变量、观测数等。图 5-2 输出 Lagrange 乘子统计量的结果。当在 model 语句中定义了 dist = nb noscale 选项时，Lagrange 乘子统计量将被计算，检验 Poisson 回归模型中是否存在过离散现象。这里检验统计量 $\chi^2 = 321.3102$，$p < 0.0001$，拒绝原假设，即拒绝数据不存在过离散的假设，也就是说该数据存在过离散，此时若继续使用 Poisson 回归拟合该数据，则应该对过离散进行校正。其校正方法有很多，直接进行负二项回归分析就是其中一种，或者还可以采用相应的方法对过离散参数进行估计(对过离散参数进行估计的方法很多，具体可参见相关著作)。进行 Poisson 回归分析时，参数的点估计值不会受过离散参数大小的影响，但是参数估计的标准误和置信区间则会受其影响。在 SAS 中我们可以通过"scale = deviance"或者"scale = pearson"对过离散参数进行估计。需要注意的是，数据过离散现象产生的原因有很多，比如数据中有异常值存在，又或者是有重要的解释变量未被纳入模型等，因此，在选择模型对数据进行拟合时，需要仔细考虑数据的实际情况。

图 5-3 到图 5-6 为第二个 **proc genmod** 过程的输出结果。图 5-3 显示了模型拟合优度检验的结果。包括偏差统计量、尺度化的偏差统计量、χ^2 值、尺度化的 χ^2 值和相应的自由度以及对数似然值等，并显示计算收敛。关于此模型对数据资料的拟合效果，暂不评价，需要与其他同类模型的拟合结果进行比较，才能得出有说服力的判定。

图 5-4 给出了参数估计的结果，包括参数估计值、标准误、95%置信区间、参数检验卡方值和 p 值。该模型显示，尺度参数由"1"调整为"1.2935"，由此模型中各参数的标准误均得到校正，经校正后，结果显示不同性别、年龄、大专及以上学历、婚姻状况、民族、流动范围、流动时间的流动次数差异具有统计学意义($p < 0.05$)。模型系数解释其实与 Logistic 回归系数的解释类似，比如性别的系数为 -0.5132，可以解释为女性流动到其他城市的次数是男性的 0.60 倍($e^{-0.5132} \approx 0.60$)。

图 5-5 和图 5-6 分别给出了 type1 和 type3 分析的似然比统计量。第一型分析中，当引

入性别因素时，偏差统计量为 9022.6443，再引入年龄、受教育程度、婚姻状况、民族、流动范围、流动时间时分别为 8959.8488、8874.0502、8797.2141、8777.9992、8713.2945、8347.7257，偏差统计量逐渐缩小，模型的差别均有统计学意义。在第三型的分析中，对各因素进行假设检验的结论与第一型的分析是一致的。

5.2　负二项回归

5.2.1　负二项回归概述

基本的计数回归模型是 Poisson 回归模型，通过上一节的介绍我们知道，Poisson 回归假设均值与方差相等，即 $E(Y_i) = \mathrm{Var}(Y_i)$。但是在实际许多研究应用中，由于数据的复杂性，这一假设通常并不能得到满足。我们在数据分析处理中常常遇到的情况是方差大于均值，即 $\mathrm{Var}(Y_i) > E(Y_i)$，这种分布常被称之为"过大离散"。当数据出现"过大离散"的情况时，如果我们继续使用普通的 Poisson 回归模型，虽然其回归系数估计仍然是一致的和无偏的，但其标准误会偏小，因此这样会导致统计检验并不准确。

在实际生活中，造成过离散的原因有许多，主要有以下几方面：（1）样本之间存在异质性。（2）个体事件的发生存在相关性。（3）个体事件的发生存在聚集性。（4）遗漏了某些未观察到的变量。（5）由于零计数过多。

在对计数数据进行模型分析时，过离散是很常见的问题，出现过度离散时，虽然我们仍然能得到参数的估计，但存在一些问题，最明显的就是会出现错误的标准误。因此为了修正由过离散所带来的问题，1992 年 Xue 和 Deddens 提出了负二项回归模型（Xue & Deddens，1992）。该模型适用于因变量 Y 服从负二项分布的计数资料。所谓负二项分布，是指假设有一组独立的伯努利数列，每次实验有"成功"和"失败"两种结果。如果每次实验成功的概率是 P，那么失败的概率就是 1−P。通过一系列实验我们会得到一组序列：当预定的"失败"次数达到 r 次，那么结果为"成功"的随机次数会服从负二项分布 $X \sim NB(r; P)$。当因变量服从负二项分布时，通常会采用该模型进行统计分析。负二项回归模型作为 Poisson 回归模型的扩展，它能够容纳比 Poisson 回归模型更大的变异，更适合于分析过度离散数据。近年来，此模型已广泛应用于多个领域，如计量经济学、生物统计学、兽医流行病学等。

5.2.2　负二项回归模型

首先对负二项分布进行一个介绍，假定 y_i 服从负二项分布，则 y_i 的概率密度函数为：

$$f(y_i) = \frac{\Gamma(y_i + \alpha^{-1})}{y_i!\ \Gamma(\alpha^{-1})} \left(\frac{\alpha^{-1}}{\alpha^{-1} + \mu_i}\right)^{\alpha^{-1}} \left(\frac{\mu_i}{\alpha^{-1} + \mu_i}\right)^{y_i} \tag{5-5}$$

其中 α^{-1} 为离散度参数，为了修正由过离散所带来的问题，我们将 Poisson 回归模型进行一般化处理，也就是在原 Poisson 回归的基础上再加上一个随机误差项来表示过离散的效应：

$$E(y_i \mid x_i) = \log \lambda_i = \beta_0 + \beta_{1x_{i1}} + \cdots + \beta_{kx_{ik}} + \sigma e_i \qquad (5\text{-}6)$$

该模型被称为负二项回归模型。$\exp(e_i)$ 假设服从标准的 gamma 分布。负二项回归模型的期望和方差分别是 $E(Y_i) = \mu_i$，$\mathrm{Var}(Y_i) = \mu_i(1 + \alpha^{-1}\mu_i)$。

与 Poisson 回归模型的参数估计方法一样，负二项回归模型一般也采用最大似然法进行参数估计，它可以通过 Newton-Raphson 迭代算法获得，或者使用加权最小二乘法估计，它往往也要用迭代算法求解。负二项回归中对所估计的参数进行检验的方法有似然比检验、Wald 检验和计分检验。

一般可以根据以下准则进行模型的拟合优度比较和变量的引入判别：（1）Pesudo R^2 统计量对模型进行拟合优度检验，R^2 值越大说明模型拟合得越好。（2）LL 对数似然值是基于极大似然估计得到的统计量，对数似然值用于说明模型的精确性，其值越大说明模型越精确。（3）Pearson 卡方值和自由度的比值在 0.8 ~ 1.2。（4）AIC 准则，用于评价模型的好坏，一般要求 AIC 值越小越好。

负二项回归模型与 Poisson 回归模型类似，都是对事件发生数 λ 建模，模型中假设各自变量对事件数的影响是指数相乘，则对回归系数 β 的解释为：当保持其他变量不变时，自变量 x 每变化一个单位，因变量 y 平均改变量之对数值。

5.2.3 实例分析与 SAS 实现

为了对 Poisson 回归模型和负二项回归模型进行一个直观的比较，本节我们继续使用第一节的数据集 exe5 来进行演示，其数据来源及变量说明具体参照第一部分中的介绍。

SAS 程序：

proc genmod data = exe5;

class gender education marry ethnic range/param = ref ref = first;

model y = gender age education marry ethnic range time /link = log dist = nb noscale;

run;

proc genmod data = exe5;

class gender education marry ethnic range/param = ref ref = first;

model y = gender age education marry ethnic range time /link = log dist = nb type1 type3;

run;

SAS 程序解释：

负二项回归模型的程序主要分为两个部分：第一部分就是第一个 **proc genmod** 过程步，拟合负二项回归模型，检验数据是否存在过离散现象。前面那个部分与 Poisson 回归模型相同。不同的是第二部分，第二部分 dist 选项的取值是 nb，指定资料中结果变量（误差项）的分布为负二项分布，选项 type1 要求进行第一型或顺序的分析，选项 type3 要求为 model 语句中规定的每个效应计算有关第三型对比的统计量。

SAS 结果：

由于第一节已有关于第二部分结果的详细说明，故一些次要的输出结果都略去，仅给出第二部分主要输出结果。

Model Information		
Data Set	WORK. EXE_5	
Distribution	Negative Binomial	
Link Function	Log	
Dependent Variable	y	y

Number of Observations Read	5000
Number of Observations Used	5000

图 5-7 模型信息

Criteria for Assessing Goodness Of Fit			
Criterion	DF	Value	Value/DF
Deviance	4989	4877. 4663	0. 9776
Scaled Deviance	4989	4877. 4663	0. 9776
Pearson Chi-Square	4989	6500. 0538	1. 3029
Scaled Pearson X2	4989	6500. 0538	1. 3029
Log Likelihood		−3952. 1851	
Full Log Likelihood		−6768. 9712	
AIC（smaller is better）		13561. 9424	
AICC（smaller is better）		13562. 0049	
BIC（smaller is better）		13640. 1487	

图 5-8 模型拟合优度检验结果

Analysis of Maximum Likelihood Parameter Estimates							
Parameter		DF	Estimate	Standard Error	Wald 95% Confidence Limits		Wald Chi-Square	Pr>ChiSq
Intercept		1	1. 2851	0. 1402	1. 0102	1. 5599	83. 98	<. 0001
gender	2	1	−0. 5243	0. 0395	−0. 6018	−0. 4468	175. 79	<. 0001
age		1	−0. 0070	0. 0024	−0. 0118	−0. 0023	8. 41	0. 0037
education	2	1	0. 0445	0. 0653	−0. 0835	0. 1725	0. 46	0. 4958
education	3	1	−0. 1046	0. 0720	−0. 2458	0. 0365	2. 11	0. 1463
education	4	1	−0. 3200	0. 0834	−0. 4834	−0. 1567	14. 74	0. 0001
marry	2	1	−0. 4369	0. 0720	−0. 5781	−0. 2957	36. 78	<. 0001
ethnic	2	1	−0. 1797	0. 0831	−0. 3424	−0. 0169	4. 68	0. 0305
range	2	1	−0. 2221	0. 0473	−0. 3148	−0. 1295	22. 06	<. 0001
range	3	1	−0. 2609	0. 0482	−0. 3553	−0. 1664	29. 29	<. 0001
time		1	−0. 0544	0. 0038	−0. 0619	−0. 0470	205. 87	<. 0001
Dispersion		1	0. 7494	0. 0391	0. 6766	0. 8301		

图 5-9 参数估计的结果

LR Statistics for Type 1 Analysis				
Source	2 * LogLikelihood	DF	Chi-Square	Pr>ChiSq
Intercept	−8420.0876			
gender	−8281.1237	1	138.96	<.0001
age	−8243.8119	1	37.31	<.0001
education	−8202.5957	3	41.22	<.0001
marry	−8159.8660	1	42.73	<.0001
ethnic	−8150.9874	1	8.88	0.0029
range	−8118.5661	2	32.42	<.0001
time	−7904.3703	1	214.20	<.0001

图 5-10　第一型(type1)分析

LR Statistics for Type 3 Analysis			
Source	DF	Chi-Square	Pr>ChiSq
gender	1	174.40	<.0001
age	1	8.43	0.0037
education	3	38.15	<.0001
marry	1	37.59	<.0001
ethnic	1	4.67	0.0307
range	2	33.69	<.0001
time	1	214.20	<.0001

图 5-11　第三型(type3)分析

SAS 结果解释：

图 5-7 展示的是关于模型的一些基本信息，模型中使用负二项分布，链接函数是对数函数，因变量是 y，观测数为 5000 个。

图 5-8 展示的是评价模型拟合优度检验的统计量。与第一节 Poisson 回归结果相比，偏差从 8347.7257 减少到 4877.4663，Pearsonχ^2 值从 11393.3535 减少到 6500.0538。这两个值越小，说明模型拟合越好，因此就本数据而言，负二项回归模型的拟合效果要比

Poisson 回归模型的拟合效果好。

图 5-9 是参数估计的结果，其中截距项、性别、年龄、大专及以上学历、婚姻状况、民族、流动范围、流动时间的系数估计值经检验 p 值都小于 0.05，说明有统计学意义。在此部分结果中，除了对截距和各自变量的系数进行估计以外，还对负二项过离散参数进行了估计，其估计值为 0.7494，标准误为 0.0391。

图 5-10 和图 5-11 分别给出了 type1 和 type3 分析的似然比统计量。在第一型分析的结果中，包括 2LL、自由度、χ^2 值和 p 值。对于性别、年龄、受教育程度、婚姻状况、民族、流动范围、流动时间检验的 p 值均小于 0.05，都具有统计学意义，说明这些自变量的作用具有显著性。在第三型分析中，对各因素进行假设检验的结论与第一型的分析是一致的。

5.3 零膨胀模型

5.3.1 零膨胀模型概述

在计数资料的实际研究中，观察事件发生数中经常会出现含有大量零值的现象，即许多观察个体在观察单位时间、单位面积或者单位容积内没有发生相应的随机事件。如一年内的住院次数、一定时间内的犯罪次数、一定时期内妇女的生育孩子数或流产次数等。这些计数数据中的零值要明显比泊松分布、负二项分布等离散分布产生的零值多，这样一种特殊的数据已超出了 Poisson 回归和负二项回归等一般计数模型的预测范围，因为零发生概率常常会被低估，导致模型参数估计的结果与实际情况存在较大偏差。由于计数资料中零值过多且取相同的零值反映了不同的情况，常常会导致计数资料表现出较大的变异，这类现象被称为计数资料的零膨胀(zero-inflated)，我们也称这类数据为零膨胀数据。

近年来，计数资料的零膨胀现象在各个领域中受到了广泛的关注，国内外众多学者在不同应用背景下提出了许多处理零膨胀数据的模型。1986 年，Mullahy 提出了 Hurdle 模型用来处理零膨胀数据(Mullahy，1986)，该模型是将零数据看作一个整体与非零数据截然分开，即零数据出现只有一个过程，非零数据是由不同的过程决定：第一个过程决定零事件发生还是非零事件发生的可能，发生取 1 不发生取 0，这个过程服从(0，1)分布，当第一个过程取 1 则进入第二个过程，即事件发生了多少次的过程，这个过程事件至少发生 1次。后来，Lambert 在 1992 年提出了另外一种解决零膨胀现象的零膨胀 Poisson 模型(Zero-inflated Poisson，ZIP)(Lambert，1992)，与 Hurdle 模型的基本思想不同的是，ZIP模型将整个计数数据分为两个过程：零计数过程和泊松计数过程。由此可知零数据的出现有两个过程，凭借这种机制，我们便可以针对这两个过程建立混合概率分布。1994 年，Greene 将零膨胀 Poisson 模型扩展到零膨胀负二项模型(zero-inflated negative binomial，ZINB)(Greene，1994)，该模型是 Poisson 模型与负二项模型的发展，弥补了 Poisson 模型或负二项模型在分析零膨胀数据时存在的不足，能解释计数资料中过多的零值，使因变量中真实零值的识别成为可能，同时也使估计结果更为有效和无偏。

一般而言，处理零膨胀现象的模型包括 Hurdle 模型、零膨胀 Poisson 模型及零膨胀负二项模型等。由于 Hurdle 模型在经济学中的特殊性与争议（Dalrymple et al.，2003），本书只对零膨胀 Poisson 模型和零膨胀负二项模型进行相应的介绍。

5.3.2　零膨胀模型的基本原理

零膨胀模型的基本原理是把事件数的发生视为两种可能的过程：第一种过程是对应零事件的发生，假定服从 Bernoulli 分布，个体取值只可能为零，且这个过程产生的零解释了数据中可能存在过多零的原因；第二种过程对应事件数的发生过程，假定服从 Poisson 分布或者负二项分布，在这个过程中个体的取值可以为零或正整数。该模型将计数资料中的零看成"过多的零"和"真实的零"，并从零开始分段，对零计数部分和非零计数部分建立混合概率分布，对零部分和非零部分分别建立 logit 模型和一般计数模型（Poisson 模型或负二项模型），从而处理资料中过多零的问题。logit 部分主要回答协变量影响事件发生与否的问题，Poisson 或负二项模型部分主要回答协变量影响事件发生次数多少的问题。

5.3.3　零膨胀模型的混合概率分布

零膨胀计数模型中，由零计数和非零计数集建立的混合概率分布为：

$$y_i \sim \begin{cases} 0, & P_i \\ g(y_i), & 1 - P_i \end{cases} \tag{5-7}$$

该式中，P_i 表示个体来源于第一个过程 Bernoulli 分布的概率，表示数据中过多零的概率；$g(y_i)$ 表示个体来源于第二个过程，服从 Poisson 或负二项分布。数据中的零一部分来源于那些从不可能发生事件的个体，概率为 P_i；另一部分来源于在 Poisson 或负二项理论分布下没有发生事件的个体，概率为 $1 - P_i$，因此 $Y = y_i$ 的概率密度为：

$$P(Y = y_i) = \begin{cases} P_i + (1 - P_i)g(0), & y_i = 0 \\ (1 - P_i)g(y_i), & y_i > 0 \end{cases} \tag{5-8}$$

若 P_i 的取值受个体自身协变量的影响，则 $P_i = F(w'_i \gamma)$，$F(\cdot)$ 称为零膨胀链接函数（zero inflated link function），可选择 logit 或 probit：

$$P_i = \frac{\exp(w'_i \gamma)}{1 + \exp(w'_i \gamma)} \tag{5-9}$$

$$P_i = \int_0^{w'_i \gamma} \frac{1}{\sqrt{2\pi}} \exp\left(\frac{-\mu^2}{2}\right) d\mu \tag{5-10}$$

式中 w' 为 $1 \times q$ 零膨胀自变量向量，γ 为 $q \times 1$ 零膨胀参数。

5.3.4 零膨胀 Poisson 模型

当 $g(y_i) = \dfrac{e^{-\lambda_i}\lambda_i{}^{y_i}}{y_i!}$ 时，称为零膨胀 Poisson 模型，记作：

$$
\begin{cases}
P(y_i = 0 \mid x_i,\ w_i) = P_i + (1 - P_i)\dfrac{\exp(-\lambda_i{}^{y_i})\lambda_i{}^{y_i}}{y_i!} = P_i + (1 - P_i)\exp(-\lambda_i{}^{y_i}) \\[3mm]
P(y_i \mid x_i) = (1 - P_i)\dfrac{\exp(-\lambda_i{}^{y_i})\lambda_i{}^{y_i}}{y_i!},\ y_i > 0
\end{cases}
$$

$$(5-11)$$

x' 和 w' 可以相同也可不同。在 ZIP 模型第一个过程中，当个体事件数取值为零的概率并不受其个体自身因素影响，即零膨胀协变量 w' 仅包含常数项时，ZIP 模型比 Poisson 模型多估计一个参数；当影响两个过程的协变量向量 x' 和 w' 相同时，整个 ZIP 模型需要估计的参数系数是 Poisson 模型需要估计的参数系数的两倍。

ZIP 模型的期望和方差分别为 $E(Y_i) = (1 - P_i)\lambda_i$，$\mathrm{Var}(Y_i) = (1 - P_i)\lambda_i(1 + P_i\lambda_i)$

5.3.5 零膨胀负二项模型

当 $g(y_i) = \dfrac{\Gamma(y_i + \alpha^{-1})}{y_i!\ \Gamma(\alpha^{-1})}\left(\dfrac{\alpha^{-1}}{\alpha^{-1} + \mu_i}\right)^{\alpha^{-1}}\left(\dfrac{\mu_i}{\alpha^{-1} + \mu_i}\right)^{y_i}$ 时，称为零膨胀负二项模型，

记作：

$$
\begin{cases}
P(y_i = 0 \mid x_i,\ w_i) = P_i + (1 - P_i)(1 + \alpha\mu_i)^{-\alpha^{-1}} \\[3mm]
P(y_i \mid x_i) = (1 - P_i)\dfrac{\Gamma(y_i + \alpha^{-1})}{y_i!\ \Gamma(\alpha^{-1})}\left(\dfrac{\alpha^{-1}}{\alpha^{-1} + \mu_i}\right)^{\alpha^{-1}}\left(\dfrac{\mu_i}{\alpha^{-1} + \mu_i}\right)^{y_i},\ y_i > 0
\end{cases}
\quad (5-12)
$$

ZINB 模型的期望和方差分别为 $E(Y_i) = (1 - P_i)\mu_i$，$\mathrm{Var}(Y_i) = (1 - P_i)\mu_i(1 + P_i\mu_i + \alpha\mu_i)$。当 $\alpha = 0$ 时，ZINB 模型等同于 ZIP 模型。

5.3.6 实例分析与 SAS 实现

为了将零膨胀模型与前面的 Poisson 回归和负二项回归模型进行一个直观的比较，本节我们继续使用第一部分的数据，其数据来源及变量说明具体参照第一部分中的介绍。

首先利用下面的 SAS 数据步程序编制出因变量 y 的频数分布表。

SAS 程序：

```
proc freq data = exe5
tables y/out = aaa plots = freqplot;
run;
```

SAS 结果:

y				
y	Frequency	Percent	Cumulative Frequency	Cumulative Percent
0	2376	47.52	2376	47.52
1	1458	29.16	3834	76.68
2	612	12.24	4446	88.92
3	233	4.66	4679	93.58
4	170	3.40	4849	96.98
5	69	1.38	4918	98.36
6	23	0.46	4941	98.82
7	16	0.32	4957	99.14
8	6	0.12	4963	99.26
9	26	0.52	4989	99.78
11	1	0.02	4990	99.80
12	1	0.02	4991	99.82
13	1	0.02	4992	99.84
14	2	0.04	4994	99.88
16	1	0.02	4995	99.90
19	2	0.04	4997	99.94
25	1	0.02	4998	99.96
29	2	0.04	5000	100.00

图 5-12 因变量 y 的频数分布表

SAS 结果解释:

图 5-12 是计数因变量 y 的频数分布表,$y = 0$ 出现的频数为 2376,占总频数的 47.52%,可见"0"的频数非常多,这种现象可被称为"零膨胀"。

再利用下面的 SAS 过程步求出除"0"之外的其他计数资料的方差和均值。

SAS 程序:

proc univariate data = exe5 (where = (y ne 0)) noprint;

var y;

output out = aaa mean = m var = v;

run;

proc print data = aaa;

run;

SAS 结果:

Obs	m	v
1	1.95846	3.27734

图 5-13 均值和方差结果

SAS 结果解释：

求得除"0"之外的其他计数因变量的均值为 1.95846、方差为 3.27734，由此可知此计数资料仍属于"过离散计数资料"。可以直接构建零膨胀负二项回归模型。

利用下面的 SAS 过程步尝试构建零膨胀负二项回归模型。

SAS 程序：

proc countreg data = exe5 covest = hessian

method = nra；

class gender education marry ethnic range/param = ref ref = first；

model y= gender age education marry ethnic range time /dist = zinb；

zeromodel y ~ gender age education marry ethnic range time /link =logistic；

run；

SAS 程序解释：

proc countreg 过程拟合零膨胀负二项模型，covest 指定参数的标准误为 hessian 阵估计，可选择的其他方差矩阵有 OP（outer product），即 BHHH 估计量和 QML（outer product and hessian matrices）。method 指定模型参数最大化采用 newton-raphson 迭代，可选择的其他算法有 QN（quasi-newton）和 TR（trust region method）。class 定义分类变量。model 语句中通过 dist 指定 zinb 模型负二项回归，若是进行零膨胀 Poisson 模型，则改写成 dist = zip 即可。zeromodel 指定 zinb 模型的零过程部分，链接函数为 logistic，也可使用 probit 函数。

SAS 结果：

Model Fit Summary	
Dependent Variable	y
Number of Observations	5000
Data Set	WORK. EXE5
Model	ZINB
ZI Link Function	Logistic
Log Likelihood	−6729
Maximum Absolute Gradient	1. 60071E-6
Number of Iterations	25
Optimization Method	Newton-Raphson
AIC	13505
SBC	13655

图 5-14 模型拟合结果

Parameter Estimates					
Parameter	DF	Estimate	Standard Error	t Value	Approx Pr>|t|
Intercept	1	0.697534	0.097590	7.15	<.0001
gender 2	1	−0.257868	0.020203	−12.76	<.0001
age	1	−0.012035	0.002546	−4.73	<.0001
education 2	1	0.160337	0.030186	5.31	<.0001
education 3	1	0.022370	0.035621	0.63	0.5300
education 4	1	−0.267815	0.045315	−5.91	<.0001
marry 2	1	−0.116442	0.039894	−2.92	0.0035
ethnic 2	1	−0.107151	0.042996	−2.49	0.0127
range 2	1	−0.062417	0.027183	−2.30	0.0217
range 3	1	−0.106330	0.027794	−3.83	0.0001
time	1	−0.043030	0.004316	−9.97	<.0001
Inf_Intercept	1	1.551719	1.642398	0.94	0.3448
Inf_gender 2	1	0.156573	0.252541	0.62	0.5353
Inf_age	1	−0.340448	0.067088	−5.07	<.0001
Inf_education 2	1	3.102288	0.967941	3.21	0.0014
Inf_education 3	1	3.130050	0.966573	3.24	0.0012
Inf_education 4	1	−3.701600	1.606048	−2.30	0.0212
Inf_marry 2	1	0.870822	0.336413	2.59	0.0096
Inf_ethnic 2	1	−0.487230	0.390275	−1.25	0.2119
Inf_range 2	1	−0.012391	0.356271	−0.03	0.9723
Inf_range 3	1	−0.139915	0.346832	−0.40	0.6866
Inf_time	1	0.443155	0.063419	6.99	<.0001
_Alpha	1	0.695651	0.038447	18.09	<.0001

图 5-15　参数估计结果

SAS 结果解释:

图 5-14 模型拟合结果包括因变量、观测数、数据集名称、模型、零膨胀链接函数、对数似然值、最大绝对梯度、迭代次数、优化算法、AIC、SBC 等。图 5-15 给出的是

ZINB 模型的参数估计结果。结果显示 ZINB 模型离散参数 Alpha 为 0.6957（$p<0.0001$），说明离散参数是有统计学意义的，因此选择 ZINB 比 ZIP 模型更合适。结果上半部分显示的是计数过程（负二项回归），下半部分是 0 过程（Logit 回归）。在负二项回归结果中，性别、年龄、受教育程度、婚姻状况、民族、流动范围、流动时间均有统计学意义，表明年龄越大、大专及以上学历、未婚、汉族、省内跨市、市内跨县、流动时间越长的女性流动到其他城市的次数越少。比如 gender 2 的系数是-0.0258，可解释为女性流动到其他城市的次数是男性的 0.97 倍（$e^{-0.0258}\approx0.97$），age 的系数-0.0120，可解释为年龄每增加一岁，流动到其他城市的次数减少约 1.2%。在 Logit 回归结果中，年龄、受教育程度、婚姻状况、流动时间均有统计学意义。表明年龄越小、初高中学历、未婚、流动时间越长的人流动到其他城市的可能性越大。比如 inf_age 的系数为-0.3404可解释为年龄每增加一岁，流动到其他城市的可能性相对减少 34.04%，inf_education2 的系数 3.1023 可解释为初中学历者流动到其他城市的可能性是小学学历者的 22.25 倍（$e^{3.1023}\approx22.25$）。

◎ 本章小结

本章主要介绍计数数据的几种处理模型及其 SAS 实现方法。系统介绍了 Poisson 回归模型、负二项回归模型、零膨胀模型的理论、参数估计、模型拟合程度及它们的应用等内容。Poisson 回归是对计数数据进行建模的常用模型，在各个研究领域都有广泛的应用，但是该模型要求均值与方差相等，但是实际中许多资料都是方差大于均值，此时适用负二项回归进行模型拟合更为合适。由于计数数据中零值的大量出现，因此存在零膨胀现象，此时 Poisson 回归和负二项回归模型就不适合去处理这类数据，而零膨胀模型则是处理此类数据的有效方法，本章仅对零膨胀 Poisson 模型和零膨胀负二项模型进行了系统介绍，有关 Hurdle 模型的介绍及应用有待进一步研究。在 SAS 软件中，**proc genmod** 过程和 **proc countreg** 过程可用于实现计数模型分析。学习本章的关键在于掌握这些模型之间的联系，至于该选取何种模型对数据进行拟合，则取决于实际问题的具体要求。

◎ 参考文献

[1]Cameron A C, Trivedi P K. Regression analysis of count data[M]. New York：Cambridge University Press，1998.

[2]Dalrymple M L, Hudson I L, Ford R P K. Finite mixture, zero-inflated Poisson and hurdle models with application to SIDS[J]. Computational Statistics & Data Analysis，2003，41（3-4）.

[3]Greene W. Accounting for excess zeros and sample selection in Poisson and negative binomial regression models[R]. Department of Economics，New York University，1994.

[4]Lambert D. Zero-inflated Poisson regression, with an application to defects in manufacturing[J]. Technometrics，1992，34(1).

[5]Long S J, Freese J. Regression models for categorical dependent variables using stata[M]. Texas：Stata Press，2001.

[6]Mullahy J. Specification and testing of some modified count data models[J]. Journal of

econometrics，1986，33(3)．

[7] Powers D A，Xie Y. Statistical methods for categorical data analysis［M］. San Diego：Academic Press，2000.

[8] Rodriguez G，Cleland J. Modelling marital fertility by age and duration：an empirical appraisal of the page model［J］. Population Studies，1988，42(2)．

[9] Xue D X，Deddens J A. Overdispersed negative binomial regression models ［J］. Communications in Statistics- Theory and Methods，1992，21(8)．

[10] 夏元睿，吴俊，叶冬青．泊松分布与概率论的发展——西蒙·丹尼尔·泊松［J］. 中华疾病控制杂志，2019，23(7)．

第 6 章　生存分析

在研究过程中，研究者们经常会遇到一类事件，如结婚、离婚、迁徙、工作变换和疾病转归等，这类事件有一个共同点，不仅需要考虑事件发生与否，还需要考虑事件发生所经历的时间长短。然而，在实际应用中，数据都是在有限的时间内收集到的，可能存在某种原因导致研究者无法观察到所有事件发生的时间，即产生删失数据，此类数据会给后续的数据分析带来一定的困难，而传统的研究方法（如多元线性回归和 Logistic 回归）不能恰当地处理这些困难。而生存分析（survival analysis）的突出优点是可以既考虑事件的结局和时间，还可以充分利用不完全信息对生存时间进行分析，弥补用传统方法分析此类数据时的不足。

6.1　生存分析概述

生命表法作为最早出现且一直被广泛使用的生存分析方法，早在 18 世纪就已经应用于研究之中，其他生存分析方法也于 20 世纪 50 年代末、60 年代初陆续出现（Allison，2017）。生存分析能揭示事件发生的风险随经历的时间的模式变化，能探究事物的因果关系（Guo，2010），还可以有效分析不完全的历时数据（Klein et al.，2003）。Douglas 认为生存分析是一类涉及分析质变的形式和决定因素的技术。更具体地说，生存分析的重点是探索事件发生的时间和与该时间相关的协变量（Luke，1993）。事件指的是一个状态向另一个状态的转变，也可以理解为是初始状态向目标状态的改变。例如，职业变迁研究中，新上岗工人（状态一）工作到离职（状态二）；婚育史研究中，结婚（状态一）到生育（状态二）；疾病转归研究中，发病（状态一）到痊愈（状态二）。为了加深对生存分析的理解，我们要介绍生存分析的三个要素。

（1）终点事件，指研究者所关心的研究对象出现的特定结局。例如，死亡、疾病复发、结婚、生育、升职、破产等事件。

（2）观察起点，可以是研究期间某个事件的发生。介绍观察起点时，我们要介绍一个概念：风险集（risk set），表示每一个时间点有可能出现某种风险的个体的集合。在生存分析中，发生起点事件意味着进入风险集，这里的风险意味着发生终点事件。需要注意的是，风险集的大小是会变动的，若以年为生存时间的单位，每一年年初的风险集数量为前一年年初风险集的数量减去该年终点事件发生的数量和删失的数量。例如，在 2009 年开始的某种疾病转归研究中，以"死亡"为终点事件，以年为生存时间的单位，观察起点设定为疾病的确诊时间，确诊意味着进入可能因为此种疾病而死亡的风险集，2011 年年初风险集的数量即为 2010 年年初风险集的数量减去 2010 年年间因此病发生死亡的病例数和删失数。

（3）生存时间（survival time），表示从起始事件到终点事件所经历的时间间隔或者没有出现终止事件产生删失的时间间隔。生存时间按照结局状态可以有两个类型：完全数据和删失数据。完全数据是指从观察起点到终点事件所经历的时间长度；删失数据是指在研究期间，由于各种原因未能观察到终点事件的发生，即无法得知从观察起点到终点事件所经历的确切时间长度。

有研究者称，生存分析就是在风险期内未发生目标事件的生存时间分析（杜本峰，2008）。例如，在离婚研究中，研究者关注的是离婚未发生时，婚姻持续的时间长短。此外，生存时间有着不同的时间度量单位。例如，良性肿瘤患者的生存时间研究常以年为单位，恶性肿瘤患者生存时间的研究常以月为单位。当生存时间度量单位足够小时，我们通常认为时间是在连续范围内测量的，我们称之为连续时间；当度量单位比较大，这种相对宽的时间区间单位我们称之为离散时间。

生存分析方法可以按照不同维度进行分类。从生存时间的维度，可分为连续时间模型和离散时间模型；从用途的维度，可以分为分布法和回归法；从事件发生的维度，可以分为重复事件（例如工作变迁）和非重复事件（例如死亡）；从数据分布类型的维度，可以分为参数法、非参数法和半参数法。本章节主要是着重介绍生存分析方法中的非参数法和半参数法。生存分析适用于各个研究研究领域，在不用的领域名称有所不同。例如，在社会科学领域称为事件史分析，可用于分析事件的发生及其相关因素（Yamaguchi，1991）；在工程研究领域可称为可靠性分析或故障时间分析，可用于机器和电子零件故障等方面研究。

6.1.1　删失类型

如前所述，我们已经介绍了删失的概念。但是删失的类型在实际情况中较为复杂。若将删失按原因分类，可以分为 Ⅰ 型删失（定时删失）、Ⅱ 型删失（定数删失）、Ⅲ 型删失（随机删失）等。Ⅰ 型删失是由于预先确定的研究时间而产生的删失，例如《生命历程理论视角下劳动力迁移对初婚年龄的影响》中调查截止时间为 2012 年 12 月，研究对象到调查截止时间尚未发生目标研究事件（曾迪洋，2014），则认为是 Ⅰ 型删失；Ⅱ 型删失则是指预先确定的研究数量而产生的删失，例如职业流动研究中，预先确定观察例数为 1000 例，收集到 1000 个观察对象的职业流动的数据即终止研究，由此产生的删失数据则认为是 Ⅱ 型删失；Ⅲ 型删失是指由于随机原因产生的删失，例如失访、迁移等。删失数据常在其右上方标记"+"表示；而在 SAS 统计软件分析时，删失数据用数据前加"−"号或者产生一个指示变量（如 censor=1 表示有删失，censor=0 表示无删失）表示（汪海波，2013）。

删失数据还可按照生存时间长短分为右删失数据、区间删失数据和左删失数据。如果用 T 代表随机变量，右删失数据指的是我们观察对象生存时间 T 大于某一常数 C ，但是实际大多少却不可得知，即生存时间的上限是不可知的（郭志刚，2015）。区间删失数据指的是观察对象生存时间 T 大于某一常数 C_1 ，而小于某常数 C_2 ，即观察对象的生存时间在 $C_1 - C_2$ 的区间范围内。左删失数据指的是研究对象的生存时间 T 小于某一常数 C ，但是实际小多少也不可知，即生存时间的下限是不可知的。其中，右删失数据最为常见。右删失数据的产生原因常见的有失访、研究结束时，研究对象的终止事件尚未发生等。

6.1.2　常用函数介绍

生存分析中常用到一些函数帮助刻画生存时间的分布，这些函数在实践中用于不同类型的生存分析，常见的有生存函数（survival function）、概率密度函数（probability density function）、累积分布函数（cumulative distribution function）和风险函数（hazard function）。了解这些函数有助于我们进一步了解生存分析。

6.1.2.1　生存函数

生存函数也称为生存率（survival rate）或累积生存率（cumulative probability of survival），它表示观察对象的生存时间 T 大于特定时刻 t 的概率，常用 $S(t)$ 表示，$0 \leqslant S(t) \leqslant 1$。若资料中无删失数据，可用直接法计算累积生存率，计算公式为（汪海波，2013）：

$$S(t) = \Pr(T > t) = t \text{ 时刻仍在观察的人数/观察人口总数} \tag{6-1}$$

若含有删失数据，则须分时段计算累计生存率。假设观察对象在各个时刻的生存时间独立，应有概率乘法定理将分时段的生存概率相乘得到累积生存率。可表示为：

$$S(t) = \Pr(T > t) = P_1 \times P_2 \times P_3 \times \cdots \times P_k \tag{6-2}$$

理论上，由于 t 的取值范围为（0，$+\infty$），以生存时间为横轴，以生存率为纵轴，连接各个时间点所对应的生存率得到的生存曲线应该是光滑的曲线，但实际情况下，我们经常得到的生存曲线呈阶梯状。陡峭的生存曲线表示生存率较低或生存时间较短，平缓的生存曲线则表示生存率较高或生存时间较长（杜本峰，2008）。

6.1.2.2　概率密度函数和累积分布函数

T 表示生存时间的连续随机变量，一个观测单位的实际生存时间是随机变量 T 在 t 时刻的实现值或随机变量的取值（杜本峰，2008），用概率密度函数 $f(t)$ 描述 T 的概率分布情况，其累计分布函数为 $F(t)$。概率分布函数可表示为：

$$F(t) = \Pr(T \leqslant t) = \int_0^t f(u)\,\mathrm{d}(u) = 1 - S(t) \tag{6-3}$$

上式表明，$F(t)$ 表示观察对象生存时间小于等于 t 的概率。由此，概率密度函数可定义为：

$$
\begin{aligned}
f(t) &= \lim_{\Delta t \to 0} \frac{P\,[\text{个体在区间}(t,\ t+\Delta t)\,\text{中发生"事件"}]}{\Delta t} \\
&= \lim_{\Delta t \to 0} \frac{\Pr(t \leqslant T \leqslant t + \Delta t)}{\Delta t} \\
&= F'(t)
\end{aligned}
\tag{6-4}
$$

该函数表示观察对象在极小区间 $(t,\ t+\Delta t)$ 发生"事件"的概率。

6.1.2.3　风险函数

风险函数表示已生存到 t 时刻的观测个体，单位时间发生事件的瞬时可能性，用 $h(t)$

表示。风险函数可表示为：

$$h(t) = \frac{f(t)}{S(t)} = \lim_{\Delta t \to 0} \frac{\Pr(t \leqslant T \leqslant t + \Delta t \mid T \geqslant t)}{\Delta t} \qquad (6\text{-}5)$$

由上式可看出，$h(t)$ 是表明观测个体在某一状态生存时间 t 后的极小单位区间内发生事件的概率，因此，风险函数也叫条件失效率（杜本峰，2008）。注意，$h(t)$ 是速率而不是概率，其取值范围为 $(0, +\infty)$（方积乾等，2012）。当 $h(t)$ 为常数时，意味着风险不随时间改变而改变。

6.2　非参数法

当存在删失数据的情况下，生存函数、密度函数及风险函数需要不依赖总体分布的分析方法，即非参数分析方法。非参数法可用于生存曲线的估计及其比较，且由于非参数法对总体分布没有任何假设，因此特别适合探索性研究。

6.2.1　生存曲线的估计

非参数法估计生存率常用生命表法和乘积极限法（Kaplan-Meier 法），前者适用于按生存时间区间分组的大样本资料；后者适用于仅含个体生存时间的大样本或小样本资料。

6.2.1.1　生命表法

生命表法适用于样本例数较多的生存分析资料。计算生存率的基本原始和过程，首先将整个随访时间划分为若干个时间区间，然后分别计算每个时间区间开始时的观察对象数、已发生的事件数和删失的观测个数。进而计算每个时间区间的生存概率。再根据各个时间区间的生存概率计算生存率。

6.2.1.2　乘积极限法

当样本量较少时，为了充分利用每个样本的信息，必须采取更为精确的估计方法。Kaplan-Meier 法由 Kaplan 和 Meier 于 1958 年提出，也称为乘积极限法。乘积指的是生存率等于各时间区间内生存概率的乘积。极限指的是标准生命表中时间区间长度趋近于 0（方积乾等，2012）。其基本思想是将生存时间有小到大依次排序，在每个时间点上，计算其期初人数、已发生的事件数、概率密度函数、生存概率和生存率。其思想与生命表法相同，但是寿命表中时间段的划分是人为、等距的，而乘积极限法划分时间段的分隔点是事件发生的实际时间。

6.2.2　生存曲线的比较

前面已经提到生存曲线的估计，但是两条生存曲线差别是否具有统计学意义仍需通过假设检验来进行。由于生存分析不仅是将结局出现与否作为检验依据，还需要考虑每个研究对象的生存时间，这里传统的 χ^2 检验显然不再适用。生存曲线的比较有专门的假设检验方法，有 log-rank 检验（也称时序检验）、WilCoxon 检验等，本节主要介绍 log-rank 检验。

log-rank 检验的基本思想是：在组间生存率相同的假设检验(H_0)下，对每组生存数据在各个时刻尚未出现目标事件的研究对象数和实际事件数计算期望事件数，然后将期望事件数与实际事件数进行比较，做假设检验。这种方法适合两组或多组生存率比较(方积乾等，2012)。

H_0：$S_1(t) = S_2(t)$，两总体生存曲线相同。

H_1：$S_1(t) \neq S_2(t)$，两总体生存曲线不相同。

当 H_0 成立时，根据 t_i 时刻的概率密度函数，可计算出 t_i 时刻上各组的理论事件数；将所有时刻各组的理论事件数累加，便可以得到各组的理论事件总数 T_g；将 T_g 和各组的实际事件总数 A_g 作比较，就形成了 log-rank 检验的 χ^2 统计量：

$$\chi^2 = \sum_{g=1}^{k} \frac{(A_g - T_g)^2}{T_g}, \quad V = k - 1 \tag{6-6}$$

其中，k 为组数，可按自由度查询相应 χ^2 界值表，得到 P 值，作出统计推断。

6.2.3 实例分析与 SAS 实现

6.2.3.1 生命表法实例

从 2015 年全国流动人口动态监测调查数据中随机节选 10000 个研究对象，运用生命表法探究流动人口初婚的生存率(此时的生存率指的是风险期内未婚的概率)。进入初婚风险集的起始风险时间为 18 岁，终点事件为初婚，到研究截止仍未婚者视为删失数据，生存时间以月为单位，以 20 个月为区间间隔。计算结果如表 6-1(节选)所示。

表 6-1　　　　　　　　　　　　流动人口初婚生命表(节选)

进入风险集的月数 x (1)	期间初婚人数 D_x (2)	期间删失人数 W_x (3)	期初人数 L_x (4)	校正人数 N_x (5)	期间结婚概率 q_x (6)	期间未婚概率 p_x (7)	$n = x + 20$ 个月生存率 nP_0 (8)	生存率标准误 SnP_0 (9)
0~	550	201	10000	9899.5	0.056	0.944	0.944	0.0023
20~	1478	373	9249	9062.5	0.163	0.837	0.790	0.0041
40~	1181	181	7398	7307.5	0.161	0.839	0.663	0.0049
60~	2015	319	6036	5876.5	0.343	0.657	0.435	0.0052
80~	1325	320	3702	3542.0	0.374	0.626	0.273	0.0048
100~	429	101	2057	2006.5	0.214	0.786	0.214	0.0045

注：原始数据来源于《全国流动人口动态监测调查数据》(2015 年)。

对各指标的定义如下：

x：进入风险集的月数(可以理解为调查截止时研究对象的年龄距离其起始风险时间的时间间隔，以月为单位)

D_x：期间初婚人数

W_x：期间删失人数

L_x：期初人数(可以理解为风险集的数量)

N_x：校正人数

q_x：期间结婚概率

p_x：期间未婚概率

nP_0：第 n 个月生存率

SnP_0：生存率标准误

计算步骤如下：

(1)按时间分组，以 20 个月为组距，首先填入(1)~(4)列。其中应注意，$L_{x+1} = L_x - D_x - W_x$，以第 2 行为例，$L_2 = 10000 - 550 - 201 = 9249$。

(2)第(5)列的计算公式为：$N_x = L_x - \frac{1}{2}W_x$，例如第 1 行，$N_1 = 10000 - 1/2 \times 201 = 9899.5$，以此类推。

(3)第(6)列的计算公式为：$q_x = \dfrac{D_x}{N_x}$，例如第 1 行，$q_1 = 550/9899.5 = 0.056$，以此类推。

(4)第(7)列的计算公式为：$p_x = 1 - q_x$，以第 1 行为例，$p_1 = 1 - 0.056 = 0.944$，以此类推。

(5)第(8)列的计算公式为：$nP_0 = p_0 \times p_{20} \times p_{40} \times \cdots \times p_{n-20}$，如第 40 个月的生存率即为 $40P_0 = p_0 \times p_{20} = 0.944 \times 0.837 = 0.790$，以此类推。

(6)第(9)列的计算公式为：$SnP_0 = nP_0 \sqrt{\sum\limits_{z=0}^{z=n} \dfrac{q_z}{p_z \times N_z}}$，以第 1 行为例：

$$SnP_0 = 0.944 \times \sqrt{\frac{0.056}{0.944 \times 9899.5}} = 0.0023$$

将此例题用 SAS 实现，数据集命名为 exe6_1，采用生命表法估计并画出其生存曲线。所涉及的变量有：

因变量：

time：生存时间，以月为单位

删失变量：

censor：表示删失数据(censor = 1 表示删失数据，censor = 0 表示完全数据)

SAS 程序：

proc lifetest data = exe6_1 method = lt interval = (0 to 900 by 20) plots = (s)；

time time * censor(1)；

run；

SAS 程序解释：

proc lifetest 为实现非参数生存曲线估计的过程步。method 语句用于指定估计生存率的方法，lt 表示用生命表法估计生存曲线；interval = (0 to 900 by 20)表示在 0~900 个月中，每 20 个月分为一个区间。interval(初值 to 终值 by 步长)只能在指定分析方法为生命表法时使用。用生命表法分析时，程序会自动给定生存时间的区间。如果人为规定生存时间的分组区间，则需用该选项指定。步长的缺省值为 1。除此之外，method 后面还可以接 pl，表示选择估计生存率的方法为 Kaplan-Meier(乘积极限法)。

plots 语句用于指定输出的生存曲线类型。(s) 表示输出的生存分析的图形是对生存函数 $S(t)$ 做图，横、纵坐标分别为 t、$S(t)$。除此之外，图形还可输出 ls、lls 和 h。ls 表示对 $-\log S(t)$ 做图，横、纵坐标分别为 t、$-\log S(t)$；lls 表示对 $\log(-\log S(t))$ 做图，横、纵坐标分别为 $\log(t)$、$\log(-\log S(t))$；h 表示对风险函数做图，横、纵坐标分别为 t、$h(t)$。

time 语句用于定义生存时间和删失指示变量。这里 censor(1) 表示指定 censor 值为 1 时有删失的情况。

SAS 结果：

SAS 部分输出结果如下：

Life Table Survival Estimates											
Interval		Number Failed	Number Censored	Effective Sample Size	Conditional Probability of Failure	Conditional Probability Standard Error	Survival	Failure	Survival Standard Error	Median Residual Lifetime	Median Standard Error
[Lower,	Upper)										
0	20	550	201	9899.5	0.0556	0.00230	1.0000	0.0000	0.00000	74.3181	0.4423
20	40	1478	373	9062.5	0.1631	0.00388	0.9444	0.0556	0.00230	56.7632	0.4366
40	60	1181	181	7307.5	0.1616	0.00431	0.7904	0.2096	0.00414	44.9407	0.5676
60	80	2015	319	5876.5	0.3429	0.00619	0.6627	0.3373	0.00486	32.7828	0.5307
80	100	1325	320	3542.0	0.3741	0.00813	0.4354	0.5646	0.00520	38.8183	1.2556
100	120	429	101	2006.5	0.2138	0.00915	0.2726	0.7274	0.00481	42.8239	1.4883
120	140	494	123	1465.5	0.3371	0.0123	0.2143	0.7857	0.00453	37.0775	1.3691
140	160	255	48	886.0	0.2878	0.0152	0.1420	0.8580	0.00400	68.2374	5.4420

图 6-1(a)　生命表法生存估计结果

Interval		Evaluated at the Midpoint of the Interval			
[Lower,	Upper)	PDF	PDF Standard Error	Hazard	Hazard Standard Error
0	20	0.00278	0.000115	0.002857	0.000122
20	40	0.00770	0.000184	0.008878	0.00023
40	60	0.00639	0.000173	0.008791	0.000255
60	80	0.0114	0.000221	0.020692	0.000451
80	100	0.00814	0.000202	0.023007	0.000615
100	120	0.00291	0.000135	0.01197	0.000574
120	140	0.00361	0.000153	0.020271	0.000893
140	160	0.00204	0.000122	0.016809	0.001038

图 6-1(b)　生命表法生存估计结果

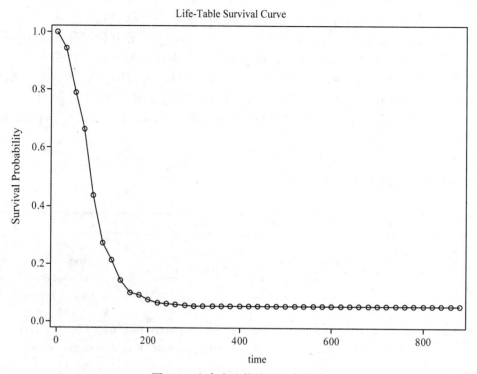

图 6-2 生命表法估计的生存曲线

Summary of the Number of Censored and Uncensored Values			
Total	Failed	Censored	Percent Censored
10000	7977	2023	20. 23

图 6-3 完全数据与删失数据统计结果

SAS 结果解释:

图 6-1(a) 和图 6-1(b) 中，生命表给出了生存区间的上限和下限，间隔为 20 个月。结合初婚事件，SAS 中显示的结果依次是初婚人数、删失数、有效样本大小、期间初婚概率、期间初婚概率的标准误、生存概率(即风险期内未婚概率)、累积初婚概率、累积初婚概率的标准误、中位生存时间(有一半的人未婚有希望仍然保持未婚的时间)、中位数的标准误、区间中点密度概率函数的估计值 PDF、PDF 的标准误、风险函数、风险函数的标准误。

图 6-2 中显示的是以生存时间(未婚时间)为横轴、生存率(风险期内未婚率)为纵轴描述的生存曲线。由曲线可以看出,前 200 个月曲线下降陡峭,而超过 200 个月则下降平缓,则可以说明 18 岁后(风险起始时间)的 200 个月内初婚风险较大,而超过 200 个月则初婚风险较小。

图 6-3 中显示的样本总数为 10000 人,总共发生初婚事件的有 7977 人,删失的有 2023 人,删失比例为 20.23%。

6.2.3.2 Kaplan-Meier 法实例

采用 2015 年全国流动人口动态监测调查数据中随机选取 10000 个样本,根据所有已婚家庭是否生育以及初育间隔长度采用 Kaplan-Meier 估计流动人口和户籍人口的初育间隔曲线,并比较流动人口和户籍人口对一孩出生时间选择的分布情况(何甜田,2019)。初育生育间隔指的是已婚家庭从结婚到第一次生育所经历的时间。本节将其数据集命名为 exe6_2。所涉及的变量有:

因变量:

time:生存时间,以月为单位

自变量:

group:表示分组(group=1 为流动人口,group=2 为户籍人口)

删失变量:

censor:表示删失(censor=1 表示为删失数据,censor=0 表示完全数据)

SAS 程序:

```
proc lifetest data=exe6_2 method=pl plots=(s, ls);
time time * censor(1);
strata group;
run;
```

SAS 程序解释:

pl 表示选择估计生存率的方法为 Kaplan-Meier(乘积极限法)。

plots 语句用于指定输出的生存曲线类型。(s, ls)表示输出的生存分析图的图形,其中 s 表示对生存函数 $S(t)$ 做图,横、纵坐标分别为 t、$S(t)$;ls 表示对 $-\log S(t)$ 做图,横、纵坐标分别为 t、$-\log S(t)$。

strata 语句表示定义生存率比较的分组变量,对比 group 中的第 1 组和第 2 组的生存率。

SAS 结果:

SAS 部分结果输出如下:

Quartile Estimates				
Percent	Point Estimate	95% Confidence Interval		
		Transform	〔Lower	Upper)
75	26.000	LOGLOG	25.000	27.000
50	16.000	LOGLOG	16.000	17.000
25	11.000	LOGLOG	.	.

图 6-4(a)　流动人口生存时间描述性结果

Mean	Standard Error
30.091	0.528

图 6-4(b)　流动人口生存时间描述性结果

Quartile Estimates				
Percent	Point Estimate	95% Confidence Interval		
		Transform	〔Lower	Upper)
75	32.000	LOGLOG	29.000	36.000
50	18.000	LOGLOG	17.000	20.000
25	12.000	LOGLOG	11.000	12.000

图 6-5(a)　户籍人口生存时间描述性结果

Mean	Standard Error
32.501	1.768

图 6-5(b)　户籍人口生存时间描述性结果

Summary of the Number of Censored and Uncensored Values					
Stratum	group	Total	Failed	Censored	Percent Censored
1	1	9392	8502	890	9.48
2	2	607	553	54	8.90
Total		9999	9055	944	9.44

图 6-6　流动人口和户籍人口完全数据和删失数据统计结果

Rank Statistics		
group	Log-Rank	Wilcoxon
1	79. 674	454178
2	−79. 674	−454178

图 6-7　秩次检验结果

Covariance Matrix for the Log-Rank Statistics		
group	1	2
1	550. 398	−550. 398
2	−550. 398	550. 398

图 6-8　log-rank 统计量的协方差矩阵

Covariance Matrix for the Wilcoxon Statistics		
group	1	2
1	1. 814E10	−1. 81E10
2	−1. 81E10	1. 814E10

图 6-9　Wilcoxon 统计量的量的协方差矩阵

Test of Equality over Strata			
Test	Chi-Square	DF	Pr > Chi-Square
Log-Rank	11. 5335	1	0. 0007
Wilcoxon	11. 3725	1	0. 0007
−2Log(LR)	14. 3860	1	0. 0001

图 6-10　流动人口和户籍人口生存函数一致性检验结果

SAS 结果解释：

图 6-4(a)和图 6-4(b)显示了流动人口的初育间隔的四分位数、点估计及 95% 可信区间，均数及四分位间距。流动人口的初育间隔的中位生存期为 16 个月，即表示 50% 的流动人口在婚后 16 个月生育一孩。平均生存期为 30. 091 个月，表示流动人口生育一孩的平均时间为婚后 30. 091 个月。

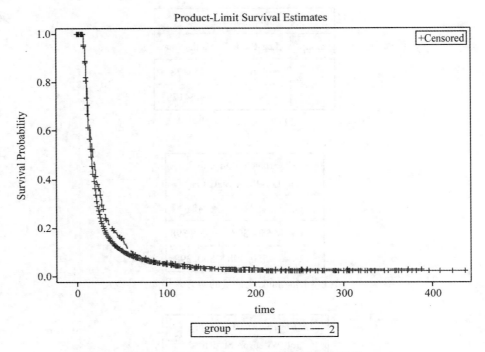

图 6-11 Kaplan-Meier 法估计的两组生存曲线

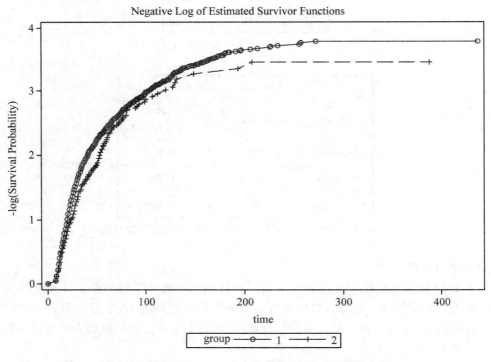

图 6-12 两组的 $(-\log S(t))$ 对生存时间(time)的散点图

图 6-5（a）和图 6-5（b）为户籍人口的初育间隔的描述性统计结果。结果显示，户籍人口的初育间隔的中位生存期为 18 个月，即表示 50% 的户籍人口在婚后 18 个月生育一孩。平均生存期为 32.501 个月，表示户籍人口生育一孩的平均时间为婚后 32.501 个月。

图 6-6 显示了流动人口和户籍人口的总人数，完全数据和删失数据的数量、删失百分比。

图 6-7 到图 6-10 显示了两组的生存函数曲线齐性检验。图 6-7，图 6-8 和图 6-9 依次为秩次统计量、log-rank 统计量的协方差矩阵，WilCoxon 统计量的协方差矩阵，图 6-10 是两组生存函数一致性检验结果，log-rank、WilCoxon 统计量和似然比检验结果均显示，流动人口和户籍人口的初育间隔的生存函数差异具有显著差异性（$p<0.01$）。

图 6-11 为两组的生存曲线。生存曲线可看出在 0～100 个月的时间段内，第一组（流动人口）比第二组（户籍人口）生存曲线下降速度更快，说明这个时间段内，流动人口比户籍人口的初育风险更大，换言之，在这个时间段内，流动人口比户籍人口的初育间隔更短。

图 6-12 是 $-\log S(t)$ 对生存时间（time）的散点图，呈非直线趋势，说明生存时间不呈指数分布。

6.3　半参数分析方法

6.3.1　Cox 比例风险回归模型

生存分析除了探讨生存时间的分布情况，更多的则是探讨生存时间受何种因素的影响。根据前文所阐述的非参数分析方法的结果和图像，分析生存时间的分布情况，并根据分布情况选择合适的模型，可以进一步探讨生存时间的影响因素。生存分析的多因素分析方法最常用的是 Cox 比例风险回归模型（Cox's proportional hazards regression model），简称 Cox 模型。该模型以事件结局和生存时间为因变量，并且考虑了多个影响因素对生存时间的影响，不要求资料服从特殊的分布类型，且可以处理分析删失数据。该模型在 1972 年由英国统计学家 Cox 提出，并在各个领域得到广泛应用（方积乾等，2012）。

设 $x = (x_1, x_2, \cdots, x_m)$ 为可能影响生存时间 T 的协变量；$h_0(t)$ 为 $x = 0$ 时研究对象在 t 时刻的风险函数，即所有影响因素不存在时，研究对象出现终点事件的风险，称为基准风险函数；$h_i(t)$ 为具有协变量 x 的研究对象在 t 时刻的风险函数。Cox 模型的表达式如下：

$$h_i(t) = h_0(t)\exp(\beta_1 x_1 + \beta_2 x_2 + \cdots + \beta_m x_m) \tag{6-7}$$

此模型假定研究对象在 t 时刻的风险函数由两个因子相乘而得。第一个因子是基准风险函数 $h_0(t)$；第二个因子是一个指数函数，其指数为 m 个协变量的线性组合，其中回归系数反映的是自变量的效应。Cox 模型对第一个因子 $h_0(t)$ 的分布不作任何要求，但是第二个因子却具有参数模型形式，因此，Cox 模型实为半参数模型。

假设有 j，k 两个研究对象，共有 m 个危险因素，他们的风险函数之比，即风险比（risk ratio，RR 或 hazard ration，HR）为：

$$HR = h_0(t) \exp\left(\beta_1 x_{j1} + \cdots + \beta_m x_{jm}\right) / h_0(t) \exp\left(\beta_1 x_{k1} + \cdots + \beta_m x_{km}\right) \tag{6-8}$$

将公式（6-8）化简，不难得到：

$$HR = \exp\left[\beta_1(x_{j1} - x_{k1}) + \beta_2(x_{j2} - x_{k2}) + \cdots + \beta_m(x_{jm} - x_{km})\right] \tag{6-9}$$

由公式（6-9）可以看出，HR 的大小与 $h_0(t)$ 无关，也与时间 t 无关，即可以解释为模型中自变量的效应不随时间改变而改变，称为比例风险（proportional hazard）假定，简称为 PH 假定，比例风险模型也因此得名。资料必须满足 PH 假定的前提下才能进行 Cox 比例风险模型，一般检验方法有三种：（1）图形评估法，例如 Log-Log 图形方法。（2）拟合优度检验方法，较为常用的有 Schoenfeld 残差方法。（3）利用时变变量进行比例风险假设的评估方法。

当资料不满足上述假定时，即有些危险因素作用的强度是随时间而变化的，两个研究对象的风险函数之比（相对危险）随时间而改变，就应改用时变协变量模型，也称为非比例危险模型。

当只有一个危险因素时，其模型的具体形式如下：

$$h_i(t) = h_0(t) \exp\left[\beta x_i + \gamma(x_i t_i)\right] \tag{6-10}$$

其中，t_i 为第 i 个研究对象的生存时间。

对上述各式中的回归系数，需要用最大似然法进行估计，一旦有了危险率函数的估计值，再利用生存时间函数之间的相互关系，就可以获得其他生存时间函数的估计值（汪海波等，2013）。

6.3.2　Cox 模型的参数解释

（1）一元 Cox 模型，如果因素 x 的取值为 1 和 0，那么受 x 影响和不受 x 影响的风险比如下：

$$HR = \frac{h(t, 1)}{h(t, 0)} = \frac{h_0(t) \exp(\beta)}{h_0(t)} = \exp(\beta) \tag{6-11}$$

（2）一元 Cox 模型，如果因素 x 的取值是连续变量，那么 $\exp(\beta)$ 表示相邻水平（后者与前者）的风险比。假设，探究老人的年龄对其患骨质疏松的影响，研究对象中有个 69 岁的老人，$\exp(\beta)$ 可以理解为该老人 70 岁时患骨质疏松的风险与其 69 岁患骨质疏松风险的风险比。

（3）多元 Cox 模型，在其他因素不变的情况下，因素 x_j 相邻水平的风险比（HR_j）为 $\exp(\beta_j)$。当 $\beta_j > 0$ 时，$HR_j > 1$，说明 x_j 增加时，风险函数增加，即 x_j 为危险因素；当 $\beta_j < 0$ 时，$HR_j < 1$，说明 x_j 增加时，风险函数下降，即 x_j 为保护因素；当 $\beta_j = 0$ 时，$HR_j = 1$，说明 x_j 增加时，风险函数不变，即 x_j 为无关因素。

6.3.3　Cox 模型的参数估计

以一元 Cox 模型为例，回归系数 β 的估计可以用最大似然估计法。Cox 模型中的似然函数是条件似然函数，其构造方法如下。

假设第 i 个研究对象在 t_i 时刻上事件尚未发生，在 t_{i+1} 时刻发生，其影响因素为 x_i，$i = 0, 1, \cdots, n$。设 t 为连续数据，且第 i 个研究对象生存时间 t 不发生重合：$t_0 < t_1 < \cdots < t_n$。那么第 i 个研究对象的风险函数为：

$$h(t_i, x_i) = h_0(t_i) \exp(\beta x_i), \quad i = 0, 1, \cdots, n \tag{6-12}$$

可以得出，在 t_i 时刻尚未发生事件的研究对象 $(i, i+1, i+2, \cdots, n)$ 中，第 i 个研究对象在 t_i 时刻发生事件的条件概率为：

$$P_i = \frac{h(t_i, x_i)}{\sum\limits_{j=i}^{n} h(t_i, x_j)} = \frac{h_0(t_i) \exp(\beta x_i)}{\sum\limits_{j=i}^{n} h_0(t_i) \exp(\beta x_j)} = \frac{\exp(\beta x_i)}{\sum\limits_{j=i}^{n} \exp(\beta x_j)} \tag{6-13}$$

此时，所有研究对象事件均发生的概率为：

$$L = \prod_{i=1}^{n} P_i = \prod_{i=1}^{n} \frac{\exp(\beta x_i)}{\sum\limits_{j=i}^{n} \exp(\beta x_j)} \tag{6-14}$$

L 就是用来估计 β 的似然函数，可以计算得到 β 的最大似然估计。如果 t 为离散型数据，似然函数的表达式为：

$$L = \prod_{i=1}^{n} P_i = \prod_{i=1}^{n} \left(\frac{\exp(\beta x_i)}{\left[\sum\limits_{j=i}^{n} \exp(\beta x_j) \right]^{d_i}} \right)^{\delta_i} \tag{6-15}$$

其中，d_i 是 t_i 时刻的发生事件人数，δ_i 取值 1（完全数据）或 0（删失数据）。参数 β 的 95% 的置信区间为：

$$\exp(\hat{\beta}) \pm 1.96 \mathrm{se}(\hat{\beta}) \tag{6-16}$$

多元 Cox 回归的回归系数 β_0 代表了相对风险率的实际水平，不能直接比较，若要进行比较，必须进行标准化（汪海波等，2013）。

6.3.4 Cox 模型的假设检验

Cox 模型建设检验的方法有似然比检验、Wald 检验和比分检验等，检验统计量均服从 χ^2 分布，自由度为模型中待检验的参数个数。其中，似然比检验可用于剔除和引进变量，Wald 检验用来剔除变量，比分检验用来筛选新的变量，详情可参考第四章。

6.3.5 实例分析与 SAS 实现

从 2015 年全国流动人口动态监测调查数据中随机选取 10000 个研究对象，采用 Cox 模型探究不同的户口、民族、结婚年龄及教育程度对初育间隔的影响（何甜田，2019）。本节将其数据集命名为 exe6_3。所涉及的变量有：

因变量：

time：初育间隔，以月为单位。

自变量：

hukou：户口类型（hukou = 1 为农业户口，hukou = 2 为非农业户口，以非农业户口为对照组）

nation：民族（nation = 1 为汉族，nation = 2 为少数民族，以少数民族为对照组）

m_age：结婚年龄（连续变量）

edu：教育程度（edu = 1 表示小学及以下学历，edu = 2 表示初中学历，edu = 3 表示高中学历，edu = 4 表示大专及以上学历，以大专及以上学历为对照组）

删失变量：

censor：删失变量（censor = 1 表示删失数据，censor = 0 表示完全数据）

SAS 程序：

proc phreg data = exe6_3；

class nation hukou edu；

model time * censor(1) = nation hukou m_age edu；

run；

SAS 程序解释：

proc phreg 过程用于 Cox 模型对生存数据进行回归分析，结局变量为生存时间，可以处理生存时间有删失的数据。model 语句等号左边分别定义生存时间变量和删失指示数据，并用" * "连接，等号右边为自变量。

SAS 结果：

SAS 部分结果输出如下：

Summary of the Number of Event and Censored Values			
Total	Event	Censored	Percent Censored
10000	9024	976	9.76

图 6-13　完全数据和删失数据统计结果

Testing Global Null Hypothesis：BETA = 0			
Test	Chi-Square	DF	Pr>ChiSq
Likelihood Ratio	172.2251	6	<.0001
Score	163.6645	6	<.0001
Wald	162.1723	6	<.0001

图 6-14　模型拟合结果

Analysis of Maximum Likelihood Estimates							
Parameter		DF	Parameter Estimate	Standard Error	Chi-Square	Pr>ChiSq	Hazard Ratio	Label
nation	1	1	0.15141	0.04021	14.1784	0.0002	1.163	nation 1
hukou	1	1	0.10167	0.03294	9.5253	0.0020	1.107	hukou 1
m_age		1	−0.01272	0.00313	16.4677	<.0001	0.987	m_age
edu	1	1	0.22343	0.04751	22.1129	<.0001	1.250	edu 1
edu	2	1	0.30263	0.04209	51.7045	<.0001	1.353	edu 2
edu	3	1	0.17602	0.04435	15.7536	<.0001	1.192	edu 3

图 6-15 最大似然法参数估计

SAS 结果解释：

图 6-13 为模型的基本信息，可以看出删失事件和终点事件，本例总共 10000 例数据，删失数据为 976 例，删失比例为 9.76%。

图 6-14 为模型的拟合结果，无论是似然比检验、比分检验还是 Wald 检验均可以看出，模型较好地拟合了研究数据，有统计学意义（$p<0.0001$）。

图 6-15 为最大似然法参数估计结果，输出结果包括参数估计值，标准误，χ^2 值，p 值和相对风险比（HR）。从结果可以看出，民族、户口、结婚年龄和教育程度在统计学上均对初育间隔有影响（$p<0.01$）。民族为二分类变量，参数结果可以解释为，在控制其他影响因素的情况下，汉族是少数民族初育风险的 1.163 倍（$e^{0.1514} \approx 1.163$）。结婚年龄为连续变量，其 HR=0.987（$e^{-0.0127} \approx 0.987$），可以解释为，在控制其他影响因素的情况下，结婚年龄每增加一岁，初育的风险降低 1.3%。多分类变量的参数解释，以小学及以下学历为例，在控制其他影响因素情况下，小学及以下学历者是大专及以上学历者初育风险的 1.250 倍（$e^{0.2234} \approx 1.250$）。

◎ **本章小结**

本章主要介绍了生存分析应用较为广泛的非参数法和半参数法及其 SAS 实现。由于篇幅有限，本章并未涵盖生存分析的参数法、离散数据的生存分析方法和含有时变变量的生存分析方法等。在应用上，一般用不需要数据符合特定分布的非参数法探究数据的分布类型，再根据分布结果选择合适的影响因素分析模型。本章着重介绍了 Cox 比例风险模型，包括其模型形式、参数解释、参数估计和假设检验等。Cox 比例风险模型适用于分析多因素对生存时间的影响，可用于比较和预测。另外，还需注意的是，生存分析的半参数法（Cox 比例风险模型）在应用前需要进行 PH 假定（比例风险假定）的验证，符合 PH 假定才可以进行 Cox 回归。

◎ 参考文献

［1］Allison P D. 事件史和生存分析(第二版)［M］. 范新光译. 上海：格致出版社，2017.

［2］Guo S Y. Survival analysis［M］. New York：Oxford University Press，2010.

［3］Klein J P，Moeschberger M L. Survival analysis：Techniques for censored and truncated data (second edition)［M］. New York：Springer，2003.

［4］Luke D A. Charting the process of change：a primer on survival analysis［J］. American Journal of Community Psychology，1993，21(2).

［5］Yamaguchi K. Event history analysis［M］. Newbury Park，CA：Sage Publications，1991.

［6］杜本峰. 事件史分析及其应用［M］. 北京：经济科学出版社，2008.

［7］郭志刚. 社会统计分析方法——SPSS 软件应用(第二版)［M］. 北京：中国人民大学出版社，2015.

［8］方积乾等. 卫生统计学(第 7 版)［M］. 北京：人民卫生出版社，2012.

［9］何甜田. 流动人口与户籍人口的生育间隔比较及其影响因素分析［D］. 武汉：武汉大学，2018.

［10］汪海波等. SAS 统计分析与应用从入门到精通［M］. 北京：人民邮电出版社，2013.

［11］曾迪洋. 生命历程理论视角下劳动力迁移对初婚年龄的影响［J］. 社会，2014，34(5).

第7章 聚类分析及判别分析

把事物进行归类是人们了解世界的重要手法。"物以类聚，人以群分"，这种哲学思维即分类的思想。本章主要介绍研究分类问题时的两种不同的多元统计分析方法：一种是分类情况未知，根据事物本身的特性进行分类——聚类分析(cluster analysis)；另一种是已知分类情况，将未知个体归入正确的类别——判别分析(discriminant analysis)。

7.1 聚类分析

7.1.1 聚类分析简介

在当代大多数统计分析方法中，聚类分析是常用的一种。聚类分析主要用于对事物的类别不确定，有的甚至分类前连总共有几类都不知道，也就是研究者在没有先验知识的情况下，对事物进行一个合理分类的方法(郭志刚，2015)。

聚类分析认为各事物具有不同程度的相似性，按照相似性归成若干类别(cluster)，同一个种别内的事物之间有高相似度，而不同种别之间有较大的差异性。因此，类可以看作数据集的"隐性"分类，聚类分析旨在使用聚类算法来发现数据集的未知分组或隐含的结构信息。

聚类分析相似性的度量，聚类分析要领是根据对象的数据特点，把相似的对象倾向于分在同一类中，把不相似的对象倾向于分在不同类中。度量相似性的统计量有两种：①距离，将 n 个样本中的每一个样本看作 p 维空间的一个点，在 p 维空间中定义距离，距离较近的点归为一类。②相似系数，根据这个统计量将对照相似的变量归为一类。在实际应用的问题中，对样品聚类常用距离，对变量聚类常用相似系数。下面将详细介绍这两种度量相似性的统计量。

(1)距离，第 i 个与第 j 个样本之间距离用 d_{ij} 来表示，d_{ij} 一般应在这一前提条件下：$d_{ij} = 0$，即样本自身间的距离为零；$d_{ij} \geq 0$，即距离值不为负值；$d_{ij} = d_{ji}$，即两点间的距离与方向无关；$d_{ij} \leq d_{ik} + d_{kj}$，即直线距离最近。一般的统计分析中，我们最常用的距离有欧氏距离、明氏距离和马氏距离。

距离选择的基本原则：第一，要思量所选择的距离公式在现实应用中是否有明确的意义。如欧氏距离有十分明确的空间距离概念，马氏距离有消除量纲影响的作用。第二，要综合考量对样本观测数据的预处理和将要采取的聚类分析方法。如在进行聚类分析前早已对变量作了标准化处理，则通常可采用欧氏距离。第三，应根据研究对象的特征差异作出具体分析。现实中，聚类分析前可试探性地多选择几个距离公式分别进行聚类，然后对聚类分析的结果进行对比分析，来确定最符合的距离测度方法。

（2）相似系数，变量间的相似性，可以从它们的"方向趋同性"或"相关性"来考察。相似系数应满足下列条件：$|S_{ij}| \leqslant 1$，即相似系数的大小在 -1 与 1 之间；$S_{ij} = S_{ji}$，即相似系数的大小与方向无关；$S_{ij} = \pm 1 \Leftrightarrow x_i = ax_j$，$a \neq 0$，即相似系数为 1，则两变量成比例关系；$S_{ij}$ 越接近 1，变量 x_i 与变量 x_j 的关系越密切，性质越相近。一般的统计分析中，我们常用的相似系数有夹角余弦和相关系数，适用于等级变量的相关系数有 Spearman 秩相关系数和 Kendall 秩相关系数，对于分类变量，其相似程度常用列联系数表示。

7.1.2　系统聚类法的实例分析与 SAS 实现

7.1.2.1　系统聚类法简介

系统聚类法（hierarchical clustering），又称层次聚类，是先把 n 个被聚对象（样本或观察指标）看成 n 个类，然后按聚类指标将相近（相似）的两类归并为一类，这样逐步归并，类数逐次减 1 直至将 n 个被聚对象并为一类为止。系统聚类不指定具体的类别个数，而只关注类之间的远近，最终会形成一个树形图或谱系图（dendrogram）。谱系图中聚类结果呈嵌套关系或者层次关系，层次聚类由此得名。

1. 类间距离

对被聚对象进行了第一次归类后，某一类含有多个被聚对象，就需要定义新类与其余类间的距离。由于类的形状较多，所以类与类之间的距离也有较多的计算方式。类与类之间距离的定义不同，即指定类的邻近准则不同，得到计算类之间距离的公式也不同，最终计算出的距离大小也就不同。

用 G_p，G_q 分别表示两类，各自含有 n_p，n_q 个样本或变量。设某一步把类 G_p 和 G_q 归并为 G_r，G_r 与其他类 G_k 的八种距离计算公式，如公式（7-1），其中，D_{kr} 为类 G_k 和类 G_j 之间的距离，a_p、a_q、β 和 γ 针对不同的类间距离计算方法的取值如表 7-1 所示。

$$D_{kr}^2 = a_p D_{kp}^2 + a_q D_{kq}^2 + \beta D_{pq}^2 + \gamma |D_{kp}^2 - D_{kq}^2| \tag{7-1}$$

表 7-1　　　　　　　　　　类间距离统一公式参数表

方法	a_p	a_q	β	γ
最短距离法	1/2	1/2	0	$-1/2$
最长距离法	1/2	1/2	0	1/2
重心法	n_p/n_r	n_q/n_r	$-(n_p/n_r)(n_q/n_r)$	0
类平均法	n_p/n_r	n_q/n_r	0	0

方法	a_p	a_q	β	γ
离差平方和法	$\dfrac{n_k+n_p}{n_k+n_r}$	$\dfrac{n_k+n_q}{n_k+n_r}$	$-\dfrac{n_k}{n_k+n_r}$	0
中间距离法	$1/2$	$1/2$	$-1/4$	0
可变法	$(1-\beta)/2$	$(1-\beta)/2$	$\beta\,(<1)$	0
可变平均法	$(1-\beta)n_p/n_r$	$(1-\beta)n_q/n_r$	$\beta\,(<1)$	0

注意：以上八种方法的选取没有一个合适的标准，其中，可变法由中间距离法变形而来（$\beta<1$，通常情况下取$-1\sim0$的数），类平均法和离差平方和法（Ward 法）最常用，重心法和 Ward 法只能用于样品聚类且必须用欧氏距离。非参数概率密度估计法、最大似然法、Mcquitty 的相似分析法、两阶段密度法不能与以上八种方法一起比较，故没有列出。

2. 分类数的确定

聚类分析的目的是对研究对象进行分类，因此分类数的确定是聚类分析的重要问题之一。由于类的结构难以统一定义，加上聚类分析本质是探索性分析，下面仅提供一些辅助确定类别个数的方法作为实际参考。

(1) 观测散点图：当样本只有两个变量或者三个变量时，可参考观测数据的散点图来定类别个数。

(2) 根据事先给定的类间距的阈值：通过观察系统聚类的谱系图，征询专家的看法，来定一个切合的阈值 d^*，要求类与类之间的距离大于 d^*。

(3) 使用统计量：如 R^2 统计量、偏 R^2 统计量、伪 F 统计量、伪 t^2 统计量和立方聚类准则。

R^2 统计量，如公式(7-2)，其中，$\sum D_i$ 为在谱系的第 G 层对 G 个类的类内离差平方和，TSS 为所有观察的总离差平方和。通常来说，R^2 统计量用来评价每次归并成 G 个类时的聚类效果。当 R^2 统计量越大，越靠近 1，表明类内离差平方和 $\sum D_i$ 在总离差平方和 TSS 中所占的比重越小，说明这 G 个类越能分得开，故聚类效果越好。R^2 的值总是在 0 和 1 之间，当 n 个样本各自为一类时，$R^2=1$；当 n 个样本最后归并成一类时，$R^2=0$。因为 R^2 的值总是随着分类个数的减少而变小，比较理想的聚类结果是 R^2 尽可能大而类的个数尽可能少。

$$R^2 = 1 - \sum D_i/\text{TSS} \tag{7-2}$$

半偏 R^2 统计量，如公式(7-3)，归并类 G_p 和类 G_q 为类 G_m 时，可以用半偏(semipartial) R^2 统计量评价本次归并的效果。其中，$D_w(p,q)$ 表明归并类 G_p 和类 G_q 为新类 G_m 后，类内离差平方和的增量。半偏 R^2 值是上一步归并后 R^2 值与本次归并后 R^2 值的差。它的值越大，表明上一步归并后停止归并的效果更好。

$$\text{半偏}R^2 = D_w(p,q)/\text{TSS} \tag{7-3}$$

伪 F 统计量，如公式(7-4)，其中，G 为聚类的个数，n 为观察总数。伪 F 值越大表明

分为 G 个类的效果越好，所以应该取伪 F 统计量较大而类数较小的聚类水平。

$$F = \frac{(\text{TSS} - \sum D_i)/(G-1)}{\sum D_i/(n-G)} \qquad (7\text{-}4)$$

伪 t^2 统计量，如公式(7-5)，该统计量用以评价归并类 G_p 和类 G_q 的效果，表示归并类 G_p 和类 G_q 为类 G_m 后离差平方和的增加量 $(D_m - D_p - D_q)$ 对于原本 G_p 和 G_q 两类的类内离差平方和的大小。它的值越大，表明刚刚归并的两个类 G_p 和 G_q 是很分开的，也就是上一步聚类的效果好。

$$t^2 = \frac{D_m - D_p - D_q}{(D_p + D_q)/(p+q-2)} \qquad (7\text{-}5)$$

立方聚类准则(cubic clustering criterion，CCC)：在均匀的原假设下判断聚类分成几类合适的一种准则，大的 CCC 值表示好的聚类，峰值表示建议分类数。

(4) Demirmen 在 1972 年曾提出根据树形图进行分类的准则：任何类都得在邻近各个类别中是突出的，即各类重心间距离必须十分大；定好的类中，各类所包含的元素都不要过多；分类的数目必须符合实用目的；若采取几种不同的聚类方法，则在各自的聚类系谱图中应发现同一类。

那么，系统聚类分析法的步骤是什么样子呢？下面我们来介绍。以 n 个样本的聚类分析作为分析例子，其步骤如下：(1)我们定义用样本或指标的个数为维度空间里的一种距离；计算 n 个样本二者之间的距离。(2)将每个样本归为一类，根据计算出的样本间距离归并距离最近的两类为一个新的类别。(3)再计算这个新类别与其他各类的距离，同样再由计算出的距离归并距离最近的两类为一个新的类别。(4)循环以上步骤直到类别个数为 1 的时候停止。(5)画出各阶段的聚类系谱图，最终决定类别的个数(汪海波等，2013)。

7.1.2.2　实例分析与 SAS 实现

系统聚类还可以分为 Q 型聚类和 R 型聚类，Q 型聚类用于样品聚类，是对样本进行分类处理，目的是找出样本间的共性以指导实际工作；R 型聚类用于指标聚类，是对指标进行分类处理，目的是降维后便于在每类中选择有代表性的变量，或者利用少数几个重要变量进一步进行其他分析。表 7-2 为我国 2018 年度 31 个地区医疗卫生服务相关统计数据。

表 7-2　　　　　　　　　**2018 年我国 31 个地区医疗卫生服务相关统计数据**

地　区	$x1$	$x2$	$x3$	$x4$	$x5$	$x6$	$x7$
北　京	5.74	0.10	10.92	83.40	10.10	11.88	16.40
天　津	4.37	0.09	7.69	77.50	9.20	6.70	10.40
河　北	5.58	0.17	5.71	82.70	9.00	6.10	16.10
山　西	5.60	0.14	3.49	79.60	10.50	6.63	13.30
内蒙古	6.27	0.14	4.16	76.10	9.60	7.43	15.20

地区	$x1$	$x2$	$x3$	$x4$	$x5$	$x6$	$x7$
辽　宁	7.21	0.13	4.56	78.10	10.30	6.95	17.00
吉　林	6.18	0.11	4.08	76.00	9.30	6.80	15.00
黑龙江	6.63	0.14	2.96	73.80	10.20	6.12	15.50
上　海	5.74	0.11	11.15	95.90	10.20	8.07	17.30
江　苏	6.11	0.04	7.38	86.40	9.60	7.33	18.00
浙　江	5.79	0.03	10.94	89.50	9.60	8.47	17.80
安　徽	5.19	0.07	4.70	83.30	8.70	5.27	16.00
福　建	4.88	0.03	5.93	83.90	8.60	6.28	14.60
江　西	5.37	0.04	4.57	86.70	8.90	5.32	18.60
山　东	6.06	0.14	6.53	82.50	8.80	7.35	18.30
河　南	6.34	0.08	6.10	87.60	9.70	6.47	20.00
湖　北	6.65	0.06	5.94	92.70	9.60	6.95	22.30
湖　南	6.99	0.03	3.90	84.30	9.50	6.33	22.30
广　东	4.56	0.03	7.45	83.00	8.90	6.66	15.10
广　西	5.20	0.04	5.19	87.60	8.60	6.51	18.90
海　南	4.80	0.03	5.44	79.60	9.10	6.82	12.80
重　庆	7.10	0.07	5.15	82.20	9.90	6.75	22.70
四　川	7.18	0.07	6.19	88.70	10.70	6.74	22.00
贵　州	6.82	0.05	4.54	81.80	8.50	6.82	22.60
云　南	6.03	0.04	5.35	85.80	8.70	5.25	19.90
西　藏	4.88	0.04	4.77	64.60	9.60	5.55	9.00
陕　西	6.57	0.08	5.08	84.00	9.00	8.49	20.70
甘　肃	6.17	0.08	5.02	81.60	8.60	5.96	18.50
青　海	6.49	0.19	4.20	73.20	9.40	7.39	16.30
宁　夏	5.96	0.11	6.02	79.90	9.30	7.71	17.60
新　疆	7.19	0.18	4.31	85.60	8.60	7.09	21.80

注：原始数据来源于《中国统计年鉴》(2018 年)。其中，$x1$ 表示每千人口拥有医疗卫生机构床位数 (张/千人)；$x2$ 表示急诊病死率(%)；$x3$ 表示居民平均就诊次数(次)；$x4$ 表示病床使用率(%)；$x5$ 表示出院者平均住院日(天)；$x6$ 表示每千人口拥有卫生技术人员数(人/千人)；$x7$ 表示居民年住院率 (%)。对 31 个地区进行聚类分析，我们称此类为样品聚类，即 Q 型聚类；对 $x1$—$x7$ 这 7 个变量进行聚类，称为指标聚类，即 R 型聚类。

我们使用表 7-2 中的数据进行操作演示。首先我们将地区进行编号："北京—新疆"依次编为"1—31"从而对汉字进行替换，并将地区改命名为"national"，本节将其数据命名为 exe7_1。先对 31 个地区进行聚类分析(样品聚类，即 Q 型聚类)。

SAS 程序：

proc import datafile = " C：\ Users \ Administrator \ Desktop \ exe7_1" out = a1 dbms = xlsx；

run；

proc cluster data = a1 method = ward std pseudo ccc；

var x1-x7；

id national；

run；

SAS 程序解释：

proc cluster 表示我们使用系统聚类中的样品聚类法对数据进行分析，method = ward 表示我们的类间距离选择离差平方和法(ward)，pseudo 表示计算 F 和伪 t^2 统计量，ccc 表示计算 R^2、半偏 R^2 和 CCC 统计量。method 有多种选项，如 average，centroid，complete，density，eml，flexible，mcquitty，median，single，twostage，ward(汪海波等，2013)，对应的方法分别为：类平均法；重心法；最长距离法；非参数概率密度估计法；最大似然法；可变类平均法；mcquitty 的相似分析法；中间距离法；最短距离法；两阶段密度法；离差平方和法，其中除 eml 外前一项均为后一项的缩写，输入程序时，两者皆可。

SAS 结果：

SAS 部分结果输出如下：

	Eigenvalues of the Correlation Matrix			
	Eigenvalue	Difference	Proportion	Cumulative
1	2. 18683579	0. 32725025	0. 3124	0. 3124
2	1. 85958553	0. 22786948	0. 2657	0. 5781
3	1. 63171605	0. 90592688	0. 2331	0. 8112
4	0. 72578917	0. 28360246	0. 1037	0. 9148
5	0. 44218672	0. 31818408	0. 0632	0. 9780
6	0. 12400263	0. 09411853	0. 0177	0. 9957
7	0. 02988410		0. 0043	1. 0000

图 7-1　相关矩阵的特征值

	Cluster History									
Number of Clusters	Clusters Joined		Freq	Semipartial R-Square	R-Square	Approximate Expected R-Square	Cubic Clustering Criterion	Pseudo F Statistic	Pseudo t-Squared	Tie
30	5	7	2	0.0021	.998	.	.	16.3	.	
29	13	19	2	0.0025	.995	.	.	15.3	.	
28	14	25	2	0.0026	.993	.	.	15.3	.	
27	15	30	2	0.0033	.989	.	.	14.4	.	
26	16	17	2	0.0039	.986	.	.	13.7	.	
25	18	22	2	0.0041	.981	.	.	13.3	.	
24	CL29	21	3	0.0048	.977	.	.	12.7	1.9	
23	CL28	20	3	0.0049	.972	.	.	12.5	1.9	
22	6	8	2	0.0055	.966	.	.	12.3	.	
21	12	28	2	0.0059	.960	.	.	12.1	.	
20	CL30	29	3	0.0072	.953	.	.	11.8	3.4	
19	CL21	CL23	5	0.0077	.945	.	.	11.6	1.7	
18	10	CL26	3	0.0079	.938	.	.	11.5	2.0	
17	24	27	2	0.0082	.929	.	.	11.5	.	
16	3	CL27	3	0.0092	.920	.	.	11.5	2.7	
15	9	11	2	0.0116	.909	.	.	11.4	.	
14	4	CL22	3	0.0125	.896	.	.	11.3	2.3	
13	CL25	23	3	0.0135	.883	.	.	11.3	3.3	
12	2	CL24	4	0.0152	.868	.	.	11.3	4.1	
11	CL18	CL13	6	0.0181	.849	.	.	11.3	2.5	
10	CL14	CL20	6	0.0186	.831	.	.	11.5	2.7	
9	CL17	31	3	0.0205	.810	.	.	11.7	2.5	
8	CL16	CL9	6	0.0332	.777	.	.	11.5	3.2	
7	1	CL15	3	0.0363	.741	.	.	11.4	3.1	
6	CL12	26	5	0.0434	.697	.698	−.01	11.5	5.8	
5	CL8	CL19	11	0.0630	.634	.647	−.48	11.3	5.9	
4	CL5	CL11	17	0.0891	.545	.582	−1.1	10.8	6.5	
3	CL4	CL10	23	0.1526	.393	.459	−1.6	9.1	9.4	
2	CL6	CL3	28	0.1858	.207	.281	−1.8	7.6	8.6	
1	CL7	CL2	31	0.2069	.000	.000	0.00	.	7.6	

图 7-2 聚类历史

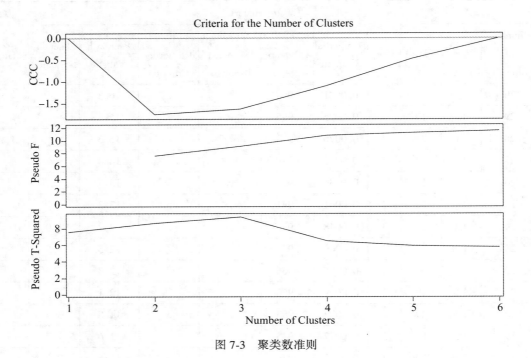

图 7-3　聚类数准则

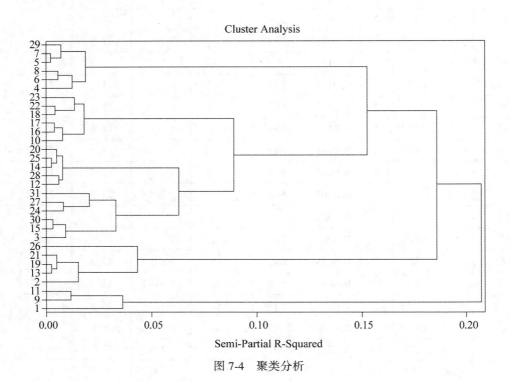

图 7-4　聚类分析

SAS 结果解释：

为了消除原始数据量纲的影响，将原始数据进行标准化处理。上面的结果中，图 7-1 显示的是基本信息，这是用离差平方和法进行样品聚类分析的结果。图 7-2 显示的是聚类样本的过程及分类指标。图 7-3 显示的是程序 CCC 的输出统计图，它与图 7-2 结合来判断聚成几类更为合理，表 7-3 列出了判断聚类数目的五个统计量（详细知识请参考前面介绍的五个统计量来判断最佳聚类数目）。图 7-4 显示的是聚类树状图，它显示出了各种可能的聚类结果，图的横轴是聚类的个数，纵轴是指标变量名。

结合聚类谱系图以及软件输出的分类数统计量可以看出聚为 4 类效果较好。最终聚类结果为：第一类：内蒙古，吉林，山西，青海，辽宁，黑龙江。第二类：安徽，江西，广西，云南，山东，宁夏，河北，甘肃，湖南，重庆，陕西，新疆，贵州，江苏，河南，湖北，四川。第三类：天津，福建，广东，海南，西藏。第四类：上海，浙江，北京。结果表明我国 31 个省市总体医疗卫生资源分配不均衡。北京、上海以及浙江 3 个地区的卫生医疗资源利用率较高，卫生服务条件在全国居于领先（Sun et al.，2018）；中西部几个经济比较落后的省份卫生服务条件以及卫生资源不理想，其他地区医疗资源及服务条件尚可。

表 7-3　　　　　　　　　　　不同分类数的聚类统计量

聚类数	R^2	半偏 R^2	伪 F	伪 t^2	CCC
6	0.697	0.043	11.5	5.8	−0.01
5	0.634	0.063	11.3	5.9	−0.48
4	0.545	0.089	10.8	6.5	−1.10
3	0.393	0.153	9.1	9.4	−1.60
2	0.207	0.186	7.6	8.6	−1.80
1	0.000	0.207	.	7.6	0.00

接下来我们对 $x1$—$x7$ 这 7 个变量进行聚类分析，即指标聚类（R 型聚类）。

SAS 程序：

proc varclus data= a1；

var x1−x7；

run；

其中，**proc varclus** 表示我们使用系统聚类中的指标聚类法对数据进行分析。

SAS 结果：

SAS 部分结果输出如下：

Cluster Summary for 1 Cluster					
Cluster	Members	Cluster Variation	Variation Explained	Proportion Explained	Second Eigenvalue
1	7	7	2. 186836	0. 3124	1. 8596

图 7-5　1 个聚类的聚类汇总

Total variation explained = 2. 186836 Proportion = 0. 3124

Cluster 1 will be split because it has the largest second eigenvalue, 1. 859586, which is greater than the MAXEIGEN = 1 value.

Cluster Summary for 2 Clusters					
Cluster	Members	Cluster Variation	Variation Explained	Proportion Explained	Second Eigenvalue
1	3	3	2. 044596	0. 6815	0. 8594
2	4	4	1. 797979	0. 4495	1. 2250

图 7-6　2 个聚类的聚类汇总

Total variation explained = 3. 842576 Proportion = 0. 5489

2 Clusters		R-squared with		1-R * *2 Ratio
Cluster	Variable	Own Cluster	Next Closest	
Cluster 1	x1	0. 6217	0. 0050	0. 3802
	x4	0. 4749	0. 0751	0. 5677
	x7	0. 9479	0. 0004	0. 0521
Cluster 2	x2	0. 0276	0. 0000	0. 9724
	x3	0. 6269	0. 0009	0. 3734
	x5	0. 3377	0. 0063	0. 6665
	x6	0. 8057	0. 0204	0. 1983

图 7-7　2 个聚类的统计量

Cluster 2 will be split because it has the largest second eigenvalue, 1. 224988, which is greater than the MAXEIGEN = 1 value.

Cluster Summary for 3 Clusters					
Cluster	Members	Cluster Variation	Variation Explained	Proportion Explained	Second Eigenvalue
1	3	3	2. 044596	0. 6815	0. 8594
2	2	2	1. 628422	0. 8142	0. 3716
3	2	2	1. 215203	0. 6076	0. 7848

图 7-8　3 个聚类的聚类汇总

Total variation explained = 4. 888221 Proportion = 0. 6983

3 Clusters		R-squared with		1-R**2 Ratio
Cluster	Variable	Own Cluster	Next Closest	
Cluster 1	x1	0. 6217	0. 1774	0. 4598
	x4	0. 4749	0. 1410	0. 6112
	x7	0. 9479	0. 0105	0. 0526
Cluster 2	x3	0. 8142	0. 0009	0. 1860
	x6	0. 8142	0. 1091	0. 2085
Cluster 3	x2	0. 6076	0. 0001	0. 3924
	x5	0. 6076	0. 0760	0. 4247

图 7-9　3 个聚类的统计量

No cluster meets the criterion for splitting.

Number of Clusters	Total Variation Explained by Clusters	Proportion of Variation Explained by Clusters	Minimum Proportion Explained by a Cluster	Maximum Second Eigenvalue in a Cluster	Minimum R-squared for a Variable	Maximum 1-R**2 Ratio for a Variable
1	2. 186836	0. 3124	0. 3124	1. 859586	0. 0000	
2	3. 842576	0. 5489	0. 4495	1. 224988	0. 0276	0. 9724
3	4. 888221	0. 6983	0. 6076	0. 859366	0. 4749	0. 6112

图 7-10　聚类分析汇总

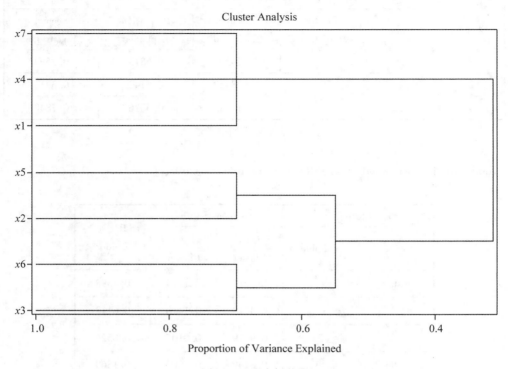

图 7-11　聚类树状图

SAS 结果解释：

上面的结果中，图 7-5 显示 7 个指标聚为一类时的概括总结，结果显示当 7 个指标聚为一类时，7 个指标变量总体变异的 31.24% 被类所解释。图 7-6 显示的是，7 个指标聚为2 类的结果，其中我们主要看的是第一个表格，7 个指标总体变异的 54.89% 被类所解释，其中，第一个类中指标变量总体变异的 68.15% 被类所解释，第二个类中指标变量总体变异的 44.95% 被类所解释，一般地，SAS 软件做聚类分析时，当两类指标变量总体变异被该类所解释的比例大于 75% 时，停止聚类，此处小于 75%，所以继续进行聚类。图 7-8 显示聚为三类时，我们发现 7 个指标总体变异的 69.83% 被类所解释，其中，第一个类中指标变量总体变异的 68.15% 被类所解释，第二个类中指标变量总体变异的 81.42% 被类所解释，第三个类中指标变量总体变异的 60.76% 被类所解释。此时我们发现 7 个指标总体变异的 69.83% 被类所解释，虽未达到 75% 以上，但 SAS 系统停止了继续分为四类的步骤，故这显示聚为 3 类较恰当。图 7-10 显示的是聚类分析总表，列出了分成 1、2、3 类聚类结果的统计量。图 7-11 显示的是聚类树状图，它显示出各种可能的聚类方法，图的横轴是聚类的个数，纵轴是指标变量名。从聚类谱系图并结合第三部分可以看出聚为 3 类效果较好。最终聚类结果为：第一类：x_1 每千人口拥有的医疗卫生机构床位数，x_4 病床使用率，x_7 居民年住院率。第二类：x_2 急诊病死率，x_5 出院者平均住院日。第三类：x_3 居民平均就诊次数，x_6 每千人口拥有的卫生技术人员数。

7.1.3 K-均值聚类法的实例分析与 SAS 实现

7.1.3.1 K-均值聚类法简介

系统聚类特别适用于小样本情形,需要嵌套聚类并得到有意义的层次结构。对样品聚类,如果样本量很大,那么使用系统聚类法的计算量会非常大,做出的树状图也很复杂,不便于进行分析,此时便可以采用 K-均值聚类(K-means clustering),其又称快速聚类、动态聚类(陈峰,2001;孙振球等,2014),这种方法首先会给出一个初始的聚类方法,再按照某种最优法则进行一步步调整,直到得出最优的聚类方法,则停止聚类过程。K-均值聚类中的 K 表示聚类算法中的分类数,K-means 即是用均值算法把样本分成 K 个类的聚类方法。K-均值聚类分析事先要给定类别的个数 K,进行初始分类。然后按照某种准则对这一初始分类进行逐步修改,直到分类的结果比较合理(稳定)为止。该方法计算速度较快,所以称为快速聚类法。这个算法是很经典的在距离基础上的非层次聚类算法,基于最小化误差函数将数据划分为预定的类数 K,采用距离来当作相似性的评价指标,也就是认为两个对象的距离越近,其相似度就越高(王彤,2008)。方法步骤如下:

(1)取得 K 个初始质心(凝聚点):从数据中随机抽取 K 个点作为初始聚类的中心,以此来代表各个类。

(2)把每个点划分到相应的类内:根据欧氏距离最小原则,将每个数据点归类到离它最近的那个中心点所代表的类中。

(3)重新计算质心:根据均值等方法,重新计算 K 个聚类的质心。

(4)循环:用计算出的质心重新进行聚类,与前一次计算得到的 K 个聚类质心比较,如果聚类中心发生变化,转过程(2)重复第二步和第三步,否则转过程(5)。

(5)聚类完成:每一类均稳定,即凝聚点不再发生变化时,聚类过程结束。

7.1.3.2 实例分析与 SAS 实现

用 K-均值聚类分析以上例子,但需要注意的是 K-均值聚类适用于大样本,对于仅含 31 个样本的数据是不需要用 K-均值聚类中 **proc fastclus** 过程步的,但此处为了给大家与 SAS 程序中的 **proc cluster** 过程步进行比较,故例子选用和样品聚类分析的例子一样,注意这里仅用来举例说明方法。

SAS 程序:

```
proc standard data=a1 mean=0 std=1 out=b1;
var x1-x7;
run;
proc fastclus data=b1 maxc=3 distance radius=1 maxiter=10;
var x1-x7;
run;
proc fastclus data=b1 maxc=4 distance radius=1 maxiter=10;
var x1-x7;
```

run；

proc fastclus data＝b1 maxc＝5 distance radius＝1 maxiter＝10；

var x1-x7；

run；

SAS 程序解释：

我们需要用 **proc standard** 过程步将原始数据标准化，**proc fastclus** 表示我们使用 K-均值聚类法对数据进行分析，maxc 表示的是我们限制 SAS 软件分析时定的最大分类数，这是因为聚类的结果可能依赖于初始聚类中心的随机选择，可能使得结果严重偏离全局最优分类，因此在实践中，为了得到较好的结果，通常选择不同初始聚类中心，多次运行 K-Means 算法。上面我们已经知道 31 个样本分为 4 类比较好，故我们的最大分类数取 3、4、5 类。

SAS 结果：

SAS 部分结果输出如下：

Initial Seeds							
Cluster	x1	x2	x3	x4	x5	x6	x7
1	−0.307138344	0.291031432	2.489382543	0.146721343	1.179180656	4.019264621	−0.310939845
2	−1.369175732	−0.939237802	−0.493651912	−2.929149111	0.377544684	−1.099174581	−2.433844617
3	0.050990542	−0.939237802	−0.212325086	0.539385656	−1.065400066	−1.341754638	0.693136737
4	0.619057052	2.136435282	−0.770128276	−1.522101989	0.056890295	0.388649769	−0.339627747

图 7-12　初始种子

Cluster Summary						
Cluster	Frequency	RMS Std Deviation	Maximum Distance from Seed to Observation	Radius Exceeded	Nearest Cluster	Distance Between Cluster Centroids
1	3	0.8471	2.2540	> Radius	3	4.0414
2	6	0.7064	2.8550	> Radius	4	3.1676
3	12	0.6715	2.6184	> Radius	4	2.4990
4	10	0.6840	2.6952	> Radius	3	2.4990

图 7-13　聚类汇总

Statistics for Variables			
Variable	Total STD	Within STD	R-Square	RSQ/(1-RSQ)
$x1$	1.00000	0.66598	0.600819	1.505131
$x2$	1.00000	0.52351	0.753345	3.054252
$x3$	1.00000	0.50670	0.768926	3.327616
$x4$	1.00000	0.77803	0.455197	0.835527
$x5$	1.00000	0.95489	0.179374	0.218582
$x6$	1.00000	0.72830	0.522621	1.094771
$x7$	1.00000	0.61194	0.662975	1.967135
OVER-ALL	1.00000	0.69656	0.563322	1.290019

图 7-14　变量的统计量

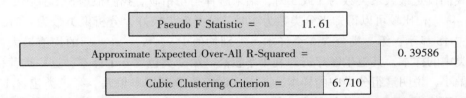

Pseudo F Statistic =	11.61

Approximate Expected Over-All R-Squared =	0.39586

Cubic Clustering Criterion =	6.710

Cluster Means						
Cluster	x1	x2	x3	x4	x5	x6	x7
1	−0.286556224	−0.119058313	2.529803064	1.161104152	0.965411063	2.073233497	−0.090999260
2	−1.492668452	−0.768367075	0.101338158	−0.630426777	−0.557697284	−0.562803121	−1.291109841
3	0.480127743	−0.597496348	−0.203836776	0.536658821	−0.143518698	−0.269011719	0.877217443
4	0.405414647	1.213733357	−0.575139683	−0.614065764	0.217217489	0.038525886	−0.250695250

图 7-15　聚类均值

Cluster Standard Deviations						
Cluster	x1	x2	x3	x4	x5	x6	x7
1	0.035649277	0.893769877	0.061799791	1.022661477	0.515379824	1.693053815	0.203529160
2	0.351466441	0.525437904	0.631675992	1.197230476	0.586163473	0.528843482	0.798826304
3	0.788687392	0.384433245	0.447138533	0.530746153	1.072515835	0.701534717	0.511937984
4	0.708121846	0.557363444	0.550782307	0.665582509	1.039038974	0.444281473	0.662856800

图 7-16　聚类标准差

Nearest Cluster	Distance Between Cluster Centroids			
	1	2	3	4
1	.	4.657482898	4.041374452	4.446615175
2	4.657482898	.	3.214940538	3.167630586
3	4.041374452	3.214940538	.	2.499012811
4	4.446615175	3.167630586	2.499012811	.

图 7-17 聚类质心之间的距离

SAS 结果解释：

首先要说明的是，对于 K-均值聚类法来说是没有聚类树状图的，想象一下假如样本量有 200，那么我们的聚类树状图是画不出来的，此方法只能简单地知道把样本分为了几类，根据指标对样本分成的类别进行解释。上面的结果显示了当聚类数为 4 时的详细结果，当我们设定最大聚类数为 3 或 5 时，结果解释与 4 相似。我们根据 SAS 输出的统计量（见表 7-4），相比较可以得知当分类数为 4 时，分类效果较好，分析聚类数为 4 时，图 7-13 和图 7-15 显示，第一类包含 3 个样本，类别均值中 x_3、x_4、x_5、x_6 的均值最大，说明这组分类中的样本，其卫生医疗资源利用率较高。第二类包含 6 个样本，这一类其指标的均值都偏小，说明这组分类中的样本，其卫生医疗资源利用率偏差。第三类包含 12 个样本，类别均值中 x_1、x_7 的均值最大。第四类包含 10 个样本，类别均值中 x_2 的均值最大。由此我们得知，**proc fastclus** 过程步和 **proc cluster** 过程步得出的结果对样本的归类还是有一定的差异的，但需要知道的是前者可以得到聚类后的类内指标均值，从而找出类间的区别或每一类的特性。

表 7-4　　　　　　　　　　不同分类数的聚类统计量

聚类数	伪 F	近似期望总体 R^2	CCC
3	9.08	0.294	3.633
4	11.61	0.396	6.710
5	9.40	0.482	4.485

7.2 判别分析

7.2.1 判别分析简介

判别分析是由判别对象多个指标的观测结果来判定其属于哪一类的统计方法。具体来说，此法是根据一批已经分类明确的样本在多个指标上的观察值，建立起一个关于指标的判别函数和判别准则，然后根据这个判别函数和判别准则对新的样本进行分类，且根据回代判别的准确率来评估它是否适用，但判别分析只能对样本分类进行判断，不可以对指标分类进行判断，这也是与聚类分析的不同点之一。

在日常生活和科学研究中，我们常需要对某一个体作出属于哪一类的判断，如医生由病人的某些化验结果或外形体症等对病人患有何种疾病下诊断结果；生物学家对动、植物所属的类、目、纲进行判断等（张宝珍，2005；郭志刚，2015）。判断的结果一般情况下是基于已有的历史数据或自己先前无数次判断的经验，即判别分析的前提是得具备已知分类的样本，再根据样本的已知分类及所测得的数据，筛选出最能表明研究对象特征的属性变量，根据这些变量和已知类别，建立起使误判率最小的判别函数。这样就可以利用判别函数计算新样本该分在哪一类。

判别分析的步骤如下：（1）建立判别准则：用于样本分类的法则。（2）建立判别函数：是关于指标变量的一个函数，每个样本在指标变量上的观察值代入判别函数后，就可以得到一个确定的函数值。原则为，将所有样本按其判别函数值的大小和原先定下来的判别原则分到不同的组后，能使得分组结果与原样本归属最为吻合。（3）回代样本：即算出的每个样本的判别函数值，且根据判别准则将样本进行归类。（4）估计回代的错误率：比较新的分组结果和原分组结果的差异，并以此确定判别函数的效能是否较高。（5）判别新的样本：如果判别函数效能较高，就可以用来对新的样本进行其归属类别的判别。

下面将介绍判别效果是如何评价的。（1）用误判概率 P 来衡量。$P = P(A \mid B) + P(B \mid A)$，其中 $P(A \mid B)$ 是将 B 类误判成 A 类的条件概率；$P(B \mid A)$ 是将 A 类误判成 B 类的条件概率。一般要求判别函数的误判概率小于 0.1 或 0.2 才有应用价值，即正确判别率大于 0.8，说明判别函数有效。误判概率可通过前瞻性或回顾性两种方法获取估量。所谓回顾性误判概率估计是指用创建判别函数的样本回代判别。回顾性误判概率估计通常会夸大判别的效果。通常来说，建立判别函数前要先将样本随机分为两个部分，分别占样本总量的 15% 和 85%。前者用来考核判别函数的判别效果，称作验证样本。后者用来建立判别函数，称作训练样本。用验证样本计算的误判概率作为前瞻性误判概率估计，前瞻性误判概率估计具有客观性。（2）刀切法（jackknife）或称交叉核实法（cross validation）。刀切法具体步骤为：（1）顺序剔除一个样本，用剩下的 $N-1$ 个样本创建判别函数。（2）用判别函数判别剔除的样本。（3）重复上两步 N 次。计算误判概率。其优势是充分利用了样本信息来建立和验证判别函数。

典型的判别分析法有 Fisher 判别分析法、Bayes 判别分析法和逐步判别分析法。Fisher 判别分析法是以距离为判别准则进行分类，换句话说，就是样本与哪个类的距离最短就分到哪一类。而 Bayes 判别分析法是以概率为判别准则进行分类，换句话说，样本属于哪一类的概率最大就分到哪一类。前者多用于两类判别，后者用于多类判别。逐步判别分析法适用于当判别分析中的指标较多时，进行指标筛选，它常和 Bayes 判别法结合起来，从而达到对事物的分类更加合理的目的。近年来，我们上面介绍的几种方法不仅有了发展，同时也有学者提出了一些新方法。随着计算工具软、硬件的改进和数据资料的积累，判别分析的应用也渐渐普及（Fraley et al.，2002）。

7.2.2 Fisher 判别法

Fisher 判别又称典则判别（canonical discriminant），其适用范围为两类、多类判别。下面结合两类判别问题，叙述 Fisher 判别的原理。采取 Fisher 判别准则，使得类间点的距离最大，但类内点的距离最小。

Fisher 判别的步骤如下：首先我们要建立一个 Fisher 判别函数。已知 A、B 两类观察对象，A 类有 n_A 例，B 类有 n_B 例，分别记载了 X_1，X_2，$\cdots$，X_m 个观察指标，称为判别指标或者判别变量。Fisher 判别法就是找出一个线性组合：

$$Z = C_1 X_1 + C_2 X_2 + \cdots + C_m X_m \tag{7-6}$$

使综合指标 Z 在 A 类的均数 $\bar{Z}_A$ 与在 B 类的均数 $\bar{Z}_B$ 的差别 $|\bar{Z}_A - \bar{Z}_B|$ 尽可能大，而两类内综合指标 Z 的变异 $S_A^2 + S_B^2$ 尽可能小，即使 λ 达到最大。

$$\lambda = \frac{|\bar{Z}_A - \bar{Z}_B|}{S_A^2 + S_B^2} \tag{7-7}$$

此时公式 (7-6) 称为 Fisher 判别函数，C_1，C_2，$\cdots$，C_m 称为判别系数。对 λ 求导，不难验证判别系数可由下列标准方程组解出：

$$\begin{cases} S_{11} C_1 + S_{12} C_2 + \cdots + S_{1m} C_m = D_1 \\ S_{21} C_1 + S_{22} C_2 + \cdots + S_{2m} C_m = D_2 \\ \qquad\qquad\qquad \cdots \\ S_{m1} C_1 + S_{m2} C_2 + \cdots + S_{mm} C_m = D_m \end{cases} \tag{7-8}$$

其中 $D_j = \bar{X}_j^{(A)} - \bar{X}_j^{(B)}$，$\bar{X}_j^{(A)}$，$\bar{X}_j^{(B)}$ 分别是 A 类和 B 类第 j 个指标的均数（$j = 1$，2，$\cdots$，m）；S_{ij} 是 X_1，X_2，$\cdots$，X_m 的归并协方差阵的元素。

$$S_{ij} = \frac{\sum (X_i^{(A)} - \bar{X}_i^{(A)})(X_j^{(A)} - \bar{X}_j^{(A)}) + \sum (X_i^{(B)} - \bar{X}_i^{(B)}))(X_j^{(B)} - \bar{X}_j^{(B)})}{n_A + n_B - 2} \tag{7-9}$$

其中，$X_i^{(A)}$，$X_i^{(B)}$，$X_j^{(A)}$，$X_j^{(B)}$ 分别为 X_i 和 X_j 于 A 类和 B 类的观察值。

第二步我们要建立 Fisher 判别准则。在创立判别函数后，按公式 (7-6) 逐例求出判别函数值 Z_i，进而求出 Z_i 的两类均数 $\bar{Z}_A$、$\bar{Z}_B$ 与总均数 $\bar{Z}$，接着按下面公式来计算判别界值：

$$Z_c = \frac{\bar{Z}_A + \bar{Z}_B}{2} \tag{7-10}$$

判别规则：

$$\begin{cases} Z_i > Z_c, & \text{判为 } A \text{ 类} \\ Z_i < Z_c, & \text{判为 } B \text{ 类} \\ Z_i = Z_c, & \text{判为任意一类} \end{cases} \tag{7-11}$$

第三步，我们要估计各项指标对判别函数的贡献率，使用公式 (7-12) 进行估计。对贡献率很小的指标我们可以选择剔除，重新构建只有重要指标的判别函数。

$$D_j \text{ 的贡献率} = \frac{C_j D_j}{\sum_{j=1}^{m} C_j D_j} \quad (j = 1, 2, \cdots, m) \tag{7-12}$$

特别说明的是，有的学者提出将 Fisher 两类判别的方法用于多类判别。那么方法是先将多类资料按接近程度分为两大类。如有资料显示原来类别可能是三类：一类、二类、三类，根据接近程度将一、二类的样本归成 A 类，三类样本作为 B 类。先作一次两类判别，然后再对合并的类作一次两类判别，直到把每一类都分开就停止分析，即先对 A 类的样本再按一、二类建立一个判别函数进行判别。第二级以后的判别函数可使用原先的指标，也可换其他的指标。这种方法称作多级两类判别。特别注意的是，进行多级两类判别时合并类时有无实际意义。如果总类数较少，其判别效果可能会差一些。

7.2.3 Bayes 判别法的实例分析与 SAS 实现

7.2.3.1 Bayes 判别法简介

Bayes 准则的判别方法，该方法根据概率的大小进行判别，要求各类近似服从多元正态分布。多类判别时多采用此方法。采取 Bayes 判别准则，使得每一类中的每个样本都以最大的概率进入这一类中。

Bayes 判别的步骤如下：和 Fisher 判别的步骤一样，首先我们需要建立一个 Bayes 判别函数。若已知有 g 类记为 $Y_k(k=1，2，\cdots，g)$，m 个判别指标 $X_j(j=1，2，\cdots，m)$，假定某判别对象各指标 X_j 的状态分别取为 $S_j(i=1，2，\cdots，m)$，则该对象属于第 k 类的后验概率为下式中所求得概率，其中，式中 $P(Y_k)$ 为第 k 类出现的概率，或称为事前概率。

$$P(Y_k \mid S_1 S_2 \cdots S_m) = \frac{P(Y_k) \cdot P(X_1(S_1) \mid Y_k) P(X_2(S_2) \mid Y_k) \cdots P(X_m(S_m) \mid Y_k)}{\sum_{k=1}^{g} P(Y_k) \cdot P(X_1(S_1) \mid Y_k) P(X_2(S_2) \mid Y_k) \cdots P(X_m(S_m) \mid Y_k)}$$

$$(7\text{-}13)$$

第二步，建立 Bayes 判别准则，将判别对象判为 $P(Y_k \mid S_1 S_2 \cdots S_m)$ 最大的那一类。

第三步，估计各项指标对判别函数的作用大小。我们可以用以下三种方法进行估计。

（1）一元方差分析：它检验每一个指标变量对判别函数的判别能力是否有显著性意义。

（2）多元方差分析：它检验所有指标变量联合对判别函数的判别能力是否有显著性意义。

（3）值得注意的是，若判别函数中特异性强的指标越多，则判别函数的判别功能也越强。

7.2.3.2 实例分析与 SAS 实现

判别分析可以对聚类分析中样品聚类结果中分成的类别进行判断其分类是否合理（Wang et al，2007；Ma et al，2006），我们使用样品聚类中的例子来判断将 15 个地区分成四类是否合理，首先要说明的是，判别分析中允许每一类的样本量不必相同，我们选用第一类的 3 个样本、其余三类挑选 4 个样本作为此次的样本量，共计 15 个，我们对数据调整如表 7-5 所示。

表 7-5　　　　　　　　　　　　2018 年度我国 15 个地区医疗卫生服务相关统计数据

地　区	national	group	x_1	x_2	x_3	x_4	x_5	x_6	x_7
北　京	1	1	5.74	0.10	10.92	83.40	10.10	11.88	16.40
上　海	2	1	5.74	0.11	11.15	95.90	10.20	8.07	17.30
浙　江	3	1	5.79	0.03	10.94	89.50	9.60	8.47	17.80
山　西	4	2	5.60	0.14	3.49	79.60	10.50	6.63	13.30
内蒙古	5	2	6.27	0.14	4.16	76.10	9.60	7.43	15.20
辽　宁	6	2	7.21	0.13	4.56	78.10	10.30	6.95	17.00
吉　林	7	2	6.18	0.11	4.08	76.00	9.30	6.80	15.00
天　津	8	3	4.37	0.09	7.69	77.50	9.20	6.70	10.40
福　建	9	3	4.88	0.03	5.93	83.90	8.60	6.28	14.60
广　东	10	3	4.56	0.03	7.45	83.00	8.90	6.66	15.10
海　南	11	3	4.80	0.03	5.44	79.60	9.10	6.82	12.80
河　北	12	4	5.58	0.17	5.71	82.70	9.00	6.10	16.10
江　苏	13	4	6.11	0.04	7.38	86.40	9.60	7.33	18.00
安　徽	14	4	5.19	0.07	4.70	83.30	8.70	5.27	16.00
江　西	15	4	5.37	0.04	4.57	86.70	8.90	5.32	18.60

　　需要说明的是，SAS 软件中的判别分析过程是以 Bayes 判别分析法为理论基础进行分析，本节的数据集命名为 exe7_2。

SAS 程序：

data　a2；

input national group x1-x7 @@；

cards；

1	1	5.74	0.10	10.92	83.40	10.10	11.88　16.40
2	1	5.74	0.11	11.15	95.90	10.20	8.07　17.30
3	1	5.79	0.03	10.94	89.50	9.60	8.47　17.80
4	2	5.60	0.14	3.49	79.60	10.50	6.63　13.30
5	2	6.27	0.14	4.16	76.10	9.60	7.43　15.20
6	2	7.21	0.13	4.56	78.10	10.30	6.95　17.00

7	2	6.18	0.11	4.08	76.00	9.30	6.80	15.00
8	3	4.37	0.09	7.69	77.50	9.20	6.70	10.40
9	3	4.88	0.03	5.93	83.90	8.60	6.28	14.60
10	3	4.56	0.03	7.45	83.00	8.90	6.66	15.10
11	3	4.80	0.03	5.44	79.60	9.10	6.82	12.80
12	4	5.58	0.17	5.71	82.70	9.00	6.10	16.10
13	4	6.11	0.04	7.38	86.40	9.60	7.33	18.00
14	4	5.19	0.07	4.70	83.30	8.70	5.27	16.00
15	4	5.37	0.04	4.57	86.70	8.90	5.32	18.60

```
;
proc discrim data=a2;
outstat=out    anova manova pool=test listerr posterr;
class group;
var x1-x7;
priors prop;
run;
```

SAS 程序解释:

proc discrim 表示使用判别分析方法。outstat 表示输出结果的 SAS 数据集名,用来保存判别分析输出的结果(均值、标准差、判别函数的系数等)。anova 表示每一个指标变量的一元方差分析结果,用于检验每一个指标变量在每一类上的均值是否都相等,如果拒绝无效假设,则说明该指标变量对判别函数的判别能力有显著意义。manova 表示输出所有指标变量的多元方差分析结果,用于检验所有指标在每一类上的均值是否都相等,如果拒绝无效假设,则说明指标变量的联合作用对判别函数的判别能力有显著性意义。pool 表示用来选择方差协方差矩阵的形式,当 pool=yes 时表示系统选择归并的方差协方差矩阵,这时输出的判别函数是一次线性函数;当 pool=no 时选择类内的方差协方差矩阵,这时输出的判别函数是二次线性函数;当 pool=test 时不仅可以用来检验类间方差的一致性,还可以根据检验结果自动确定在判别函数中使用哪一种方差协方差矩阵,一般选择这个是最简单、最便捷的方法。listerr 或 list 输出样本的回代结果,包括每一个样本的事后概率以及根据 Bayes 判别准则重新分类的准确率和错误率。posterr 表示用所建立的判别函数来判别,观测归属于函数值大的类别(李君艺、梁智城,2011)。priors prop 表示的是事前概率等于样本的估计值。

SAS 结果:

SAS 部分结果输出如下:

Class Level Information					
group	Variable Name	Frequency	Weight	Proportion	Prior Probability
1	_1	3	3.0000	0.200000	0.200000
2	_2	4	4.0000	0.266667	0.266667
3	_3	4	4.0000	0.266667	0.266667
4	_4	4	4.0000	0.266667	0.266667

图 7-18　分类水平信息

Chi-Square	DF	Pr>ChiSq
0.000000	84	1.0000

图 7-19　分类内协方差矩阵的齐性检验

Since the Chi-Square value is not significant at the 0.1 level, a pooled covariance matrix will be used in the discriminant function.

Reference：Morrison, D. F. (1976) Multivariate Statistical Methods p252.

Univariate Test Statistics							
F Statistics, Num DF=3, Den DF=11							
Variable	Total Standard Deviation	Pooled Standard Deviation	Between Standard Deviation	R-Square	R-Square ／ (1-RSq)	F Value	Pr>F
x1	0.7398	0.4234	0.7112	0.7426	2.8857	10.58	0.0014
x2	0.0487	0.0410	0.0361	0.4421	0.7924	2.91	0.0826
x3	2.6340	0.9230	2.7930	0.9035	9.3657	34.34	<.0001
x4	5.4006	3.3919	5.0046	0.6901	2.2264	8.16	0.0039
x5	0.6080	0.4083	0.5450	0.6456	1.8220	6.68	0.0079
x6	1.5762	1.0471	1.4211	0.6532	1.8837	6.91	0.0070
x7	2.1946	1.5577	1.9030	0.6042	1.5265	5.60	0.0141

图 7-20　一元检验统计量

Multivariate Statistics and F Approximations					
S = 3 M = 1.5 N = 1.5					
Statistic	Value	F Value	Num DF	Den DF	Pr > F
Wilks' Lambda	0.00247531	5.03	21	14.907	0.0012
Pillai's Trace	2.40672750	4.06	21	21	0.0011
Hotelling-Lawley Trace	32.25228212	7.14	21	5.6429	0.0133
Roy's Greatest Root	25.90097309	25.90	7	7	0.0002
NOTE: F Statistic for Roy's Greatest Root is an upper bound.					

图 7-21　多元检验统计量

Linear Discriminant Function for group				
Variable	1	2	3	4
Constant	−1086	−869.22346	−850.88631	−878.53267
x1	45.03845	55.60212	46.07433	46.10003
x2	116.48028	152.51652	57.11853	149.57081
x3	−9.82053	−19.55610	−13.04476	−15.52153
x4	24.61544	19.68004	22.13672	21.30250
x5	−34.49340	−10.10746	−27.88251	−21.77156
x6	56.96331	44.23970	49.72870	47.75961
x7	−22.91946	−18.97441	−22.97382	−18.80020

图 7-22　以下对象的线性判别函数：组别

Number of Observations and Percent Classified into group					
From group	1	2	3	4	Total
1	3 100.00	0 0.00	0 0.00	0 0.00	3 100.00
2	0 0.00	4 100.00	0 0.00	0 0.00	4 100.00
3	0 0.00	0 0.00	4 100.00	0 0.00	4 100.00
4	0 0.00	0 0.00	0 0.00	4 100.00	4 100.00
Total	3 20.00	4 26.67	4 26.67	4 26.67	15 100.00
Priors	0.2	0.26667	0.26667	0.26667	

图 7-23　分入"组别"的观测数和百分比

Error Count Estimates for group					
	1	2	3	4	Total
Rate	0.0000	0.0000	0.0000	0.0000	0.0000
Priors	0.2000	0.2667	0.2667	0.2667	

图 7-24　"组别"的出错数估计

Number of Observations and Average Posterior Probabilities Classified into group				
From group	1	2	3	4
1	3 1.0000	0 .	0 .	0 .
2	0 .	4 1.0000	0 .	0 .
3	0 .	0 .	4 0.9998	0 .
4	0 .	0 .	0 .	4 0.9985
Total	3 1.0000	4 1.0000	4 0.9998	4 0.9985
Priors	0.2	0.26667	0.26667	0.26667

图 7-25　分入"组别"的观测数和平均后验概率

Posterior Probability Error Rate Estimates for group					
Estimate	1	2	3	4	Total
Stratified	0.0000	0.0000	0.0002	0.0015	0.0004
Unstratified	0.0000	0.0000	0.0002	0.0015	0.0004
Priors	0.2000	0.2667	0.2667	0.2667	

图 7-26　"组别"的后验概率出错率估计

SAS 结果解释：

上面的结果中，图 7-18 显示的是事前概率，在这里，事前概率和样本估计值是相等的。图 7-19 显示的是类内方差协方差的一致性检验结果，检验结果 $p = 1.000$，表明类内方差协方差一致，因此，应使用归并的方差协方差进行判别函数的参数估计。若此处的

$p<0.10$，则表明类内方差协方差不一致，应使用分类内的方差协方差进行判别函数的参数估计。图 7-20 是单变量方差分析，结果显示变量 $x_1(p=0.0014)$、$x_3(p<0.0001)$、$x_4(p=0.0039)$、$x_5(p=0.0079)$、$x_6(p=0.0070)$、$x_7(p=0.0141)$，这 6 个指标对判别函数有显著意义。图 7-21 表示的是多变量方差分析的结果，7 个指标的联合作用有显著性意义（$p=0.0012$）。图 7-22 是线性判别函数估计值，这一步可以得到相应的判别函数表达式如下：

$$\begin{cases} y_1 = -1086.00 + 45.04\,x_1 + 116.48\,x_2 - 9.82\,x_3 + 24.62\,x_4 - 34.49\,x_5 \\ \qquad + 56.96\,x_6 - 22.92\,x_7 \\ y_2 = -869.22 + 55.60\,x_1 + 152.52\,x_2 - 19.56\,x_3 + 19.68\,x_4 - 10.11\,x_5 \\ \qquad + 44.24\,x_6 - 18.97\,x_7 \\ y_3 = -850.89 + 46.07\,x_1 + 57.12\,x_2 - 13.04\,x_3 + 22.14\,x_4 - 27.88\,x_5 \\ \qquad + 49.73\,x_6 - 22.97\,x_7 \\ y_4 = -878.53 + 46.10\,x_1 + 149.57\,x_2 - 15.52\,x_3 + 21.30\,x_4 - 21.77\,x_5 \\ \qquad + 47.76\,x_6 - 18.80\,x_7 \end{cases}$$

图 7-23 和图 7-24 是错判样本的事后概率，本结果显示，没有样本被错误判别。图 7-25 和图 7-26 是回代结果和错判率估计，从回代结果来看，四类的错判率以及总错判率估计是 0.0000。第一、二类的事后概率错误率估计是 0.0000，第三类事后概率错误率估计是 0.02%，第四类事后概率错误率估计是 0.15%，总事后概率错误率估计是 0.04%。总的来看，这个判别函数的错误率较低，可以使用。我们用聚类分析例子中对样本所分的类来进行判别分析，也借助判别分析进一步验证了聚类结果的可靠性，完成了对新样本的判别归类研究。

7.2.4 逐步判别法的实例分析与 SAS 实现

7.2.4.1 逐步判别法简介

判别函数、判别样本归类的功能强弱很大程度上在于如何选取指标。若判别函数中特异性强的指标越多，则判别函数的判别功能也越强。相反，不重要的指标越多，则判别函数就越弱，其判别效果非但得不到改进，甚至会达到相反的效果。所以要建立一个有效的判别函数，指标的选取不容忽视，过多过少都不一定合适。我们不仅要根据专业知识和经验来筛选指标，还得借助统计分析方法检验我们选取的这些指标的性能。

逐步判别法的目的就是选择有判别效能的指标来建立判别函数，使得判别函数更简洁，判别效果更稳定。其基本原理是根据自变量偏回归平方和的大小来筛选变量，自变量的选入或去除使得偏回归平方和增大或减小。逐步判别法根据多元方差分析中介绍的 Wilks 统计量来筛选判别指标，判别指标的选入或去除会使得 Wilks 统计量的减小或增大。通过选入或去除一个判别指标考察是否导致 Wilks 统计量明显减小或增大，来筛选判别指标。逐步判别分析法筛选指标或变量的方法有前进法、后退法和逐步法三种，每次选入或去除一个变量，其标准是通过计算 Wilks 量从而进行 F 检验。值得注意的是，逐步判别分析法只能保证对类别判断有统计意义的变量建立判别函数，其并不一定是平均错判率最小的判别函数。

逐步判别法的步骤如下：第一步：有 m 个变量候选。计算 m 个变量的类内离差平方和矩阵以及总离差平方和矩阵。第二步：假定已有 r 个变量入选，有 $m-r$ 个变量候选。计算 r 个变量的离差平方和矩阵和总离差平方和矩阵。要考察入选的变量是否由于新变量的选入，老变量应去除或候选变量是不是被选入。(1)选入变量：对候选变量进行计算，如果将相应的变量选入，紧接着作变量去除。(2)去除变量：对入选变量逐一计算，将相应的变量去除。接着考察是不是还有入选变量能被去除，如果没有则进入变量选入过程。(3)重复第二步直到入选变量不能被去除，候选变量不能被选入为止。变量选择完毕后，假定入选了 r 个变量，再根据 Bayes 判别准则来构建 r 个变量的判别函数。

以上介绍了定量资料的三种判别分析方法，对于定性资料则运用的是最大似然判别法，本书不作详细介绍。

7.2.4.2　实例分析与 SAS 实现

一般在 SAS 软件分析判别方法时，较常用的过程步是 **proc discrim** 过程步和 **proc stepdisc** 过程步，它们的区别是后者仅用来筛选指标变量，且仅适用于类内为多元正态分布，具有相同方差协方差矩阵的数据。下面我们来学习逐步判别法的应用。我们使用上一节中的例子对 15 个样本中的 7 个指标进行筛选。

SAS 程序：

proc stepdisc data = a2　method = stepwise；

class group；

var x1-x7；

run；

SAS 程序解释：

proc stepdisc 表示我们使用逐步判别分析法。method 选项有三种：stepwise，forward，backwark，分别是逐步，向前，向后，也可以加上纳入 sle = 和剔除标准 sls = ，当什么都不选时，系统默认方法为逐步法，纳入和剔除标准均为 0.15。

SAS 结果：

SAS 部分结果输出如下：

The Method for Selecting Variables is STEPWISE				
Total Sample Size	15	Variable(s) in the Analysis	7
Class Levels	4	Variable(s) Will Be Included	0
		Significance Level to Enter	0.15
		Significance Level to Stay	0.15

图 7-27　选择变量的方法为 STEPWISE

Stepwise Selection Summary										
Step	Number In	Entered	Removed	Partial R-Square	F Value	Pr>F	Wilks' Lambda	Pr < Lambda	Average Squared Canonical Correlation	Pr > ASCC
1	1	$x3$		0.9035	34.34	<.0001	0.09647210	<.0001	0.30117597	<.0001
2	2	$x1$		0.7766	11.59	0.0014	0.02154801	<.0001	0.54150595	<.0001
3	3	$x7$		0.6095	4.68	0.0310	0.00841421	<.0001	0.71864295	<.0001

图 7-28　逐步选择汇总

SAS 结果解释：

上述结果很简单，图 7-27 显示的是样本量、纳入和剔除标准等基本信息。图 7-28 显示的是最终留在模型里面有三个变量，即 x_1、x_3 和 x_7，也就是说这两个指标被筛选出来进行下一步的判别分析。一般地，当指标变量较多时，将两者结合使用（林少帆等，2020）：首先使用 **proc stepdisc** 过程步筛选指标变量，然后用 **proc discrim** 过程步将筛选出来的指标变量建立判别函数。感兴趣者可用 **proc discrim** 过程步对上述 15 个样本筛选出来的三个指标进行判别分析，看看有无联系。

◎ 本章小结

本章主要介绍了几种常用的聚类分析方法和判别分析方法。聚类分析是将样本个体或指标变量按其具有的特征进行归类的一种统计分析方法。我们详细介绍了聚类方法里面的样品聚类、指标聚类以及大样本的 K-均值聚类方法以及他们的 SAS 软件的实现，当下，聚类分析的使用范围也越来越广泛，涵盖多个领域，如医学、数学、计算机科学、统计学、生物学和经济学等，这些方法被用来进行数据描述，权衡不同数据源之间的相似性，以及把数据源分到不同的类别中，也越来越多地作为回归等统计推断的辅助方式（Paccoud et al，2020），帮助研究者首先区分特定的类型和结构，在此基础上再进行下一步的研究。但聚类方法也有其缺点，即它的分类掺杂了人为因素，不是很严谨。判别分析是在事先有一批分类明确的样本在若干指标上观察值的基础上，从而建立起一个关于指标的判别函数和判别准则，然后根据这个判别函数和判别准则来对新样本进行分类归属，并且根据回代判别的准确率来评估它是否实用。我们重点介绍了判别分析中的 Bayes 判别法和逐步判别法以及它们 SAS 软件的实现。两种方法各有特点，都被广大研究者运用于分析数据。近年来，因判别分析这一优势——当遇到新样本时，我们只要根据之前总结出来的判别公式和判别准则，就可以判别该样本所属的类别，这一方法不仅应用在计算机疾病辅助诊断、细菌分类和手术预后等多个医学研究中，还在自然科学、社会学和经济管理学等科目中被广泛应用。

◎ **参考文献**

[1]Fraley C, Raftery A E. Model-based clustering, discriminant analysis, and density estimation[J]. Journal of the American Statistical Association, 2002, 97(458).

[2]Ma B, Qu H Y, Wong H S. Kernel clustering-based discriminant analysis[J]. Pattern Recognition, 2006, 40(1).

[3]Paccoud I, Nazroo J, Leist A. A Bourdieusian approach to class-related inequalities: the role of capitals and capital structure in the utilisation of healthcare services in later life[J]. Sociology of Health & Illness, 2020, 42(3).

[4]Sun Y W, Liu X, Jiang J F, Wang P G. Comprehensive evaluation research on healthcare development in China from 2002 to 2014[J]. Social Indicators Research, 2018, 138(3).

[5]Wang Z M, Zhou J, Shin G C. A study of foreign trade policies on protectionism: A cluster and discriminant approach[J]. Journal of Korea Trade, 2007, 11(3).

[6]陈峰. 医用多元统计分析方法[M]. 北京：中国统计出版社, 2001.

[7]张宝珍, 王延红, 刘洪等. SAS 软件判别分析在预防疾病中的应用[J]. 中国公共卫生, 2005(8).

[8]王彤. 医学统计学与 SPSS 软件应用[M]. 北京：北京大学医学出版社, 2008.

[9]李君艺, 梁智城. SAS 判别分析在商业银行信用风险评估中的应用[J]. 计算机安全, 2011(7).

[10]汪海波等. SAS 统计分析与应用从入门到精通[M]. 北京：人民邮电出版社, 2013.

[11]孙振球, 徐勇勇. 医学统计学(第四版)[M]. 北京：人民卫生出版社, 2014.

[12]郭志刚. 社会统计分析方法——SPSS 软件应用(第二版)[M]. 北京：中国人民大学出版社, 2015.

[13]林少帆, 林黛英, 吴先衡等. 逐步判别分析甲状腺良、恶性结节的 CT 鉴别诊断因素[J]. 放射学实践, 2020, 35(4).

第 8 章　主成分分析与因子分析

在研究中，当可观测变量较多时，可能会出现多重共线性、模型不精简等问题，从而影响模型估计效率。主成分分析（principal component analysis，PCA）属于多元统计分析范畴，能够在保留大部分原有变量信息的前提下，将多个数值变量精简为几个互不相关的综合变量，提高研究的分析效率。主成分分析的历史可以追溯到 18 世纪，由英国的统计学家 Karl Pearson 提出，Harold Hotelling 则最先将其运用于现代科学研究中，并创造了术语"主成分"（Bro & Smilde，2014）。目前，它已被广泛应用于定量金融、神经科学、机器学习等领域，也是各类综合评价研究的有利工具。与主成分分析相比，因子分析（factor analysis）则从另一个角度对变量进行精简。在实际研究中，有许多现象是不能直接观测的，例如智力等，只能通过其他可观测的指标进行间接测量。那么如何提取这些可测量指标的潜在共性，以反映潜在变量？因子分析就能很好地解决上述问题。因子分析法最先应用于 20 世纪初关于智力测验的研究，经过几十年的发展，因子分析在医学、生物学、经济学等诸多领域均得到了广泛的应用。本章将对主成分分析与因子分析这两种实践研究中的有力工具展开介绍。

8.1　主成分分析

8.1.1　主成分分析简介

8.1.1.1　主成分分析的基本原理

在许多领域的研究与应用中，往往需要对反映事物同一特质的多个变量进行观测，以便分析和寻找规律。多变量无疑会为研究和应用提供更丰富的信息，但也可能导致变量之间存在多重共线性的问题，从而增加了问题分析的复杂性和估计结果的不稳定。例如，儿童生长发育指标中，有腰围、腿长、臂长、体重等，如果分别对单个指标进行分析，分析往往是片面孤立的，会遗漏一些重要关联而缺乏系统性。虽然研究者可以通过减少指标的方式使模型精简化，如仅通过 BMI 指标衡量儿童的身体状况，但这单一指标不能完整地反映问题，还可能产生有偏差甚至错误的结论。主成分分析旨在通过对原始变量的线性组合形成几个综合指标（主成分），在保留原始变量主要信息的前提下起到降维的作用。它一方面可以减少变量简化研究过程，另一方面也可以通过综合指标更加客观地揭示事物内在规律。当然，一个主成分不能解释 p 个指标的所有变异，事实上主成分的数量往往等于原始指标，在这些综合指标中包含信息最大的那个被称为第一主成分，包含信息第二多的被称为第二主成分，以此类推到 p 个主成分，与原始变量相比，各主成分之间是互不相关的。为了实现降维效果，我们选择的主成分数量会少于原始指标的数量。主成分分析可以分为多样本主成分分析和多指标主成分分析。多样本的主成分分析是将多个样本简化为几个综合样本，而多指标的主成分分析则是对指标进行降维。由于两者的原理一致，本章仅介绍多指标主成分分析。

8.1.1.2　主成分分析的数学模型

1. 主成分分析的基本模型

设有 n 个样本，每个样本都有 p 个指标：X_1，X_2，$\cdots$，X_p，通过对原始指标的标准化得到标准指标变量 x_1，x_2，$\cdots$，x_p：

$$x_p = \frac{X_j - \bar{X}_j}{S_j}, \quad j = 1, 2, \cdots, k \tag{8-1}$$

其中，$\bar{X}_j$ 是第 j 个指标变量的均值，S_j 是 j 个指标变量的标准差。

x_p 的主成分可用如下公式表示：

$$\begin{cases} y_1 = a_{11} x_1 + a_{12} x_2 + \cdots + a_{1p} x_p \\ y_2 = a_{21} x_1 + a_{22} x_2 + \cdots + a_{2p} x_p \\ \qquad\qquad \cdots\cdots \\ y_p = a_{p1} x_1 + a_{p2} x_2 + \cdots + a_{pp} x_p \end{cases} \tag{8-2}$$

公式 (8-2) 将标准指标 x_1，x_2，$\cdots$，x_p 转化为 p 个新变量（主成分）y_1，y_2，$\cdots$，y_p，但线性变换要满足三个条件：一是 y_i 和 y_j 相互独立，$i \neq j$ 且 i，$j = 1, 2, 3, \cdots, p$；二是 $\mathrm{Var}(y_1) \geqslant \mathrm{Var}(y_2) \geqslant \cdots \geqslant \mathrm{Var}(y_p)$；三是要保证 $\|a_i\| = 1$，即 $\sum\limits_{j=1}^{p} a_{ij}^2 = 1$，其中 a_{ij} 为 a_i 的 j 个分向量，且 y_i 是满足等式中的方差最大者。

2. 主成分的计算

求解主成分需要求出标准化指标变量 x 的相关系数矩阵 R 的特征值和特征向量，R 的特征值方程为：

$$|R - \lambda I| = 0 \tag{8-3}$$

$$R = \begin{pmatrix} 1 & r_{12} & \cdots & r_{1p} \\ r_{21} & 1 & \cdots & r_{2p} \\ \vdots & \vdots & \ddots & \vdots \\ r_{p1} & r_{p2} & \cdots & 1 \end{pmatrix}, \quad r_{ij} = \frac{\sum\limits_{p=1}^{n} (X_{pi} - \bar{X}_i)(X_{pj} - \bar{X}_j)}{\sqrt{\sum\limits_{p=1}^{n} (X_{pi} - \bar{X}_i)^2 \sum\limits_{p=1}^{n} (X_{pj} - \bar{X}_j)^2}} \tag{8-4}$$

由公式(8-3)和公式(8-4)可求得 p 个非负特征值 $\lambda_i(i=1,2,\cdots,k)$,将特征值从小到大排序为:

$$\lambda_1 \geq \lambda_2 \geq \cdots \geq \lambda_p \geq 0$$

再由

$$\begin{cases} (R - \lambda_i I)\, a_i = 0 \\ a_i'\, a_i = 1 \end{cases} \quad (i=1,2,\cdots,k) \tag{8-5}$$

求得每个特征值 λ;对应的特征向量 $a_i = (a_{i1},a_{i2},\cdots,a_{ip})'$,各主成分的最终计算公式为:

$$y_i = a_{i1} x_1 + a_{i2} x_2 + \cdots + a_{ip} x_p \tag{8-6}$$

3. 主成分的贡献率和累计贡献率

由于各主成分间的相关系数矩阵为单位矩阵,故主成分 y_i 的贡献率计算公式为:

$$\frac{\lambda_i}{\sum_{i=1}^{p} \lambda_i} = \frac{\lambda_i}{p} \quad (i=1,2,\cdots,p) \tag{8-7}$$

累计贡献率为:

$$\sum_{i=1}^{k} \frac{\lambda_i}{p} \quad (k \leq p) \tag{8-8}$$

其中, k 为提取的新变量个数。

4. 因子载荷

主成分 y_i 特征值的平方根 $\sqrt{\lambda_i}$ 与 x_j 的系数 a_{ij} 的乘积被称为因子载荷:

$$q_{ij} = \sqrt{\lambda_i}\, a_{ij} \tag{8-9}$$

公式(8-9)中因子载荷 q_{ij} 即为第 i 个主成分 y_i 特征值的平方根 $\sqrt{\lambda_i}$ 与第 j 个原始指标 x_j 的相关系数,该指标反映了 y_i 与 X_j 之间联系的方向和紧密程度。各因子载荷值可构成因子载荷矩阵。

8.1.1.3 主成分分析的应用

主成分析在单纯数据降维和综合评价中都有着广泛应用,但其基本应用有三类:一是简化原始指标,形成综合指标;二是利用主成分进行聚类分析;三是利用主成分进行回归。数据收集后分析应用的一般步骤如下。

第一步对选取的变量进行适用性检验:从理论上,主成分分析包括总体主成分分析和样本主成分分析。但在实际问题中,总体协方差矩阵或相关矩阵都是未知的,都需要样本来估计,就必然涉及统计检验问题(傅德印,2007)。本章介绍两种检验假设方法。

1. 巴特莱特球性检验

巴特莱特球性检验(Bartlett test of sphercity)主要利用整体相关矩阵检验原始变量间是否为单位矩阵(存在相关性),若原假设成立,即相关矩阵不为单位矩阵,则适合作主成分分析，反之则不适合。如果变量之间互不相关，进行主成分分析后，主成分为各个原始变量，这样就失去了分析的意义。

2. KMO 检验

KMO 检验(Kaiser-Meyer-Olkin measure of sampling adequacy test)是通过比较原始变量间的简单相关系数和偏相关系数平方和的相对大小检验变量是否适合主成分分析。如果偏相关系数平方远小于简单相关系数的平方和，那么 KMO 值接近 1，认为变量间存在相关性，适合主成分分析；反之，KMO 值接近 0，不适合主成分分析。一般而言，进行主成分分析的标准是 KMO 值大于 0.5。

第二步进行数据预处理，包括剔除离群值与样本标准化。

离群值是异常甚至完全错误的样本。例如，在确定人的身高时，获得了 5 个样本(1.78、1.92、1.83、167、1.87)。以米为单位，但偶然地，第 4 个样本的实际单位为厘米。离群值对主成分分析法的影响相当大，甚至可以说比对其他多元统计方法的影响都大(王学民，2007；苏为华，2000)。原因在于主成分分析方法是以寻找变异最大化为己任的，而样本中的这些离群值恰恰就会对主成分(特别是第一主成分)的方向起到很大的"支配"作用。如果没有对样品进行校正或移除，此异常值将对后续分析产生不利影响。所以在进行主成分分析之前要对数据进行检查，而主成分分析因为对于离群值的高度敏感本身就是离群值识别的常用方法，所以可以利用主成分分析时多次试验，识别离群值，进而调整数据。

在分析中如果多个变量之间量纲不统一，则必须通过数据的无量纲化来消除指标量纲差异带来的评价上的困难。目前在实践中，线性无量纲化方法包括标准化法、广义指数法、广义线性功效系数法、均值化法(叶双峰，2001)等方法。无量纲化方法的选择要充分考虑评价方法对数据的要求等多方面因素。在本节采用最常用的标准化方法，其公式如前所述。

第三步，在对数据进行预处理后，进行主成分分析，求出所有主成分。当得到了所有主成分后，要根据确定主成分个数的准则和主成分的实际意义来确定主成分的个数。本节介绍三种常用确定方法：

(1)以累积贡献率来确定，这是基于经验的判断准则。当前 p 个主成分的累积贡献率达到某一特定值时，一般认为是 70%~85%，则可保留前 p 个主成分。

(2) Kaiser-Guttman 准则，即根据特征值的大小来确定主成分个数，一般取特征值大于或等于 1 的主成分。

(3)碎石图准则，根据特征值的大小绘制特征值所谓的"scree plot"，并查看该图中是否有一个点(通常称为"肘部")使得该图的斜率从"陡峭"变为"平坦"，并且只保留位于肘部的分量。

第四步，计算每一个主成分得分。进行主成分分析并选择保留 k 个主成分，我们就可以通过特征向量分别计算出每一个主成分的表达式，将每个指标的观测值带入表达式就可以算出每个样本的主成分得分。

8.1.2 实例分析与 SAS 实现

本例采用主成分分析评估我国 2018 年 31 个省级行政区域的卫生事业发展状况，数据来自《2019 年中国卫生健康统计年鉴》，数据集名称为 exe8，主要包括 12 个指标，分别为：

x_1：门诊病人次均医药费(元)；

x_2：住院病人人均医药费(元)；

x_3：卫生总费用占 GDP 比例(%)；

x_4：每千人口执业(助理)医师(人)；

x_5：每千人口注册护士数(人)；

x_6：政府支出占卫生总费用比例(%)；

x_7：每千人口卫生机构床位数(张)；

x_8：病床使用率(%)；

x_9：甲乙类传染病发病率(1/10 万)；

x_{10}：住院分娩率(%)；

x_{11}：孕产妇死亡率(1/10 万)；

x_{12}：围产儿死亡率(‰)。

SAS 程序：

proc factor method=ml heywood msa；

var x1–x12；

run；

ods graphics on；

proc princomp out=c plots=pattern(ncomp=3) plots=scree；

var x1–x12；

run；

ods graphics off；

SAS 程序解释：

proc factor 过程步因子分析过程进行变量间的相关性检验，利用 heywood 和 msa 选项分别进行巴特莱特检验和 KMO 检验。**proc princomp** 过程步进行主成分分析，out＝选项选择统计量的输出数据集，包括主成分得分和原始数据，plots 参数选择生成的图形，scree 为碎石图，pattern(ncomp=3)代表主成分与各原始指标相关图，ncomp=3 代表选取三个主成分进行分析。var 语句指定数据集中用来进行主成分分析的变量，本次我们将 x_1—x_{12} 都纳入分析。ods graphics on 和 ods graphics off 是开启和关闭图形输出功能。

SAS 结果：

SAS 部分结果输出如下：

Kaiser's Measure of Sampling Adequacy：Overall MSA = 0.68580809							
x1	x2	x3	x4	x5	x6	x7	x8
0.67569494	0.55188307	0.68331803	0.64226260	0.72732209	0.76911948	0.20284644	0.63525197

图 8-1　KMO 检验部分结果

Significance Tests Based on 31 Observations			
Test	DF	Chi-Square	Pr > ChiSq
H0：No common factors	66	321.3358	<.0001
HA：At least one common factor			
H0：6 Factors are sufficient	9	15.0668	0.0891
HA：More factors are needed			

图 8-2　巴特莱特球形检验结果

Covariance Matrix								
		x1	x2	x3	x4	x5	x6	x7
x1	x1	1.000000000	0.870946864	-0.276670195	0.759545579	0.703707225	-0.507500837	-0.051568039
x2	x2	0.870946864	1.000000000	-0.274729945	0.751432139	0.567873595	-0.397032237	-0.354251672
x3	x3	-0.276670195	-0.274729945	1.000000000	-0.122284099	-0.148629003	0.557025750	0.243722936
x4	x4	0.759545579	0.751432139	-0.122284099	1.000000000	0.746448693	-0.426706682	0.066604973
x5	x5	0.703707225	0.567873595	-0.148629003	0.746448693	1.000000000	-0.525116756	0.197904912
x6	x6	-0.507500837	-0.397032237	0.557025750	-0.426706682	-0.525116756	1.000000000	-0.220721227
x7	x7	-0.051568039	-0.354251672	0.243722936	0.066604973	0.197904912	-0.220721227	1.000000000
x8	x8	0.176444908	0.158765258	-0.374684705	0.035474515	0.415819952	-0.521177699	0.142955573
x9	x9	-0.320880451	-0.300957687	0.469076970	-0.289153024	-0.205188716	0.439730697	0.092774782
x10	x10	0.265516304	0.090254080	-0.464745636	0.112618026	0.446324516	-0.784688829	0.184648312
x11	x11	-0.394526466	-0.319950781	0.735494917	-0.194966601	-0.447248293	0.780346165	0.035959379
x12	x12	-0.389634087	-0.256278107	0.621335897	-0.172172537	-0.464858423	0.642232450	-0.004867978

图 8-3　协方差矩阵

Eigenvalues of the Covariance Matrix			
	Eigenvalue	Difference	Proportion	Cumulative
1	5.63998240	3.30695986	0.4700	0.4700
2	2.33302254	0.84047840	0.1944	0.6644
3	1.49254414	0.68751001	0.1244	0.7888
4	0.80503413	0.29601939	0.0671	0.8559
5	0.50901475	0.09726201	0.0424	0.8983
6	0.41175273	0.11023665	0.0343	0.9326
7	0.30151608	0.04652661	0.0251	0.9577
8	0.25498947	0.15278862	0.0212	0.9790
9	0.10220085	0.03252720	0.0085	0.9875
10	0.06967365	0.02321879	0.0058	0.9933
11	0.04645486	0.01264044	0.0039	0.9972
12	0.03381441		0.0028	1.0000

图 8-4　特征值

Eigenvectors													
		Prin1	Prin2	Prin3	Prin4	Prin5	Prin6	Prin7	Prin8	Prin9	Prin10	Prin11	Prin12
x1	x1	0.293759	0.407565	0.006255	0.033501	-.078439	0.024269	0.126656	0.623642	-.257049	0.106280	0.305313	-.405138
x2	x2	0.252491	0.457323	-.204688	0.189276	-.000626	-.094703	0.331172	0.123741	0.169747	0.045239	-.279802	0.637397
x3	x3	-.276222	0.189353	0.386110	0.045115	0.407728	0.497288	0.481762	-.045092	0.150892	-.021079	-.166792	-.195018
x4	x4	0.231864	0.483991	0.138287	-.157534	-.059424	-.091013	-.210274	-.426076	0.558004	0.067518	0.269650	-.204554
x5	x5	0.300004	0.264843	0.326411	0.154627	0.215979	0.180052	-.478115	-.224083	-.524765	-.071081	-.244498	0.106392
x6	x6	-.361938	0.084343	-.141638	0.120636	0.427114	0.072350	-.459548	0.283973	0.179213	0.512885	0.146479	0.176531
x7	x7	0.009803	-.113088	0.718515	-.378818	-.066675	-.344112	-.029867	0.327446	0.113194	0.127542	-.126227	0.226633
x8	x8	0.262318	-.254175	0.163144	0.489099	0.473835	-.469519	0.224827	-.133110	0.003082	0.037814	0.288860	-.051361
x9	x9	-.242847	0.033894	0.285793	0.708096	-.480970	0.040430	-.177200	0.135373	0.217242	-.152070	-.044916	-.042070
x10	x10	0.322317	-.294140	0.162099	0.035054	-.229374	0.538557	0.104528	-.087705	-.003043	0.326231	0.445338	0.340666
x11	x11	-.375845	0.242562	0.086499	-.103754	0.068654	-.055039	0.020016	-.018127	-.202326	-.501722	0.588524	0.366284
x12	x12	-.354773	0.231284	0.070266	0.040280	-.278168	-.252273	0.253040	-.360618	-.403135	0.560873	0.025531	-.035262

图 8-5　特征向量

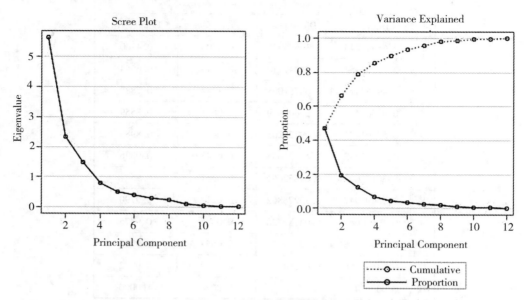

图 8-6　碎石图与方差解释

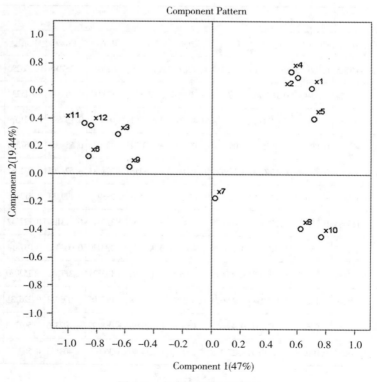

图 8-7　主成分与模式图（1）

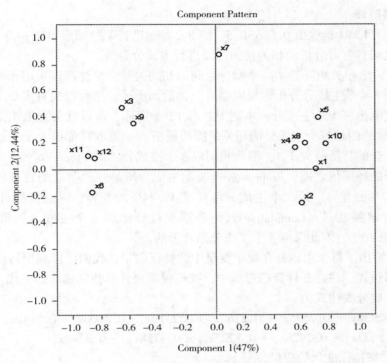

图 8-7　主成分与模式图(2)

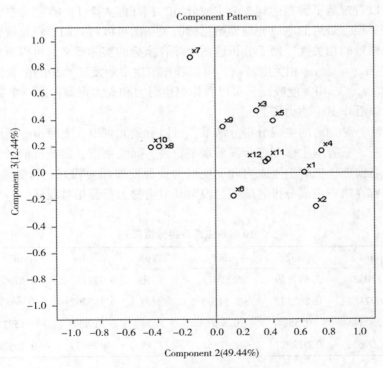

图 8-7　主成分模式图(3)

SAS 结果解释：

图 8-1 显示 KMO 检验值 0.686>0.5，图 8-2 显示巴特莱特球形检验 $p<0.001$，两项检验表明数据之间具有可分析的相关性，可以进行主成分分析。

图 8-3 是一个相关矩阵显示各个指标之间的相关关系，系统默认采用相关系数矩阵计算主成分。图 8-4 是主成分分析的提取结果。如前面所述，原数据集有多少个指标，主成分分析就会提取出多少个主成分，本例中共有 12 个指标，所以就会提取出 12 个主成分。Eigenvalue 列显示的是每个主成分的相关矩阵特征值，一般取特征值大于 1 的主成分，本例有三个主成分的特征值大于 1，因此我们取 3 个主成分；Difference 列表示的是本主成分与下一主成分的特征值之差；Proportion 列表示主成分所解释原信息的百分比，第一个主成分解释了 47% 的变异，第二个主成分解释了 19.44% 的变异，以此推类可分别得出 12 个主成分的可解释变异；Cumulative 列则是累积百分比前三个主成分可解释的变异为 78.88%，大于 70%，因此保留 3 个主成分是合适的。

图 8-5 还给出了每个主成分在每个变量中的特征向量，我们可以利用特征向量写出每个主成分的表达式。注意在计算的过程中，我们仅需要计算我们选取的主成分。以第一主成分为例，主成分表达式为：

$$prin1 = 0.2938x_1 + 0.2525x_2 - 0.2762x_3 + 0.2319x_4 + 0.3000x_5 - 0.3619x_6 + 0.0098x_7 + 0.2623x_8 - 0.2428x_9 + 0.3223x_{10} - 0.3758x_{11} - 0.3548x_{12}$$

其中的 x_i 都是标准化的变量。

由此我们可以计算出每个省（市）的 prin1、prin2 和 prin3 结果（见表 8-1）并比较分析。通过碎石图可以直观地了解当达到 3 个主成分时，特征值大于 1，随后的主成分方差下降趋势开始逐渐平缓。最后的主成分与原始指标的关系图可以帮我们直观地观察选取的两个主成分与原始变量的相关性，便于分析这两个综合指标的实际意义。可以看到第一主成分与 x_1、x_2、x_4、x_5、x_8、x_{10} 相关度较高，可以看作卫生事业发展水平的综合变量；第二主成分与 x_1、x_2、x_4、x_5 相关度较高，可以看作卫生财力和人力资源；第三个主成分与 x_7 相关度较高，可以看作卫生物力资源。

表 8-1 是各个省（市）的主成分得分结果，可以看到北京市、上海市、浙江省第一主成分得分排名前三，三省卫生事业综合发展水平较高，而北京市、西藏自治区、天津市则在第二主成分排名前三，三省卫生人力和卫生财力资源发展相对较好；新疆维吾尔自治区、四川省和青海省在第三主成分排名前三，说明其卫生物力资源相对较好。

表 8-1　　　　　　　　　　　　　　　**10 省份主成分得分情况**

省份	prin1	prin2	prin3	省份	prin1	prin2	prin3
北京	2.170531	3.871159	0.651073	湖北	0.449252	-0.67669	0.697127
天津	0.697482	0.802527	-2.34133	湖南	0.165262	-0.4685	0.698328
河北	0.230343	-0.5584	-0.8476	广东	0.319896	-0.15977	-1.38525
山西	-0.09622	0.013977	-0.31451	广西	-0.23127	-0.70528	-0.53796

省份	prin1	prin2	prin3	省份	prin1	prin2	prin3
内蒙古	−0.03716	0.064735	0.132841	海南	−0.23508	0.179017	−0.42597
辽宁	0.332963	0.174037	0.936576	重庆	0.250542	−0.23501	0.719368
吉林	0.084969	0.291196	−0.2375	四川	0.22133	−0.61271	1.157484
黑龙江	−0.31599	−0.05734	0.31342	贵州	−0.5884	−0.45993	0.770431
上海	1.556874	0.783574	−0.07405	云南	−0.51979	−0.7296	0.320638
江苏	0.89621	−0.1402	−0.39701	西藏	−3.77698	2.401553	−1.59279
浙江	1.039515	0.122628	−0.01605	陕西	0.418145	−0.47617	0.724398
安徽	−0.14478	−1.0539	−1.02613	甘肃	−0.86945	−0.58672	0.479358
福建	0.217095	−0.62721	−1.3998	青海	−1.28007	0.700807	1.051869
江西	−0.03598	−1.18559	−1.09293	宁夏	−0.33001	0.227958	0.615027
山东	0.6053	−0.23446	−0.24366	新疆	−1.28705	0.304399	2.665447
河南	0.09252	−0.97009	−0.00085				

8.2 因子分析

8.2.1 因子分析简介

8.2.1.1 因子分析基本原理

前述章节运用主成分分析、回归分析等方法分析了可测量变量间的维度。但在科学研究中，许多特征往往无法测量，例如智力，这时主成分分析、回归分析等针对可测量变量的统计方法就失去了用武之地。我们将无法测量的变量称之为潜在因子，它虽然无法被直接观测，但是我们可以通过某些与潜在因子有关的可测量变量来反映该潜在变量。例如，由于表达能力、理解能力、记忆能力等往往与智力有关，因此我们可以通过它们间接反映智力水平。因子分析是分析潜在因子的有效方法，其基本思想是根据相关性大小将变量分组，使同组内变量的相关性尽可能高，不同组变量相关性尽可能低。因此，因子分析需要在所有变量中提取几个不可观测且互不相关的共同特征，即公共因子（common factor），使其能够与特殊因子构成的线性方程代表某个待研究的潜变量。根据因子分析是对指标还是样本进行处理，我们将其分为 R 型因子分析和 Q 型因子分析。本章主要介绍针对指标的 R 型因子分析。

根据潜在因子是否已知，因子分析法可分为两类：一类是探索性因子分析，另一类是验证性因子分析。我们通常所说的因子分析就是探索性因子分析，它主要应用在数据分析的初级阶段，用于探讨可观测变量的特征、性质及内部的关联性，从而更深入揭示与这些观测变量有关的潜在因子。它要求潜在因子之间相互独立，并且能表达原可观测变量的绝大部分信息。验证性因子分析在探索性因子分析的基础上进行，当已经知道哪些潜在因子能影响可测变量时，需要进一步明确潜在因子对可测变量的影响程度，以及这些潜在因子之间的关联程度，则可进行验证性因子分析。验证性因子分析不要求潜在因子之间相互独立，相反，其目的是确定潜在因子与观测变量之间的关联性，它是将多个指标之间的关联性简化为较少的几个潜在因子之间的关联，并对分析结果进行统计检验，验证性因子分析也是结构方程模型分析重要组成部分。

8.2.1.2　因子分析的数学模型

因子分析的出发点提取原变量的大部分信息，用少数公因子代表不可观测的潜在变量。一般的，假设有 X_1，X_2，X_3，$\cdots$，X_p 个标准化后的变量，假设这 p 个变量中有 m 个因子 F_1，F_2，$\cdots$，F_m 可以对这 p 个变量进行描述，则用数学模型来表示为：

$$\begin{cases} X_1 = a_{11} F_1 + a_{12} F_2 + \cdots + a_{1m} F_m + e_1 \\ X_2 = a_{21} F_1 + a_{22} F_2 + \cdots + a_{2m} F_m + e_2 \\ X_3 = a_{31} F_1 + a_{32} F_2 + \cdots + a_{3m} F_m + e_3 \\ \cdots \\ X_p = a_{p1} F_1 + a_{p2} F_2 + \cdots + a_{pm} F_m + e_p \end{cases} \tag{8-10}$$

在公式（8-10）中，由于 F 与每个变量都相关，于是称 F 为每个变量的公共因子或共因子。e_1，e_2，$\cdots$，e_p 分别只与 X_1，X_2，X_3，$\cdots$，X_p 有关，称为 X_1，X_2，X_3，$\cdots$，X_p 的特殊因子（special factor）。

在上式中，令：

$$X = \begin{pmatrix} X_1 \\ X_2 \\ X_3 \\ \vdots \\ X_p \end{pmatrix}, \quad A = \begin{bmatrix} a_{11} & a_{12} & \cdots & a_{1m} \\ a_{21} & a_{22} & \cdots & a_{2m} \\ \vdots & \vdots & \ddots & \vdots \\ a_{p1} & a_{p2} & \cdots & a_{pm} \end{bmatrix}, \quad F = \begin{pmatrix} F_1 \\ F_2 \\ F_3 \\ \vdots \\ F_m \end{pmatrix}, \quad e = \begin{pmatrix} e_1 \\ e_2 \\ e_3 \\ \vdots \\ e_p \end{pmatrix}$$

则上面的公式可被写成如下的矩阵形式：

$$X = AF + e \tag{8-11}$$

式中，e_p 是均值为 0、方差为 1 的随机变量；e_1，e_2，$\cdots$，e_p 互不相关，且方差不同；F 与 e 相互独立；F_1，F_2，$\cdots$，F_m 不相关，均值为 0 且方差为 1（汪海波，2013）。下面将介绍五个相关概念。

（1）因子载荷。a_{ij} 为 X_p 与 F_m 的协方差。由于 X_p 为标准化系数，因子载荷 a_{ij} 为第 i 个变量与第 j 个公共因子的相关系数，反映了第 i 个变量在第 j 个公共因子的相对重要性。

（2）变量共同度。变量共同度也称为公共方差，反映全部公共因子对原有变量 x_i 总方差的解释比例。原有变量 x_i 的共同度为因子载荷矩阵 A 中第 i 行元素的平方和，即：

$$h_i^2 = \sum_{j=1}^{m} a_{ij}^2 \tag{8-12}$$

h_i^2 越接近 1（原有变量 x_i 标准化后的总方差为 1），说明公共因子解释原有变量的信息越多。

(3) 公共因子F_j的方差贡献。共同度是考虑所有公共因子与某一变量的关系,而公共因子 F_j 的方差贡献定义为因子载荷矩阵 A 中第 j 列各元素的平方和,即:

$$S_j = \sum_{i=1}^{p} a_{ij}^2 \tag{8-13}$$

可见,公共因子F_j的方差贡献反映了因子F_j对所有可观测变量总方差的解释能力,其值越高,说明因子的重要程度越高。

(4)因子旋转。进行因子分析的目的不仅仅是要确定公共因子和因子载荷,更重要的是要对公因子的实际意义进行解释。确定公因子的实际意义往往根据某个潜在因子的因子载荷的大小,当因子载荷大于0.5,就认为潜在因子能在很大程度上支配和解释该指标变量。但在多数情况下,各公共因子对指标变量的作用往往较为均匀,因子载荷并不是很突出,这容易导致公共因子的实际意义难以解释。通过因子旋转,我们可以很好地解决这个问题,即通过某种线性变换使因子载荷的绝对值更接近 0 或更接近 1。由于因子分析的解不是唯一的,如果求得的因子载荷 A 不甚理想,可以右乘一个正交阵 T,使得 AT 能有更好的实际意义。这种线性旋转方法称为因子轴的正交旋转,是因子分析中最为常用的旋转方法。正交旋转有以下两个性质:一是保持指标的共性方差不改变;二是旋转后公因子依然相互独立。常用的正交旋转法有最大方差法、均方最大旋转、四次方最大旋转等。除了正交旋转外,有时还可以进行斜交旋转。因为斜交旋转不能保证各公共因子相互独立,且因子载荷的解释也较为复杂,在实际研究中应用较少,但它能加大因子载荷平方,使取得的旋转效果比正交旋转效果更好。

(5)因子得分。因子得分是指各潜在因子取值情况,它的数值能够通过可测变量的计算获得,计算公式如下:

$$F_j = b_{j1} X_{j1} + b_{j2} X_{j2} + \cdots + b_{jp} X_{jp}, \quad j = 1, 2, \cdots, m \tag{8-14}$$

公式(8-14)中,各观测变量的函数是公共因子的函数,称之为因子得分函数。只需将 p 个变量的数值代入便可求出相应的 F_j。估计因子得分的方法较多,常用的估计方法有 Bartlett 法、回归估计法等。建立因子分析模型后,可以通过因子得分对样本进行综合评价,如确定各省医疗卫生情况的总和排名等,进一步通过因子得分计算综合得分,计算公式为:

$$F = (w_1 F_1 + w_2 F_2 + \cdots + w_m F_m) / (w_1 + w_2 + \cdots + w_m) \tag{8-15}$$

w_m 为旋转后或旋转前的方差贡献率。

8.2.2 实例分析与 SAS 实现

因子分析的本质即对原始数据进行综合,构建有效的潜在因子。其基本的分析流程如下。

(1)将原始数据标准化,消除变量不同量纲的影响。

(2)构建公因子:通过标准化系数的特征值和特征向量计算因子,并通过方差累积贡献率和特征值判断主因子数,一般取累积贡献率达70%、特征值大于1的因子数代表原始数据的基本信息。

(3)将提取的因子旋转,增强其对原始变量的解释能力。

(4)根据因子得分计算综合得分,以评价因子对数据的综合解释能力。

下文依旧以主成分一节的案例来介绍如何用 SAS 软件进行因子分析,由于主成分分析中已经进行了 KMO 和巴特莱特球形检验结果表明变量间存在相关关系，因此可进一步进行因子分析，相关数据集见 exe8。

SAS 程序：

proc factor data＝exe8 method＝prin rotate＝varimax；

var x1-x12；

run；

proc factor data＝b method＝prin rotate＝varimax nfator＝3 out＝mm；

var x1-x12；

run；

SAS 程序解释：

proc factor 程序用于因子分析，data＝选项为选择使用的数据库，method＝选项用于选择因子分析的方法，可选选项有 prin（主成分分析法）、ml（最大似然分析法）、prinit（主因子分析法）等，默认为 prin 法。rotate＝选项用于选择因子旋转的方法，可选选项有 varimax（最大方差旋转法）、orthomax（正交最大方差旋转法）、equamax（相等最大方差旋转法）等。第二个 **proc factor** 程序主要用于输出所提取因子的因子得分，并与原始数据一起保存在 mm 数据集中，因此我们省略了此部分的 SAS 输出结果；nfactor＝选项可用于规定提取的因子数量，如 nfactor＝3 代表提取的因子数为 3，若省略该语句系统默认提取特征值大于 1 的因子；out＝选项可以输出原始变量和所提取因子的得分；mineigen＝选项用于定义保留因子数的最小特征值的界值。var 语句用于选择进入因子分析的变量，若省略，系统默认分析全部变量。

SAS 结果：

SAS 部分结果输出如下：

Eigenvalues of the Correlation Matrix：Total＝12 Average＝1			
	Eigenvalue	Difference	Proportion	Cumulative
1	5.63998240	3.30695986	0.4700	0.4700
2	2.33302254	0.84047840	0.1944	0.6644
3	1.49254414	0.68751001	0.1244	0.7888
4	0.80503413	0.29601939	0.0671	0.8559
5	0.50901475	0.09726201	0.0424	0.8983
6	0.41175273	0.11023665	0.0343	0.9326
7	0.30151608	0.04652661	0.0251	0.9577
8	0.25498947	0.15278862	0.0212	0.9790
9	0.10220085	0.03252720	0.0085	0.9875
10	0.06967365	0.02321879	0.0058	0.9933
11	0.04645486	0.01264044	0.0039	0.9972
12	0.03381441		0.0028	1.0000

图 8-8　特征值

Factor Pattern				
		Factor1	Factor2	Factor3
$x1$	$x1$	0.69764	0.62252	0.00764
$x2$	$x2$	0.59963	0.69853	− 0.25007
$x3$	$x3$	− 0.65599	0.28922	0.47171
$x4$	$x4$	0.55065	0.73926	0.16895
$x5$	$x5$	0.71247	0.40453	0.39878
$x6$	$x6$	− 0.85955	0.12883	− 0.17304
$x7$	$x7$	0.02328	− 0.17273	0.87781
$x8$	$x8$	0.62297	− 0.38823	0.19931
$x9$	$x9$	− 0.57673	0.05177	0.34915
$x10$	$x10$	0.76546	− 0.44928	0.19804
$x11$	$x11$	− 0.89258	0.37049	0.10568
$x12$	$x12$	− 0.84254	0.35327	0.08584

图 8-9　因子模式图

Variance Explained by Each Factor		
Factor1	Factor2	Factor3
5. 6399824	2. 3330225	1. 4925441

图 8-10　公共因子方差解释

Final Communality Estimates: Total = 9. 465549											
x1	x2	x3	x4	x5	x6	x7	x8	x9	x10	x11	x12
0. 87429219	0. 91003062	0. 73648201	0. 87825834	0. 83027515	0. 78537284	0. 80092602	0. 57854320	0. 45720276	0. 82699480	0. 94513370	0. 84203744

图 8-11　共性方差解释占比

SAS 结果解释:

图 8-8 说明提取公共因子的方法为主成分法,共性方差的初值为 1。接着给出相关矩阵的特征值,如果选择主因子法,给出的将是约相关矩阵的特征值,由左至右的 4 列依次为特征值、前后两个特征值之差、贡献率、累积贡献率。由于没有定义保留因子数的最小特征值的界值(mineigen),系统会默认为 1,即特征值大于 1 的因子将被保留下来。本例中前三个特征值大于 1,故保留前三个公因子,对应的累积贡献率为 78.88%。

Rotated Factor Pattern				
		Factor1	Factor2	Factor3
$x1$	$x1$	− 0. 22583	0. 90018	− 0. 11390
$x2$	$x2$	− 0. 10167	0. 87332	− 0. 37014
$x3$	$x3$	0. 70425	− 0. 06621	0. 48593
$x4$	$x4$	− 0. 03886	0. 93529	0. 04440
$x5$	$x5$	− 0. 36144	0. 78214	0. 29647
$x6$	$x6$	0. 78306	− 0. 39726	− 0. 11993
$x7$	$x7$	− 0. 11781	− 0. 01127	0. 88709
$x8$	$x8$	− 0. 73371	0. 05629	0. 19245
$x9$	$x9$	0. 50520	− 0. 23282	0. 38442
$x10$	$x10$	− 0. 88583	0. 08564	0. 18699
$x11$	$x11$	0. 94606	− 0. 18055	0. 13235
$x12$	$x12$	0. 89503	− 0. 16938	0. 11076

图 8-12　因子旋转

由图 8-9 看出因子载荷矩阵，从而可以写出含有三个公共因子的因子模型为：

$$x_1 = 0. 6976 f_1 + 0. 6225 f_2 − 0. 0076 f_3$$
$$x_2 = 0. 5996 f_1 + 0. 6985 f_2 − 0. 2501 f_3$$
$$\cdots$$
$$x_{12} = − 0. 8425 f_1 + 0. 3533 f_2 − 0. 0858 f_3$$

可以看出，因子 1 几乎在所有指标均具有较大载荷，因子 2 在 x_1、x_2 和 x_4 上具有较大的载荷，因子 3 在 x_3 上有较大的载荷。

图 8-10 是每个公共因子所能解释的方差，因子 1、因子 2 和因子 3 所解释的方差分别为 5. 640、2. 333 和 1. 493。

图 8-11 是共性方差，共性方差估计值之和为 9. 466，仅 x_9 变量的共性方差低于 50%，其中绝大部分超过或接近 70%，说明这三个公共因子已经包含了原始变量的大部分信息。

图 8-12 是经过因子旋转以后的分析结果，首先说明旋转的方法是方差最大法，给出正交变换矩阵。然后输出旋转后的因子载荷阵，可以看出旋转后因子 1 在 x_3、x_6、x_8、x_{10}、x_{11}、x_{12} 这三个指标上的载荷较大，且由正向指标变为负向指标，将其取名为医疗卫生事业的综合实力；因子 2 在 x_1、x_2、x_4、x_5 载荷较大，将其取名为卫生财力和卫生人力资源；因子 3 在 x_7 中的载荷变较大，故将其取名为卫生物力资源。经过因子旋转以后，各个公因子在专业上的意义更加明确了。最后给出的是每个公共因子所能解释的方差与共性方差，由于正交旋转并不改变共性方差的大小，所以这里各变量的共性方差与旋转之前的结果是相同的，此处略去相应结果。

我们可以进一步利用因子得分进行综合评价，计算公式见表 8-2，结果如下：

表 8-2　　　　　　　　　　　**各省(市)卫生事业发展综合得分**

省份	综合得分	省份	综合得分	省份	综合得分
北京	0.88008	河南	0.20351	贵州	−0.14762
上海	0.82945	河北	0.06554	云南	−0.15
浙江	0.62066	内蒙古	−0.00748	海南	−0.25324
湖北	0.51226	吉林	−0.03663	新疆	−0.33452
江苏	0.49941	福建	−0.03721	甘肃	−0.35744
陕西	0.46794	广东	−0.04153	青海	−0.69676
四川	0.44928	江西	−0.05091	西藏	−2.99894
山东	0.36306	山西	−0.12134	安徽	−0.12532
辽宁	0.35744	宁夏	−0.12141	黑龙江	−0.12699
重庆	0.32701	广西	−0.13861	天津	−0.13531
湖南	0.30559				

由上表可知，卫生事业发展水平排名前三位的省(市)为北京、上海和浙江，排名后三位的则为甘肃、青海和西藏。

8.2.3　主成分分析与因子分析的区别

主成分分析与因子分析都能够通过简化变量个数降低分析的复杂性，但两者存在较大区别。首先是在原理上，主成分分析利用降维的思想，在损失较少信息的前提下将多个指标综合为少数几个不相关的综合指标(主成分)，而因子分析是从原始变量相关矩阵的内部的依赖关系出发，在变量间错综复杂的关系中提取少数的公共因子以解释无法测量的潜在变量。在线性组合的方向上，主成分分析是把主成分表示成各变量的线性组合，而因子分析是把变量表示成公共因子和特殊因子的线性组合。在假设条件上，主成分分析假设各主成分间相互独立、主成分的方差、特征向量的平方和等于1；因子分析假设公共因子之间、特殊因子与公共因子、特殊因子之间均不存在相关性。此外，主成分分析与因子分析还在算法、解释等方面上存在差异。在实用性上，由于因子分析能通过因子旋转提高因子载荷间的差异，因此能够得到更为合理和专业的解释。

◎ **本章小结**

主成分分析和因子分析均是考虑变量间的相关性的统计方法，可以通过 KMO 和巴特莱特球形检验判断变量间是否存在相关性。在进行主成分分析和因子分析前均需对数据进行标准化，不同的是，应用 SAS 进行主成分分析时应先进行标准化，而因子分析时 SAS 会自动对数据进行标准化处理。主成分分析在保留原有指标大部分信息的情况下，通过降维的方式以减少指标数量，提高分析的精简性，但主成分所代表的实际意义往往不甚明确。而因子分析则通过提取公因子，并通过因子旋转提高因子载荷间的差异，能更清晰地解释潜在变量反映的实际意义。因此当我们旨在精简指标数量，则可采用主成分分析；当需要深入解释变量，则可采用因子分析。通过特殊因子的设定，因子分析能很好地排除测量误差，而主成分分析则并未考虑测量误差。最后，通过主成分和因子分析均能进行综合评价，且能得到类似的结果。

◎ **参考文献**

[1] Bro R. , Smilde A K. Principal component analysis[J]. Analytical Methods，2013，6(9).

[2] 傅德印. 主成分分析中的统计检验问题[J]. 统计教育，2007，9(4).

[3] 苏为华. 多指标综合评价理论与方法问题研究[D]. 厦门大学，2000.

[4] 汪海波，罗莉，吴为，等. SAS 统计分析与应用从入门到精通[M]. 北京：人民邮电出版社，2013.

[5] 王学民. 主成分分析和因子分析应用中值得注意的问题[J]. 统计与决策，2007(6).

[6] 叶双峰. 关于主成分分析做综合评价的改进[J]. 数学统计与管理，2001(2).

第 9 章　结构方程模型

在我们进行数据分析的过程中，有时会需要分析一些难以直接观测的变量（如人们的社会融合水平、生活满意度等），或者需要处理多个原因、多个结果之间的复杂关系，这时候，传统的统计分析方法，如前面几章所讲的方差分析、线性回归等，将难以解决上述问题。于是，结构方程模型（structural equation model，SEM）应运而生。SEM 可以在进行测量变量（measured variable）及其所代表的潜变量（latent variable）之间的关系估计时，分析各潜变量之间的关系，具备潜变量之间的关系估计不受测量误差影响的优势。SEM 是通过对变量协方差进行关系建构的多元统计方法，是一种验证性多元统计分析技术，故而也有学者将其称为协方差结构模型、因果模型等（孟鸿伟，1994）。

9.1　结构方程模型简介

SEM 的思想起源于 Sewnwright 提出的路径分析概念。在路径分析的基础上，学者们引入因子分析后提出了 SEM，从而弥补了传统因果模型和路径分析的不足，并发展了潜变量的概念。SEM 整合了路径分析、验证性因子分析与一般统计检验方法，既涵盖了以上各种分析方法的优点，又弥补了其中的不足，由于误差因素也被纳入考虑之中，因此就不再受路径分析假设条件的限制。一般来说，SEM 分析要求数据服从多元正态分布，并且假定所有变量相互独立。SEM 可同时用于多组变量之间关系的研究分析。譬如，当我们利用 SF-36 健康调查简表和生活满意度量表来探索人们的生命质量与其生活满意度的关系时，由于自变量之间存在多重共线性，并且存在多个结局变量，传统分析方法就变得不再适用，但 SEM 就可以很好地解决以上问题。

随着计算机技术的飞速发展和各种统计分析软件的广泛应用，人们逐渐开发出多种适用于 SEM 分析计算的软件，使得 SEM 在各学科领域中得到了更为广泛的应用。目前已经开发出来的可用于 SEM 计算的软件有 Amos、SAS、R、LISREL、EQS、Mplus 等，本书主要介绍的就是 SAS 中的 proc calis 过程步。

9.1.1　基本概念

在 SEM 中，变量有两种基本的形态：测量变量与潜在变量。测量变量是指研究者能够直接进行测量的变量，如身高、体重等，又被称为显变量、观测变量等。潜在变量是无法进行准确、直接测量的变量，通常代表一种构念，是由测量变量所反映的变量，如人们的社会融合水平、心理动机等，又被称为潜变量、隐变量等。根据变量在模型中的作用，

SEM 中的变量又可以分为内生/外生测量变量和内生/外生潜在变量，内生变量可以受到外生变量的影响，外生变量不受其他变量影响。SEM 中有两种内生变量，一种是只受外生变量影响的纯粹的内生变量，另一种则是中介变量，既会受到外生变量影响，也会影响其他内生变量。

9.1.2　模型表述

　　SEM 可以分为两个部分：测量模型（measurement model）与结构模型（structural model）。测量模型描述的是潜在变量如何被观测变量所反映，如生活满意度与其测量变量之间的关系，是 SEM 最基础的部分。结构模型则表征了各潜在变量之间的关系，如生活满意度与主观幸福感之间的关系，是研究兴趣的重点，也是进行假设理论验证的主要部分。在进行 SEM 建模时，首先需要对研究所要估计的模型进行设定。一般来说，大多数研究者会使用路径图来描述模型变量之间的关系。在 SEM 的路径图中，潜在变量一般用椭圆表示，而测量变量则用矩形来表示。变量之间的关系用箭头表示，箭头方向指向受影响的变量，双向的曲线箭头表示变量间相关，这种相关关系不一定是因果关系。我们可以通过以下三个矩阵方程式和图 9-1 的路径图来理解 SEM。

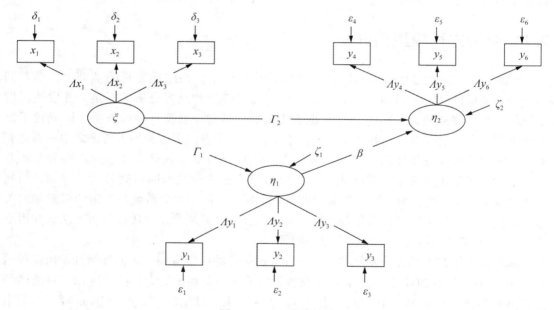

图 9-1　SEM 的路径图

$$x = \Lambda_x \xi + \delta \tag{9-1}$$

$$y = \Lambda_y \eta + \varepsilon \tag{9-2}$$

$$\eta = \beta \eta + \Gamma \xi + \zeta \tag{9-3}$$

　　根据路径图，我们可以看出：ξ、η_1、η_2 为潜在变量，x_1—x_3、y_1—y_3、y_4—y_6 分别为 ξ、η_1、η_2 所对应的测量变量，δ_1—δ_3 和 ε_1—ε_6 则为 x_1—x_3、y_1—y_6 所对应的测量误差。

同时我们也可以看出，潜在变量 ξ、η_1、η_2 之间的关系估计不会受到测量误差影响。箭头由变量 ξ 指向变量 η，表明 η 受到 ξ 的影响，所以 ξ 为外生潜在变量，η 为内生潜在变量；相应地，x_1—x_3 为外生测量变量，y_1—y_6 为内生测量变量。

公式（9-1）和公式（9-2）为测量方程（measurement equation），Λx 和 Λy 分别是外／内生测量变量在外／内生潜在变量上的因子载荷矩阵，分别用于描述潜在变量 ξ 和测量变量 x 以及潜在变量 η 和测量变量 y 之间的线性关系，即潜在变量 ξ 和 η 如何被其所对应的测量变量所测量或概念化。δ 和 ε 分别为外／内生变量的误差项。公式（9-3）为结构方程（structural equation），用于描述潜在变量之间的线性关系，以及模型中其余待解释的部分。β、Γ 都是路径系数，对应变量之间的作用效应，ζ 为结构方程的误差项。SEM 有如下假设：

（1）测量方程的误差 δ 和 ε 均值为 0；

（2）结构方程的残差项 ζ 均值为 0；

（3）误差项 δ 和 ε 与因子 ξ 和 η 不相关，δ 和 ε 间也不相关；

（4）残差 ζ 与 δ，ε 和 ξ 不相关。

9.1.3 特点及应用

SEM 在心理学、社会学、行为科学等社会科学及相关交叉学科领域被广泛使用。除了传统的量表信度与效度的检验，关于测量中一些问题的解释，探求潜在变量之间的关系等应用外，SEM 还可以进行多组模型比较、交互作用检验等。SEM 具有理论先验性的特点，与传统的回归分析相比，SEM 具有以下优势：

（1）可同时处理多个因变量；

（2）容许自变量和因变量含测量误差；

（3）可同时估计因子结构和因子关系；

（4）容许更大弹性的测量模型；

（5）可估计整个模型的拟合程度。

9.2 模型识别、估计、评估与修正

根据已有理论知识设定假设模型后，SEM 研究步骤还需要进行模型的识别、估计、评估与修正。

9.2.1 模型识别

SEM 进行模型设定的一个基本要求就是模型可识别，即各个未知（自由）参数能得到唯一解。模型中的自由参数需要能以样本协方差的代数函数所表达，否则就无法得到唯一估计值，模型就不可识别。需要注意的是，模型能否识别与样本规模大小是没有关系的。SEM 模型识别的必要条件：自由参数的数量需要大于等于数据点的数量，并且自由度需要为正值。其中，自由参数的数量就是所设定的模型需要进行估计的参数的数量，具体包括各因子载荷、各路径系数、各潜变量的方差、协方差及误差项的方差、协方差等。数据点数则是观测变量的方差及协方差的数目，等于 $(p+q)/(p+q+1)/2$，其中，p 是内生观测变量的数目，q 是外生观测变量的数目。若数据点数超过自由参数的数量，则所设定

的模型为超识别模型；若数据点数少于自由参数的数量，所设定的模型无法估计参数，则称为欠识别模型；当数据点的数量与自由参数数量相等时，所设定的模型可被称为恰识别模型。当然，在研究中我们有时也会碰到自由度等于零的模型，这类模型虽然可以进行模型参数估计，但却无法进行拟合优度检验。

9.2.2　模型估计

SEM 模型拟合的目标是使模型所隐含的协方差矩阵与样本协方差矩阵尽可能接近。SEM 模型拟合的参数估计方法众多，每种方法各有利弊，适用条件也有所差异。常用的参数估计方法包括：最小二乘法、极大似然法等。目前极大似然法是 SEM 中应用最广的参数估计方法（曲波等，2005），因为 SEM 是求参数使得所假设模型的协方差矩阵与样本协方差矩阵差异最小，有别于回归分析中求参数使得残差平方和最小的目的，相较之下，极大似然法更为可靠，且适用于正态分布下的连续型测量变量（王济川等，2011）。

9.2.3　模型评估

模型评估是基于已有的证据与理论来对假设模型与观测到的样本数据间的拟合程度进行评估的过程。SEM 有多种模型拟合指数，一般可以分为绝对拟合指数和增值拟合指数两大类。绝对拟合指数一般用来确定模型可以预测协方差矩阵和相关矩阵的程度。增值拟合指数则用以进行理论模型与基准模型之间的比较。具体的拟合指标及评价标准要求如表 9-1（王济川等，2011；王孟成，2014）。当然，在实际研究中，我们不需要汇报所有的模型拟合指标。通常而言，研究者们会对 χ^2/df、RMSEA、GFI、CFI、NFI 等拟合结果进行汇报。需要注意的是，卡方准则的检验结果往往会受到样本量大小、数据分布形态等影响，故在样本量 N≥1000 时，不推荐使用（温忠麟等，2004）。

表 9-1 　　　　　　　　　　　　**SEM 的拟合指标及评价标准**

指标	绝对拟合度					增值拟合度		
	χ^2	χ^2/df	GFI	RMR	RMSEA	NFI	TFI	CFI
评价标准	$p \geqslant 0.05$	<5	>0.90	<0.08	≤0.06	>0.95	≥0.90	≥0.90

9.2.4　模型修正

模型修正主要用于对设定的模型进行改进，从而提高模型的拟合程度。当研究所设定的初始模型拟合不达标，即模型被样本观测数据所拒绝时，就需要找出模型中拟合欠佳的部分（一般为测量模型），对所设定的模型进行修正，再使用同一组观测数据继续进行拟合度检验，直到拟合度达到期望水平。模型的修正主要有两种方法，比较常见的是根据修正指数（modification indices，MI）来调整模型的设定。MI 与模型的固定参数常联系在一起。一般而言，一个固定参数的 MI 值相当于自由度 df=1 的模型修正卡方值，即进行这个修正至少可以降低多少卡方值。另一个指标为参数期望改变值（expected parameter change，EPC），表示当固定参数被允许自由估计时的参数估计值的改变量。此外，还可以通过对路径的调整来进行模型修正，如：删除未达显著水平的影响路径、增删一些测量条目等。

9.3 验证性因子分析

9.3.1 基础知识

因子分析是从测量变量相关矩阵的内部结构出发，把多个复杂变量归结为少数综合因子的一种多元统计方法。因子分析的基本思想为寻找公共因子以达到降维的目的。当理论基础阙如、不清楚会形成几个公因子的情况下，各变量之间的关系并不明确，这时候学者们一般会通过方差解释的信息来确定（Brown，2006；Hoyle，2008；Jöreskog，1969；Mulaik，1988），先进行探索性因子分析（exploratory factor analysis，EFA）。当然，更多情况下，研究者们会根据其专业知识对应该形成几个公因子作出初步判断，根据已有证据作出理论假设，此时可以使用验证性因子分析（confirmatory factor analysis，CFA）来进行验证。CFA 充分利用了先验信息，基于已有理论，在已知因子的情况下检验既有数据与理论假设下所设定的模型是否相符。测量模型作为 SEM 中最基础的测量部分，就是基于 CFA 来检验观测变量与潜在变量之间的假设关系是否成立，并估计因子载荷。SAS 中 CFA 主要使用到的程序是 proc calis 语句。

9.3.2 实例分析与 SAS 实现

本节将数据集命名为 exe9 来演示 CFA，原始数据取自国家卫生健康委员会设计并组织实施的 2014 年全国流动人口卫生计生动态监测调查 C 卷部分。该调查旨在了解国内流动人口的社会融合与心理健康状况。调查范围覆盖北京市朝阳区、福建省厦门市、浙江省嘉兴市、四川省成都市等 8 个城市（区），采用分层、多阶段、与规模成比例的 PPS 方法进行抽样，每个城市（区）流动人口样本量为 2000 人，8 个城市（区）共计 16000 人。经过缺失值处理后，本次分析有效样本量为 15997。

本章模型构建中所涉及的变量如下：

n_1—n_6：连续变量，为消极情绪体验量表的测量指标；

l_1—l_5：连续变量，为生活满意度量表的测量指标；

p_1—p_5：连续变量，为身体健康量表的测量指标。

本节，我们使用以上变量来介绍 CFA 的 SAS 实例操作。基于已有文献理论，我们使用变量 n_1—n_6 作为流动人口的消极情绪体验（f_1）的观测指标，变量 l_1—l_5 作为生活满意度（f_2）的观测指标，p_1—p_5 作为身体健康（f_3）的观测指标。参考已有研究（Hu & Bentler，1999；温忠麟等，2004），本节对模型进行了如下设定：模型中共有 16 个测量变量（n_1—n_6，l_1—l_5，p_1—p_5）和 3 个潜在变量（f_1—f_3），每个潜在变量分别由对应的测量变量来测量（见图 9-2），并假定测量变量的误差项之间不相关，不同潜在变量的指示变量之间不相关，各潜在变量之间也不相关，因子的方差设定为 1。首先将电脑桌面上的 sav 数据文件命名为"exe9"，随后导入数据，运行具体的 CFA 程序。上述步骤的 SAS 语句如下所示。

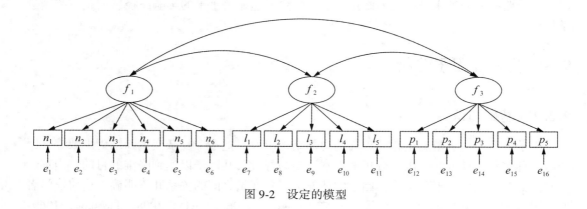

图 9-2　设定的模型

SAS 程序：

proc calis data = exe9 mod；

lineqs

n1＝f1+e1，n2＝a1 f1+e2，n3＝a2 f1+e3，n4＝a3 f1+e4，n5＝a4 f1+e5，n6＝a5 f1+e6，

l1＝f2+e7，l2＝a6 f2+e8，l3＝a7 f2+e9，l4＝a8 f2+e10，l5＝a9 f2+e11，

p1＝ f3+e12，p2＝a10 f3+e13，p3＝a11 f3+e14，p4＝a12 f3+e15，p5＝a13 f3+e16；

std

e1-e16＝var1-var16；

run；

SAS 程序解释：

proc calis 为进行 CFA 的过程步，可用于多变量线性回归分析、路径分析、CFA 和 SEM。mod 输出固定参数的修正指标的预期估计，默认使用 ML 估计法。lineqs 语句设定方程等式，CFA 中等式的表达方法：观测变量＝因子载荷×潜在变量+残差项。std 语句指出矩阵要估计的方差，并给方差命名。

SAS 结果：

Fit Summary		
Modeling Info	Number of Observations	15997
	Number of Variables	16
	Number of Moments	136
	Number of Parameters	35
	Number of Active Constraints	0
	Baseline Model Function Value	6. 2803
	Baseline Model Chi-Square	100459. 3167

	Baseline Model Chi-Square DF	120
	Pr>Baseline Model Chi-Square	<. 0001
Absolute Index	Fit Function	0. 3104
	Chi-Square	4964. 9193
	Chi-Square DF	101
	Pr>Chi-Square	<. 0001
	Z-Test of Wilson & Hilferty	56. 8242
	Hoelter Critical N	405
	Root Mean Square Residual (RMR)	0. 0381
	Standardized RMR (SRMR)	0. 0296
	Goodness of Fit Index (GFI)	0. 9613
Parsimony Index	Adjusted GFI (AGFI)	0. 9479
	Parsimonious GFI	0. 8091
	RMSEA Estimate	0. 0549
	RMSEA Lower 90% Confidence Limit	0. 0536
	RMSEA Upper 90% Confidence Limit	0. 0562
	Probability of Close Fit	<. 0001
	ECVI Estimate	0. 3148
	ECVI Lower 90% Confidence Limit	0. 3006
	ECVI Upper 90% Confidence Limit	0. 3294
	Akaike Information Criterion	5034. 9193
	Bozdogan CAIC	5338. 7247
	Schwarz Bayesian Criterion	5303. 7247
	McDonald Centrality	0. 8590
Incremental Index	Bentler Comparative Fit Index	0. 9515
	Bentler-Bonett NFI	0. 9506
	Bentler-Bonett Non-normed Index	0. 9424
	Bollen Normed Index Rho1	0. 9413
	Bollen Non-normed Index Delta2	0. 9515
	James et al. Parsimonious NFI	0. 8001

图 9-3　模型拟合结果

Rank Order of the 10 Largest LM Stat for Error Variances and Covariances				
Var1	Var2	LM Stat	Pr>ChiSq	Parm Change
e15	e13	1001	<.0001	0.19567
e11	e10	830.37595	<.0001	0.41871
e3	e1	712.59162	<.0001	0.08037
e6	e2	685.90276	<.0001	0.05402
e16	e13	571.58439	<.0001	−0.12266
e16	e14	520.16227	<.0001	0.10056
e6	e1	343.23913	<.0001	−0.05121
e8	e7	339.19373	<.0001	0.16602
e15	e14	309.03445	<.0001	−0.09325
e6	e3	295.47866	<.0001	−0.04270

图 9-4　误差方差和协方差的 10 个最大 LM 统计量的秩次

SAS 结果解释：

图 9-3 显示 CFA 的拟合结果如下：SRMR = 0.0296，RMSEA = 0.0549，GFI = 0.9613，CFI = 0.9515，NFI = 0.9506，模型拟合良好。图 9-4 显示了最大的 10 个 MI 值，我们可以根据 MI 指数进行模型的修正，从而实现更好的模型拟合，SAS 语句如下：

SAS 程序：

proc calis data = exe9 mod；

lineqs

n1 =f1+e1，n2 =a1 f1+e2，n3 =a2 f1+e3，n4 =a3 f1+e4，n5 =a4 f1+e5，n6 =a5 f1+e6，
l1 =f2+e7，l2 =a6 f2+e8，l3 =a7 f2+e9，l4 =a8 f2+e10，l5 =a9 f2+e11，
p1 = f3+e12，p2 =a10 f3+e13，p3 =a11 f3+e14，p4 =a12 f3+e15，p5 =a13 f3+e16；

std

e1−e16 =var1−var16；

cov

e13 e15 =cove13e15；

run；

SAS 程序解释：

cov 为协方差设定的语句，根据拟合结果及 MI 值进行相关设定。依据模型的简约性法则，一般选取最大的 MI 值进行协方差设定，拟合达标后便不再添加相关。需要注意的是，只能将测量变量间的残差纳入设定协方差。

SAS 结果：

Fit Summary		
Modeling Info	Number of Observations	15997
	Number of Variables	16
	Number of Moments	136
	Number of Parameters	36
	Number of Active Constraints	0
	Baseline Model Function Value	6.2803
	Baseline Model Chi-Square	100459.3167
	Baseline Model Chi-Square DF	120
	Pr>Baseline Model Chi-Square	<.0001
Absolute Index	Fit Function	0.2497
	Chi-Square	3994.8130
	Chi-Square DF	100
	Pr>Chi-Square	<.0001
	Z-Test of Wilson & Hilferty	51.3507
	Hoelter Critical N	498
	Root Mean Square Residual (RMR)	0.0378
	Standardized RMR (SRMR)	0.0303
	Goodness of Fit Index (GFI)	0.9691
Parsimony Index	Adjusted GFI (AGFI)	0.9579
	Parsimonious GFI	0.8076
	RMSEA Estimate	0.0493
	RMSEA Lower 90% Confidence Limit	0.0480
	RMSEA Upper 90% Confidence Limit	0.0507
	Probability of Close Fit	0.7928
	ECVI Estimate	0.2542
	ECVI Lower 90% Confidence Limit	0.2416
	ECVI Upper 90% Confidence Limit	0.2674
	Akaike Information Criterion	4066.8130
	Bozdogan CAIC	4379.2986
	Schwarz Bayesian Criterion	4343.2986
	McDonald Centrality	0.8854
Incremental Index	Bentler Comparative Fit Index	0.9612
	Bentler-Bonett NFI	0.9602
	Bentler-Bonett Non-normed Index	0.9534
	Bollen Normed Index Rho1	0.9523
	Bollen Non-normed Index Delta2	0.9612
	James et al. Parsimonious NFI	0.8002

图 9-5　模型拟合结果

SAS 结果解释：

图 9-5 显示 CFA 的拟合结果如下：SRMR = 0.0303，RMSEA = 0.0493，GFI = 0.9691，CFI = 0.9612，NFI = 0.9602，两次模型拟合结果对比情况如表 9-2 所示。由表 9-2 我们可以发现，大部分拟合指标都得到了改善。当然，这里我们添加协方差相关是假设原模型拟合结果较差进行的操作演示。实际应用中，根据模型简约性原则，如果初始模型拟合较好，便不再需要进行相关设定。

表 9-2　　　　　　　　　　　　　模型修正前后拟合结果对比

	SRMR	RMSEA	GFI	CFI	NFI
模型 1（修正前）	0.0296	0.0549	0.9613	0.9515	0.9506
模型 2（修正后）	0.0303	0.0493	0.9621	0.9612	0.9602

我们继续来看模型估计的结果。图 9-6 展示了测量模型的标准化系数结果、残差和协方差相关系数。

Standardized Results for Linear Equations					
n1	=	0.6575	(* *) f1	+ 1.0000	e1
n2	=	0.6757	(* *) f1	+ 1.0000	e2
n3	=	0.6975	(* *) f1	+ 1.0000	e3
n4	=	0.7331	(* *) f1	+ 1.0000	e4
n5	=	0.6827	(* *) f1	+ 1.0000	e5
n6	=	0.6218	(* *) f1	+ 1.0000	e6
l1	=	0.7911	(* *) f2	+ 1.0000	e7
l2	=	0.8283	(* *) f2	+ 1.0000	e8
l3	=	0.8301	(* *) f2	+ 1.0000	e9
l4	=	0.7365	(* *) f2	+ 1.0000	e10
l5	=	0.6003	(* *) f2	+ 1.0000	e11
p1	=	0.5984	(* *) f3	+ 1.0000	e12
p2	=	0.5995	(* *) f3	+ 1.0000	e13
p3	=	0.6855	(* *) f3	+ 1.0000	e14
p4	=	0.6350	(* *) f3	+ 1.0000	e15
p5	=	0.8193	(* *) f3	+ 1.0000	e16

图 9-6　线性方程组的标准化结果

Standardized Effects in Linear Equations						
Variable	Predictor	Parameter	Estimate	Standard Error	t Value	Pr>|t|
n1	f1		0.65754	0.00534	123.1	<.0001
n2	f1	a1	0.67569	0.00517	130.7	<.0001
n3	f1	a2	0.69755	0.00496	140.6	<.0001
n4	f1	a3	0.73310	0.00462	158.8	<.0001
n5	f1	a4	0.68270	0.00510	133.8	<.0001
n6	f1	a5	0.62182	0.00567	109.6	<.0001
l1	f2		0.79109	0.00363	217.9	<.0001
l2	f2	a6	0.82830	0.00324	255.9	<.0001
l3	f2	a7	0.83010	0.00322	257.9	<.0001
l4	f2	a8	0.73650	0.00422	174.4	<.0001
l5	f2	a9	0.60027	0.00559	107.4	<.0001
p1	f3		0.59843	0.00607	98.5242	<.0001
p2	f3	a10	0.59948	0.00619	96.8328	<.0001
p3	f3	a11	0.68551	0.00535	128.2	<.0001
p4	f3	a12	0.63503	0.00586	108.3	<.0001
p5	f3	a13	0.81925	0.00440	186.1	<.0001

图 9-7　线性方程组的标准化结果

Standardized Results for Variances of Exogenous Variables						
Variable Type	Variable	Parameter	Estimate	Standard Error	t Value	Pr>|t|
Error	e1	var1	0.56764	0.00702	80.8121	<.0001
	e2	var2	0.54345	0.00699	77.7945	<.0001
	e3	var3	0.51343	0.00692	74.2051	<.0001
	e4	var4	0.46257	0.00677	68.3538	<.0001
	e5	var5	0.53393	0.00697	76.6401	<.0001
	e6	var6	0.61334	0.00705	86.9535	<.0001
	e7	var7	0.37418	0.00574	65.1314	<.0001
	e8	var8	0.31392	0.00536	58.5403	<.0001
	e9	var9	0.31093	0.00534	58.1919	<.0001

	e10	var10	0.45756	0.00622	73.5687	<.0001
	e11	var11	0.63968	0.00671	95.2976	<.0001
	e12	var12	0.64188	0.00727	88.2939	<.0001
	e13	var13	0.64063	0.00742	86.3079	<.0001
	e14	var14	0.53008	0.00733	72.3287	<.0001
	e15	var15	0.59674	0.00745	80.1167	<.0001
	e16	var16	0.32882	0.00721	45.5921	<.0001
Latent	f1	_Add1	1.00000			
	f2	_Add2	1.00000			
	f3	_Add3	1.00000			

图 9-8　外生变量方差的标准化结果

Standardized Results for Covariances Among Exogenous Variables						
Var1	Var2	Parameter	Estimate	Standard Error	t Value	Pr>|t|
e13	e15	cove13e15	0.18173	0.00607	29.9578	<.0001
f2	f1	_Add4	−0.33816	0.00828	−40.8586	<.0001
f3	f1	_Add5	−0.37307	0.00849	−43.9593	<.0001
f3	f2	_Add6	0.28766	0.00866	33.2365	<.0001

图 9-9　外生变量间协方差的标准化结果

SAS 结果解释：

根据图 9-7 到图 9-9，我们可以得到测量模型的标准化路径系数、残差及残差协方差，并得到相应的测量方程。各系数均在统计意义上显著（$p<0.0001$）。测量方程如下：$n_1 = 0.6575 \times f_1 + 0.5676$；$n_2 = 0.6757 \times f_1 + 0.5435$；……；$p_5 = 0.8193 \times f_3 + 0.3288$。$e_{13}$ 与 e_{15} 之间的协方差为 0.1817。

9.4　结构方程模型

9.4.1　基础知识

结构方程模型综合了验证性因子模型（CFA）和因果模型（路径分析），包含测量模型和结构模型两部分。在进行多变量分析的过程中，除了自变量和因变量外，我们还经常会碰到调节变量（moderator）和中介变量（mediator）。近年来，国内对调节效应（moderating effect）模型和中介效应（mediating effect）模型有了一些介绍和研究（Hayes & Preacher, 2014；方杰等，2014；方杰、温忠麟，2018；温忠麟、叶宝娟，2014），除了调节效应和中介效应的估计和检验方法，相关研究也涉及了中介效应模型的标准化估计（standardized estimation）。本节主要介绍的是一个基础的带单个部分中介效应的结构方程模型的标准化估计，并使用 SAS 来进行实例分析。

9.4.2　实例分析与 SAS 实现

本节继续使用 exe9 来进行操作演示。我们假定消极情绪体验可以通过影响流动人口的生活满意度水平，进而影响到流动人口的健康水平。在此理论基础下，我们设定 f_1 为外生潜变量，f_3 为内生潜变量，f_2 为中介变量来构建 SEM（见图 9-10）。上述步骤的 SAS 语句如下所示。

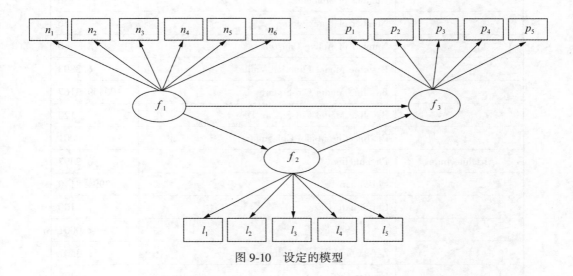

图 9-10　设定的模型

SAS 程序：
proc calis data = exe9 mod；
lineqs
n1 = f1 + e1，n2 = a1 f1 + e2，n3 = a2 f1 + e3，n4 = a3 f1 + e4，n5 = a4 f1 + e5，n6 = a5 f1 + e6，
l1 = f2 + e7，l2 = a6 f2 + e8，l3 = a7 f2 + e9，l4 = a8 f2 + e10，l5 = a9 f2 + e11，
p1 = f3 + e12，p2 = a10 f3 + e13，p3 = a11 f3 + e14，p4 = a12 f3 + e15，p5 = a13 f3 + e16，
f2 = b1 f1 + d1，
f3 = b2 f1 + b3 f2 + d2；
std
e1 − e16 = var1 − var16，
d1 − d2 = d_var1 − d_var2；
cov
e13 e15 = cove13e15；
run；

SAS 程序解释:

lineqs 语句设定方程等式, SEM 中等式的表达方法:观测变量=因子载荷×潜在变量+残差项, 潜在变量=结构系数×潜在变量+结构误差。cov 为协方差设定的语句。

SAS 结果:

Fit Summary		
Modeling Info	Number of Observations	15997
	Number of Variables	16
	Number of Moments	136
	Number of Parameters	36
	Number of Active Constraints	0
	Baseline Model Function Value	6. 2803
	Baseline Model Chi-Square	100459. 3167
	Baseline Model Chi-Square DF	120
	Pr>Baseline Model Chi-Square	<. 0001
Absolute Index	Fit Function	0. 2497
	Chi-Square	3994. 8130
	Chi-Square DF	100
	Pr>Chi-Square	<. 0001
	Z-Test of Wilson & Hilferty	51. 3507
	Hoelter Critical N	498
	Root Mean Square Residual (RMR)	0. 0378
	Standardized RMR (SRMR)	0. 0303
	Goodness of Fit Index (GFI)	0. 9691
Parsimony Index	Adjusted GFI (AGFI)	0. 9579
	Parsimonious GFI	0. 8076
	RMSEA Estimate	0. 0493
	RMSEA Lower 90% Confidence Limit	0. 0480
	RMSEA Upper 90% Confidence Limit	0. 0507
	Probability of Close Fit	0. 7928
	ECVI Estimate	0. 2542
	ECVI Lower 90% Confidence Limit	0. 2416
	ECVI Upper 90% Confidence Limit	0. 2674

	Akaike Information Criterion	4066.8130
	Bozdogan CAIC	4379.2986
	Schwarz Bayesian Criterion	4343.2986
	McDonald Centrality	0.8854
Incremental Index	Bentler Comparative Fit Index	0.9612
	Bentler-Bonett NFI	0.9602
	Bentler-Bonett Non-normed Index	0.9534
	Bollen Normed Index Rho1	0.9523
	Bollen Non-normed Index Delta2	0.9612
	James et al. Parsimonious NFI	0.8002

图 9-11 模型拟合结果

Standardized Results for Linear Equations

n1 = 0.6575 (＊＊) f1 + 1.0000　　e1

n2 = 0.6757 (＊＊) f1 + 1.0000　　e2

n3 = 0.6975 (＊＊) f1 + 1.0000　　e3

n4 = 0.7331 (＊＊) f1 + 1.0000　　e4

n5 = 0.6827 (＊＊) f1 + 1.0000　　e5

n6 = 0.6218 (＊＊) f1 + 1.0000　　e6

l1 = 0.7911 (＊＊) f2 + 1.0000　　e7

l2 = 0.8283 (＊＊) f2 + 1.0000　　e8

l3 = 0.8301 (＊＊) f2 + 1.0000　　e9

l4 = 0.7365 (＊＊) f2 + 1.0000　　e10

l5 = 0.6003 (＊＊) f2 + 1.0000　　e11

p1 = 0.5984 (＊＊) f3 + 1.0000　　e12

p2 = 0.5995 (＊＊) f3 + 1.0000　　e13

p3 = 0.6855 (＊＊) f3 + 1.0000　　e14

p4 = 0.6350 (＊＊) f3 + 1.0000　　e15

p5 = 0.8193 (＊＊) f3 + 1.0000　　e16

f2 = −0.3382 (＊＊) f1 + 1.0000　　d1

f3 = −0.3114 (＊＊) f1 + 0.1824 (＊＊) f2 + 1.0000　d2

图 9-12 线性方程组的标准化结果

Standardized Effects in Linear Equations						
Variable	Predictor	Parameter	Estimate	Standard Error	t Value	Pr>|t|
n1	f1		0.65754	0.00534	123.1	<.0001
n2	f1	a1	0.67569	0.00517	130.7	<.0001
n3	f1	a2	0.69755	0.00496	140.6	<.0001
n4	f1	a3	0.73310	0.00462	158.8	<.0001
n5	f1	a4	0.68270	0.00510	133.8	<.0001
n6	f1	a5	0.62182	0.00567	109.6	<.0001
l1	f2		0.79109	0.00363	217.9	<.0001
l2	f2	a6	0.82830	0.00324	255.9	<.0001
l3	f2	a7	0.83010	0.00322	257.9	<.0001
l4	f2	a8	0.73650	0.00422	174.4	<.0001
l5	f2	a9	0.60027	0.00559	107.4	<.0001
p1	f3		0.59843	0.00607	98.5242	<.0001
p2	f3	a10	0.59948	0.00619	96.8328	<.0001
p3	f3	a11	0.68551	0.00535	128.2	<.0001
p4	f3	a12	0.63503	0.00586	108.3	<.0001
p5	f3	a13	0.81925	0.00440	186.1	<.0001
f2	f1	b1	−0.33816	0.00828	−40.8586	<.0001
f3	f1	b2	−0.31140	0.00931	−33.4485	<.0001
f3	f2	b3	0.18236	0.00932	19.5695	<.0001

图 9-13　线性方程组的标准化结果

Standardized Results for Variances of Exogenous Variables						
Variable Type	Variable	Parameter	Estimate	Standard Error	t Value	Pr>|t|
Error	e1	var1	0.56764	0.00702	80.8121	<.0001
	e2	var2	0.54345	0.00699	77.7945	<.0001
	e3	var3	0.51343	0.00692	74.2051	<.0001
	e4	var4	0.46257	0.00677	68.3538	<.0001
	e5	var5	0.53393	0.00697	76.6401	<.0001
	e6	var6	0.61334	0.00705	86.9535	<.0001
	e7	var7	0.37418	0.00574	65.1314	<.0001
	e8	var8	0.31392	0.00536	58.5403	<.0001

	e9	var9	0.31093	0.00534	58.1919	<.0001
	e10	var10	0.45756	0.00622	73.5687	<.0001
	e11	var11	0.63968	0.00671	95.2976	<.0001
	e12	var12	0.64188	0.00727	88.2939	<.0001
	e13	var13	0.64063	0.00742	86.3079	<.0001
	e14	var14	0.53008	0.00733	72.3287	<.0001
	e15	var15	0.59674	0.00745	80.1167	<.0001
	e16	var16	0.32882	0.00721	45.5921	<.0001
Disturbance	d1	d_var1	0.88565	0.00560	158.2	<.0001
	d2	d_var2	0.83137	0.00659	126.1	<.0001
Latent	f1	_Add1	1.00000			

图 9-14　外生变量方差的标准化结果

SAS 结果解释：

根据图 9-11 的结果，SEM 的拟合结果如下：SRMR = 0.0303，RMSEA = 0.0493，GFI = 0.9691，CFI = 0.9612，NFI = 0.9602，模型拟合结果良好。我们继续来看模型估计的结果。图 9-12 到图 9-14 分别展示了测量模型、结构模型的标准化系数结果、残差和协方差相关系数。

根据图 9-13 和图 9-14，我们可以得到测量模型和结构模型的各路径系数、残差及残差协方差，并得到相应的测量方程和结构方程。各系数均在统计意义上显著($p<0.0001$)。

测量方程如下：

$n_1 = 0.6575 \times f_1 + 0.5676$；$n_2 = 0.6757 \times f_1 + 0.5435$；$\cdots$；$p_5 = 0.8193 \times f_3 + 0.3288$

结构方程构建如下：

$$f_2 = -0.3382 \times f_1 + 0.8857；f_3 = -0.3114 \times f_1 + 0.1824 \times f_2 + 0.8314$$

根据路径系数，我们得出：流动人口的生活满意度(f_2)水平与其消极情绪体验(f_1)水平呈负相关关系($p < 0.0001$)；流动人口健康(f_3)水平与其消极情绪体验(f_1)水平呈负相关关系($p < 0.0001$)，而与生活满意度(f_2)水平呈正相关关系($p < 0.0001$)。生活满意度(f_2)在流动人口消极情绪体验(f_1)影响健康(f_3)过程中起到了中介作用，其作用的标准化路径系数为 $-0.3382 \times 0.1824 = -0.0617$；总效应的标准化路径系数为 $-0.3382 \times 0.1824 - 0.3114 = -0.3731$；中介效应在总效应中所占比例为 $-0.0617 \div (-0.3731) \approx 16.54\%$。研究者还可以根据模型运算结果，绘制带有路径系数的路径图以呈现研究结果。

9.5　多组模型

9.5.1　基础知识

前节所介绍的 SEM 其实是基于单组模型(single-group model)所构建的。但是在实际生活中，我们常常会需要研究不同组别，或者不同总体之中，是否适用同一量表，这就需要用到多组模型（multi-group model），又被称为重叠模型（staked model）。当我们在研究过程中碰到多个不同组别样本的数据，就可以使用多组模型来检验所假设的模型在不同组别的样本间是否等值。模型中的组别，可以是不同国家或者地区的总体，也可以是不同个体特征的组别（如性别、工种等）。此外，在医学研究中，多组模型还可以用于对不同治疗或者干预组进行群组比较，从而无需考虑个体是否被随机地分配到不同的组别（王济川、王小倩、姜宝法，2011）。

综上可知，SEM 多组分析主要适用于检验来自不同组别的样本在拟合所设定的同一模型的时候是否存在差异，可以理解为组间一致性检验。也就是需要检验对某一组别适用的 SEM 模型，其各个参数值在另一个组别是否也会一致。在多组比较时，我们通常需要首先假设模型在不同组别之间有着相同的基准模型，而各组别之间的模型参数是独立进行估计的，不对组间参数进行等值限制。这时我们需要检验的其实就是模型形态的组间一致性，即验证假设 $H_0 : f_A = f_B$，包括潜变量的数目、路径系数以及观测变量与潜在变量的载荷系数。这是多组分析的基础，只有假设检验结果证明了模型组间形态等值后，才能继续对模型参数的协方差矩阵进行组间一致性检验，即验证假设 $H_0 : \sum_A = \sum_B$。在参数矩阵中，研究者首先要检验各组间潜在变量是否相同，即进行潜在变量与观测变量之间载荷系数的组间一致性检验。在此基础上，研究者可以继续根据其所研究的问题实质及研究目的来依次检验以下假设：

（1）$H_0 : B_A = B_B, \ \varGamma_A = \varGamma_B$

（2）$H_0 : B_A = B_B, \ \varGamma_A = \varGamma_B, \ \varPhi_A = \varPhi_B$

（3）$H_0 : B_A = B_B, \ \varGamma_A = \varGamma_B, \ \varPhi_A = \varPhi_B, \ \varPsi_A = \varPsi_B$

其中，$B, \varGamma$ 表示 SEM 路径系数；$\varPhi$ 为测量误差的方差和协方差；$\varPsi$ 为回归残差的方差和协方差。以上各假设之间的关系为嵌套关系，以 $H_0 : f_A = f_B$ 为基础，当前一个假设被拒绝时，就不再需要对其后的假设进行检验（Yip et al，2005；郭剑等，2010）。

SEM 单组模型对于模型的评价主要是依据所设定的模型是否能达到相应的拟合优度指标标准来进行，而多组分析则是通过比较模型之间的拟合优度差异来实现的。除了前述常用的拟合指数外，还需要反映模型之间差异的增量拟合指标（卡方差 $\Delta \chi^2$）。当 $\Delta \chi^2$ 检验结果有统计学意义时，说明两模型存在差异，后一个模型中相应的假设被拒绝；如果 $\Delta \chi^2$ 不显著，说明模型稳定，可以适用于不同组别。

9.5.2　实例分析与 SAS 实现

本节继续使用 exe9 来进行操作演示。我们来检验在不同性别的流动人口中，消极情绪体验是否均可以通过影响流动人口的生活满意度水平，进而影响到流动人口的健康水平。在进行多组模型分析之前，我们需要先将 exe9 中的流动人口依据性别分别分为 male 和 female 两组，随后运行具体的多组模型程序。上述步骤的 SAS 语句如下所示。

SAS 程序：

```
data male female;
set exe9;
```

```
if gender = 0 then output male;
if gender = 1 then output female;
run;
proc calis data = male cov method = ml nobs = 8798;
fitindex noindextype on(only) = [ chisq df probchi srmsr rmsea ];
path
f1->n1 e1, f1->n2 e2, f1->n3 e3, f1->n4 e4, f1->n5 e5, f1->n6 e6,
f2->l1 e7, f2->l2 e8, f2->l3 e9, f2->l4 e10, f2->l5 e11,
f3->p1 e12, f3->p2 e13, f3->p3 e14, f3->p4 e15, f3->p5 e16;
pvar
f1 = 1. 0, f2 = 1. 0, f3 = 1. 0,
n1-n6 = e1-e6,
l1-l5 = e7-e11,
p1-p5 = e12-e16;
run;
proc calis data = female cov method = ml nobs = 7199;
fitindex noindextype on(only) = [ chisq df probchi srmsr rmsea ];
path
f1->n1 e1, f1->n2 e2, f1->n3 e3, f1->n4 e4, f1->n5 e5, f1->n6 e6,
f2->l1 e7, f2->l2 e8, f2->l3 e9, f2->l4 e10, f2->l5 e11,
f3->p1 e12, f3->p2 e13, f3->p3 e14, f3->p4 e15, f3->p5 e16;
pvar
f1 = 1. 0, f2 = 1. 0, f3 = 1. 0,
n1-n6 = e1-e6,
l1-l5 = e7-e11,
p1-p5 = e12-e16;
run;
proc calis method = ml;
fitindex noindextype on(only) = [ chisq df probchi srmsr rmsea ];
group 1/data = male nobs = 8798;
group 2/data = female nobs = 7199;
model 1/group = 1;
path
f1->n1 e1, f1->n2 e2, f1->n3 e3, f1->n4 e4, f1->n5 e5, f1->n6 e6,
f2->l1 e7, f2->l2 e8, f2->l3 e9, f2->l4 e10, f2->l5 e11,
f3->p1 e12, f3->p2 e13, f3->p3 e14, f3->p4 e15, f3->p5 e16;
pvar
f1 = 1. 0, f2 = 1. 0, f3 = 1. 0,
```

n1–n6 = e1–e6,

l1–l5 = e7–e11,

p1–p5 = e12–e16;

model 2/group = 2;

refmodel 1/allnewparms;

run;

SAS 程序解释：

nobs 告诉系统，该组共有多少观测数据。fitindex 指定需要输出的拟合指标。path 用来指定路径。所有单箭头都转换为相应的路径条目，箭头指向结果变量。在两个变量之间使用箭头符号：–>（或<–）。根据箭头方向，路径条目中 A 和 B 的顺序可以互换，换句话说，$A ->B$ 相当于 $B <- A$。refmodel 为一个引用工具，用于上一句程序 model 语句的范围内构建模型规范。它告诉 SAS 模型规范 2 中的固定参数和自由参数的模式等价于模型规范 1。allnewparms 代表"所有新参数"，意味着参数名称与模型规范 1 中的名称不同。默认情况下，SAS 会在模型规范 1 中的相应参数名中添加后缀 mdl2，以便在模型规范 2 中创建唯一的名称。

SAS 结果：

Fit Summary	
Chi-Square	2583. 3383
Chi-Square DF	69
Pr>Chi-Square	<. 0001
Standardized RMR（SRMR）	0. 0293
RMSEA Estimate	0. 0644

图 9-15　拟合结果：组 1

Fit Summary	
Chi-Square	29271. 0113
Chi-Square DF	69
Pr>Chi-Square	<. 0001
Standardized RMR（SRMR）	0. 2306
RMSEA Estimate	0. 2425

图 9-16　拟合结果：组 2

Fit Summary	
Chi-Square	194847. 5436
Chi-Square DF	138
Pr>Chi-Square	<. 0001
Standardized RMR（SRMR）	1. 6647
RMSEA Estimate	0. 4200

Fit Comparison Among Groups			
	Overall	Group 1	Group 2
Standardized RMR（SRMR）	1. 6647	0. 2249	2. 4691

图 9-17　组间拟合比较

SAS 结果解释：

组 1 和组 2 两组模型的具体结果解释与前节相似，此处不再赘述，这里仅展示两组模型拟合情况及组间比较结果。根据结果，组 1 拟合指标中 SRMR = 0. 0293，RMSEA = 0. 0644；组 2 拟合指标中 SRMR = 0. 2306，RMSEA = 0. 2425。两组模型是有差异的：$\chi^2(138) = 194847. 5$，$p<0. 0001$。即，该模型在男性流动人口和女性流动人口中具有组间差异，需要进行多组分析。

◎ 本章小结

本章主要介绍了结构方程模型的理论基础及 CFA、SEM 单组模型和多组模型在 SAS 中的实例操作程序。结构方程模型具有理论先验性的特点，模型的构建是基于理论视角，预先假定变量之间存在某种关系来进行验证分析。如果模型拟合达标，就可以验证该研究所假设的关系是合理的。与传统的线性回归分析相比，结构方程模型可同时考虑和处理多个变量之间的关系，容许自变量和因变量含测量误差，可以同时估计因子结构和因子关系，还可以对整个模型的拟合程度进行评估。但是，这种基于理论的研究假设在实际应用中并不能对变量间潜在的双向因果关系进行充分检验。当然，这也是横截面数据的固有弊端。随着学科的进步与发展，学者们又探索出了潜变量增长模型等利用追踪数据进行进一步探索的方法。但由于篇幅有限，本书不再对这些方法进行详述。

◎ 参考文献

[1]Brown T A. Confirmatory factor analysis for applied research [M]. New York: Guilford, 2006.

[2]Hayes A F, Preacher K J. Statistical mediation analysis with a multicategorical independent variable[J]. British Journal of Mathematical & Statistical Psychology, 2014, 67(3).

[3]Hoyle R H. Confirmatory factor analysis[J]. Journal of Sports Sciences, 2008, 17(6).

[4] Hu L T, Bentler P M. Cutoff criteria for fit indexes in covariance structure analysis:

Conventional criteria versus new alternatives[J]. Structural Equation Modeling，1999，6（1）.

[5]Jöreskog K G. A general approach to confirmatory factor analysis[J]. Psychometrika，1969，34(2).

[6]Mulaik S A. Confirmatory factor analysis[J]. Journal of Sports Sciences，1988，17(6).

[7]Yip P S F，Lau E H Y，Lam K F，et al. A chain multinomial model for estimating the real-time fatality rate of a disease，with an application to severe acute respiratory syndrome[J]. American Journal of Epidemiology，2005(7).

[8]方杰，温忠麟. 基于结构方程模型的有调节的中介效应分析[J]. 心理科学，2018，41（2）.

[9]方杰，温忠麟，张敏强，等. 基于结构方程模型的多层中介效应分析[J]. 心理科学进展，2014，22(3).

[10]郭剑，高洪艳，王媛，等. 大学生 HIV 检测影响因素的多组结构方程模型分析[J]. 中国卫生统计，2010(3).

[11]孟鸿伟. 模型构建方法与结构方程建模——与张建平同志商讨[J]. 心理学报，1994，26(4).

[12]曲波，郭海强，任继萍，等. 结构方程模型及其应用[J]. 中国卫生统计，2005，22（6）.

[13]王济川，王小倩，姜宝法. 结构方程模型：方法与应用[M]. 高等教育出版社，2011.

[14]王孟成. 潜变量建模与 Mplus 应用，基础篇[M]. 重庆大学出版社，2014.

[15]温忠麟，侯杰泰，马什赫伯特. 结构方程模型检验：拟合指数与卡方准则[J]. 心理学报，2004，36(2).

[16]温忠麟，叶宝娟. 有调节的中介模型检验方法：竞争还是替补[J]. 心理学报，2014，46(5).

[17]温忠麟，叶宝娟. 中介效应分析：方法和模型发展[J]. 心理科学进展，2014，22（5）.

第 10 章 潜在类别分析

近半个世纪以来，潜变量模型（latent variable modeling）得到了蓬勃发展。潜变量如社会经济地位、心理健康水平等无法直接测量，需要借助外显变量（manifest variable）。根据外显变量和潜变量类型的不同（连续型变量/类别变量），可以将潜变量模型划分为 4 类，见表 10-1。第九章我们主要讲述了验证性因子分析和结构方程模型，该方法要求外显变量和潜变量都是连续型变量。但在实践过程中，经常会遇到一组类别变量，潜在类别分析（latent class analysis，LCA）可以整合类别数据，生成分类潜变量，提高类别变量的分析价值。近年来，该方法在社会学、心理学、公共卫生等领域得到了广泛的应用。例如，Yang et al（2020）在 HIV 感染者中开展的一项研究，使用 LCA 分析了 10 个无序三分类变量，探讨了 HIV 疾病告知模式，识别了四种类型：系统性告知（11.2%），系统性隐藏（39.5%），配偶告知（29.0%）和父母告知（20.4%）。透过概率更加深入地了解 HIV 疾病告知模式的潜在影响因素，既从群体角度识别了系统性隐藏组是重点干预人群，也从个体角度发现哪些人最容易隐瞒自己的病情。

表 10-1 潜变量模型分类

潜变量	外显变量	
	类别	连续
类别	潜在类别分析 latent class analysis	潜在剖面分析 latent profile analysis
连续	潜在特质分析/项目反应理论 latent trait analysis/item response theory	因子分析 factor analysis

10.1 潜在类别分析基本概述

LCA 是以个体为中心的统计方法，采用"降维简化"技术，旨在通过少数潜类别变量来解释分类外显变量的关联，类别内的任意两个外显变量之间的关联已通过潜变量解释，进而维持外显变量局部独立性（Collins & Lanza，2010；邱皓政，2008）。该方法通过构造分类潜变量，克服了分类变量描述的单一性，可以进一步挖掘潜在的类别。如图 10-1 所示，U 为外显变量，可以是二分类变量、多分类变量或者两者的混合；C 为潜类别变量，一般而言，潜类别数目应小于外显变量的数目；协变量 X 指向潜变量 C 的箭头表示协变量影响个体类别归属，通常采用二分类 Logistic 回归（两个潜类别）或无序多分类 Logistic 回归（潜类别数达三个及以上）分析；潜变量 C 指向结局变量 Y 的箭头表示潜在类别可以预测结局变量，根据结局变量的类型（连续型变量、分类变量、计数变量等）选择不同的统计方法。通过 LCA 可以识别相对同质的亚组，进而分析其影响因素和对远端结局事件的影响（王孟成、毕向阳，2018）。当潜在类别分析不带有任何协变量和结局变量时，称之为无条件的潜在类别分析（unconditional latent class analysis），即图 10-1 中不含有变量 X 和 Y。

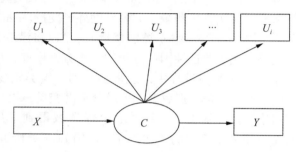

图 10-1 潜在类别分析

基于研究目的的不同，LCA 可以分为探索性和验证性 LCA。探索性 LCA 事先并不知道潜类别的数目，以未设限的方式进行参数估计，完全由观察数据来决定模型。而验证性 LCA 在进行分析之前提出一个先验的假设模型，通过增加参数限制来检验特定的假设，与观察数据进行对比，来决定是否支持假设模型。参数限制的类型主要包括等值限定、定值限定和不等值限定，一般而言，模型限定主要针对条件概率。例如，条件概率等值的多组分析，通过等值限定使得在不同组的个体在相同的潜类别内有相同的条件概率，即为等值设定。等值限定使得模型更加简洁，应用价值较高。定值限定是将模型中的参数给予特定的数值（通常是 0 或 1），而不是让参数自由估计，实际应用中很难给定具体的概率值，因此使用较少。目前已经有多种软件可以进行 LCA，如：Mplus、SAS、Stata、R、LatentGOLD 等。本节主要介绍了 LCA 的一些基本概念、模型拟合评价指标、模型估计步骤、无条件 LCA 的 SAS 实现等内容。

10.1.1 基本概念

潜类别概率（latent class probability）指各个潜类别的人数比例，类似于因子分析中的解释方差比例。各潜在类别概率之和等于 1。例如，1000 个被调查者被分成 3 个潜类别，潜类别概率分别为 50%，30% 和 20%，表示类别 1 有 500 个被调查者，占 50%；类别 2 有 300 个被调查者，占 30%；类别 3 有 200 个被调查者，占 20%。

条件概率（conditional probability）指潜类别组内的个体在外显变量上的作答概率，类似于因子分析中的因子载荷，反映潜变量与外显变量间关系的强弱。较大的条件概率表明潜变量对于该外显变量的影响较强。根据条件概率，命名和解释各潜类别。各外显变量的条件概率总和等于 1。例如，假设潜类别变量 C 有 3 个类别 $C1$，$C2$ 和 $C3$，外显变量 U 有两个选项，C_1 的条件概率，即计算 C_1 内的个体在 U 的两个选项上的应答概率。

同质性（homogeneity）指潜类别内部个体在外显变量上反应类型的一致性，同质性高说明同一类别内个体有着相似的反应类型，反之，则说明反应类型差异较大。

潜类别间距（latent class separation）指不同潜类别个体条件概率存在的差异。潜类别间距大，个体划分到所属类别的准确度越高。潜类别间距是影响分类准确度的重要因素，也可以影响潜类别的数目。

后验概率（posterior probability）指根据个体的作答类型，通过模型拟合得到个体属于某一潜类别的概率。常见的分类方法有莫代尔分配法（modal assignment）和比例分配法（proportional assignment）。莫代尔分配法根据后验概率最大的原则来决定个体的类别归属。例如，某个体 i 在 4 个类别上的后验概率分别是 0.90，0.05，0.04 和 0.01。由于 i 在类别 1 中的后验概率最高，所以该个体被归入类别 1，但存在一定的分类误差。比例分配法不直接将个体划分到某个潜类别，而是将后验概率作为权重纳入分析，考虑了分类误差。

10.1.2 模型拟合评价

保留正确的潜类别个数是 LCA 分析最关键的一步。高估和低估潜类别个数都将影响结果推论的准确度。主要通过对比以下指标来选择最优模型，但在实际应用中，不同模型拟合指标选取的最优模型可能存在差异，需综合考虑各拟合指标。

似然比卡方（G^2）。通过比较期望值与实际值的差异来判断模型拟合优劣，因而其值越小表示模型拟合越好。当样本量较大时，G^2 服从卡方分布，可以利用卡方分布进行假设检验。

信息评价指标 AIC、BIC 和 aBIC。蒙特卡罗模拟研究显示 BIC 指标优于其他信息评价指标（Nylund，Asparouhov & Muthén，2007）。当样本量超过千人或模型的参数较少时，可选取 BIC 指标。如果以上指标单调递减，可采用陡坡图来寻找拐点，若在某处存在明显的拐点，则选择相应的类别数。

Entropy 值。Entropy 值取值范围 0~1，其值越接近 1，模型分类越准确。Entropy 值大于 0.8，表明分类准确率超过 90%。Entropy 值与分类准确度高相关，其值大小受潜类别数、样本量和外显变量数影响。

似然比检验（BLRT）。通过基于 Bootstrap 的似然比检验（BLRT），使用 Bootstrap 重复抽样来比较两个嵌套模型间的对数似然比差异分布，如果 $p<0.05$，则表明 $k+1$ 个类别的模型（备择假设）显著优于 k 个类别的模型（零假设），应选择 $k+1$ 个类别的模型。有研究显示 BLRT 是潜在类别的分类最有效的指标（Nylund et al.，2007）。

各潜类别比例大小。若某一项潜类别占比较低（如低于 1% 或 25 个样本，也有研究显示低于 5% 或 50 个样本），则该潜类别的意义不大。

模型的实际意义和简洁性。具体来说，即使各项指标都提示保留 m 个类别，但其中一个潜类别的个体数目有限或者不易解释时，应考虑 $m-1$ 个类别的模型。

10.1.3 模型估计

参数估计采用 EM 算法（Expectation Maximization）和 NR 算法（Newton-Raphson），两种

方法均是基于极大似然估计的迭代算法。第一步，以初始值为起点进行估计获得最大值；第二步，以第一步获得的最大值再次进行估计，直到达到设定的收敛标准。EM 算法是 LCA 参数估计使用最广泛的一种方法，该方法不受初始值选择的影响，结果比较稳健，但迭代次数较多，且不提供标准误。NR 算法运行速度相对较快。两种方法均容易产生局部最优解（local maxima）而非全局最优解（global maxima），最优解类型的分辨可以通过设定不同的初始值进行模型估计，如果结果存在较大差异说明可能是一种局部性的收敛，得到的结果是局部最优解。局部收敛是 LCA 参数估计的一个潜在问题。初始值不同，得到的潜类别结果和潜类别的顺序也可能不同。即使使用相同的数据和指标，所得到的拟合结果和类别数目也相同，但潜类别的顺序也可能发生改变（第一个潜类别变成第二个潜类别），给 LCA 分析带来很大的麻烦。此外，同结构方程模型一样，LCA 也可能在估计过程中面临着模型识别问题，模型识别的必要非充分条件是自由度大于 0。如果模型无法识别，可以将部分参数设置限制，称之为设限模型（restricted model）。

10.1.4　模型估计步骤

首先，估计基准模型，即潜类别数等于 1。该模型与后续的多类别模型进行比较，因此也将其称为零模型。其次，逐步增加类别数目，进行各模型拟合评价，以寻找最佳模型。再次，根据后验概率，将每个个体归入不同的潜类别。最后，根据条件概率进行各潜类别的命名。

10.1.5　实例分析与 SAS 实现

采用武汉大学人口与健康研究中心于 2018 年在厄立特里亚大学生中开展的一项研究，有效样本为 507 个。采用 WHO-IQ 量表调查大学生童年不良经历（WHO，2018），共包含 13 个二分类变量（ACE1-ACE13），选项编码 1 = 是，2 = 否。本节将数据命名为 exe10_1，各外显变量详见表 10-2。

表 10-2　　　　　　　　　　　大学生童年不良经历状况（N = 507）

类别	发生率（%）
ACE1 身体虐待	36.7
ACE2 情感虐待	8.9
ACE3 性虐待	27.0
ACE4 家庭成员物质滥用史	4.9
ACE5 家庭成员监禁史	11.8
ACE6 家庭成员精神病史	6.3
ACE7 家庭暴力	38.7
ACE8 父母分居/离异	22.7
ACE9 情感忽视	19.1

续表

类别	发生率(%)
ACE10 身体忽视	17.6
ACE11 同伴欺凌	6.3
ACE12 社区暴力	31.0
ACE13 集体暴力	40.2

注：每个条目有两个选项，此表仅列出了回答"是"的概率。

SAS 程序：

proc lca data=exe10_1 outpost=Noninclusive_Post；
id ID；
nclass **3**；
items ACE1-ACE13；
categories **2 2 2 2 2 2 2 2 2 2 2 2 2**；
seed **941622**；
run；

SAS 程序解释：

首先，从 https://www.methodology.psu.edu/downloads/proclcalta/下载并安装 **proc lca**。**proc lca** 为实现 LCA 的过程步，通过 outpost 保存后验概率，根据后验概率最大决定类别归属，在 Noninclusive_Post 生成一个新的类别变量 BEST，nclass 3 表示 3 个潜类别数，items 用来指定变量名，categories 用来指定分类变量的类别数，seed 用来指定初始值。

SAS 结果：

```
        Data Summary, Model Information, and Fit Statistics (EM Algorithm)


    Number of subjects in dataset：        507
    Number of subjects in analysis：       507


    Number of measurement items：          13
    Response categories per item：         2 2 2 2 2 2 2 2 2 2 2 2 2
    Number of groups in the data：         1
    Number of latent classes：             3
    Rho starting values were randomly generated (seed = 941622).


    No parameter restrictions were specified (freely estimated).


    The model converged in 202 iterations.
```

Maximum number of iterations：5000

Convergence method：maximum absolute deviation（MAD）

Convergence criterion：　0. 000001000

==

Fit statistics：

==

Log-likelihood：   −2874. 16

G-squared：   928. 26

AIC：   1010. 26

BIC：   1183. 63

CAIC：   1224. 63

Adjusted BIC：   1053. 49

Entropy：   0. 77

Degrees of freedom：   8150

图 10-2 数据汇总、模型信息和拟合信息

Gamma estimates（class membership probabilities）：

Class：	1	2	3
	0. 1808	0. 6616	0. 1576

Rho estimates（item response probabilities）：

Response category　1：

Class：		1	2	3
ACE1	:	1. 0000	0. 1049	0. 7404
ACE2	:	0. 1298	0. 0117	0. 3652
ACE3	:	0. 2314	0. 2064	0. 5827
ACE4	:	0. 0000	0. 0231	0. 2159
ACE5	:	0. 1110	0. 0563	0. 3871
ACE6	:	0. 0000	0. 0471	0. 2029
ACE7	:	0. 6633	0. 2052	0. 8307
ACE8	:	0. 1843	0. 1949	0. 4094
ACE9	:	0. 1288	0. 1520	0. 4282
ACE10	:	0. 1114	0. 1219	0. 4745
ACE11	:	0. 0910	0. 0103	0. 2529
ACE12	:	0. 3783	0. 2109	0. 6455
ACE13	:	0. 4323	0. 3326	0. 6611

Response category	2：			
Class：		1	2	3
ACE1	：	0.0000	0.8951	0.2596
ACE2	：	0.8702	0.9883	0.6348
ACE3	：	0.7686	0.7936	0.4173
ACE4	：	1.0000	0.9769	0.7841
ACE5	：	0.8890	0.9437	0.6129
ACE6	：	1.0000	0.9529	0.7971
ACE7	：	0.3367	0.7948	0.1693
ACE8	：	0.8157	0.8051	0.5906
ACE9	：	0.8712	0.8480	0.5718
ACE10	：	0.8886	0.8781	0.5255
ACE11	：	0.9090	0.9897	0.7471
ACE12	：	0.6217	0.7891	0.3545
ACE13	：	0.5677	0.6674	0.3389

图 10-3　潜类别概率和条件概率

SAS 结果解释：

图 10-2 显示了数据汇总、模型信息及多个拟合指标（G^2，AIC，BIC，aBIC，Entropy），参数估计采用的是 EM 算法。图 10-3 显示了潜类别概率（gamma）和条件概率（rho）。通过改变 nclass 的数目分别拟合 1~5 个类别。通过 BLRT 来比较两个嵌套模型间的拟合效果。

SAS 程序：

```
%INCLUDE "C： \ Users \ Administrator \ Desktop \ LCA \ SAS \ LcaBootstrap-27h15vg \ LcaBootstrap. sas"；
proc lca data=exe10_1 outest=est2 outparam=par2；
nclass 2；
items ACE1-ACE13；
categories 2 2 2 2 2 2 2 2 2 2 2 2 2；
seed 941622；
nstarts 10；
run；
proc lca data=a outest=est3 outparam=par3；
nclass 3；
items ACE1-ACE13；
categories 2 2 2 2 2 2 2 2 2 2 2 2 2；
seed 941622；
nstarts 10；
run；
%LcaBootstrap( null_outest = est2,
alt_outest = est3,
```

```
null_outparam = par2,
alt_outparam = par3,
n = 507,
num_bootstrap = 99,
num_starts_for_null = 20,
num_starts_for_alt = 20,
cores = 1);
```

SAS 程序解释：

首先，从 https：//www. methodology. psu. edu/downloads/sasbootstrap/下载并安装%LcaBootstrap 宏，使用上述 SAS 语句来比较 3 个类别的模型是否优于 2 个类别的模型，通过 outest 和 outparam 保存参数输出结果，null_outest 和 alt_outest 分别表示零模型(2 个类别)和备择模型(3 个类别)的 outest，null_outparam 和 alt_outparam 分别表示零模型和备择模型的 outparam，num_bootstrap 表示 bootstrap 重复抽样的次数，默认为 99，数值越大运算时间越久。num_starts_for_null 和 num_starts_for_alt 分别表示零模型和备择模型为获得全局最优解，每次 bootstrap 抽样所需要的初始值，至少为 2，默认为 20。通过改变 nclass 的数目来比较不同潜在类别模型 BLRT 指标。

SAS 结果：

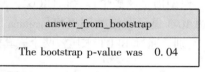

图 10-4　p-BLRT(class 3 vs. class2)

SAS 结果解释：

如图 10-4 所示 BLRT $p=0.04$，说明 3 个类别的模型拟合优于 2 个类别的模型。

表 10-3 列出了 1~5 个类别模型的拟合指标，不同指标选择的最优模型结果并不一致。图10-5显示，G^2、AIC、BIC、aBIC 随着类别数增多，呈下降趋势，但在 2 处存在明显拐点，提示 2 个类别的模型为最优模型，但 2 个类别的模型实际意义不高。Entropy 值提示应保留 3 个类别的模型。5 个类别的模型 BLRT $p=0.34$，说明 4 个类别的模型拟合优于 5 个类别的模型，提示应保留 4 个类别的模型。在确定最优模型时还应该考虑各类别的可解释性，因此进一步比较 3 个类别和 4 个类别模型的条件概率，根据实际意义确定最优模型。

表 10-3　　　　　　　　　　　　不同潜在类别的模型拟合指标

类别数	G^2	AIC	BIC	aBIC	Entropy	p-BLRT	类别概率(%)
1	1283.70	1309.70	1364.68	1323.41	—	—	—
2	967.71	1021.71	1135.88	1050.18	0.74	0.01	74.3/25.7
3	928.26	1010.26	1183.63	1053.49	0.77	0.04	15.8/66.2/18.1
4	890.93	1000.93	1233.50	1058.92	0.70	0.04	49.7/18.4/21.3/10.6
5	865.91	1003.91	1295.68	1076.66	0.75	0.34	54.1/19.9/13.7/10.0/2.3

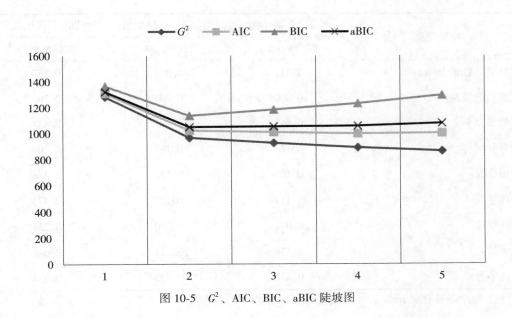

图 10-5 G^2、AIC、BIC、aBIC 陡坡图

从表 10-4 可以看出，13 个外显变量在同一类别内有着相似的反应类型，即组内同质性较高；三个类别间差异较大，即潜类别间距较大。通过比较表 10-4 和表 10-5，我们发现 3 个潜类别的模型组内同质性及潜类别间距均优于 4 个潜类别的模型，因此综合考虑以上信息，最终选择 3 个潜类别的模型。表 10-6 列出了 3 种组合分类结果，1 = 是，2 = 否。以第一个组合（2212221111111）为例，被分到 Class 3 的概率为 0.9987，高于其他类别，因此被分类到 Class 3。以此类推，如表 10-4 所示，依据后验概率最大原则，507 名大学生被分到类别 1、类别 2、类别 3 的人数分别为 92（18.1%）、335（66.2%）和 80（15.8%），各潜在类别的概率总和为 1。根据条件概率对各潜类别进行命名，类别 1 中的大学生经历身体虐待、家庭暴力、社区暴力、集体暴力的概率较高，而其他童年不良经历的风险较低，因此命名为暴力组；类别 2 中的大学生所有童年不良经历的概率均较低，因此将其命名为低风险组；类别 3 中的大学生各项童年不良经历的风险均较高，因此命名为高风险组。在 Excel 中绘制条件概率图可以更直观地显示不同潜类别的条件概率，见图 10-6。

表 10-4

条件概率和潜类别概率（Class = 3）

外显变量	类别 1：暴力组	类别 2：低风险组	类别 3：高风险组
	92（18.1%）	335（66.2%）	80（15.8%）
身体虐待	1.000	0.105	0.740
情感虐待	0.130	0.012	0.365
性虐待	0.231	0.206	0.583
家庭成员物质滥用史	0.000	0.023	0.216

续表

外显变量	类别 1：暴力组	类别 2：低风险组	类别 3：高风险组
	92（18.1%）	335（66.2%）	80（15.8%）
家庭成员监禁史	0.111	0.056	0.387
家庭成员精神病史	0.000	0.047	0.203
家庭暴力	0.663	0.205	0.831
父母分居/离异	0.184	0.195	0.409
情感忽视	0.129	0.152	0.428
身体忽视	0.111	0.122	0.475
同伴欺凌	0.091	0.010	0.253
社区暴力	0.378	0.211	0.646
集体暴力	0.432	0.333	0.661

注：每个条目有两个选项，此表仅列出了回答是的条件概率。

表 10-5   **条件概率和潜类别概率（Class=4）**

外显变量	类别 1	类别 2	类别 3	类别 4
	54（10.6%）	108（21.3%）	93（18.4%）	252（49.7%）
身体虐待	0.897	1.000	0.000	0.119
情感虐待	0.499	0.126	0.010	0.015
性虐待	0.593	0.272	0.475	0.125
家庭成员物质滥用史	0.253	0.000	0.089	0.013
家庭成员监禁史	0.410	0.140	0.191	0.020
家庭成员精神病史	0.241	0.015	0.108	0.029
家庭暴力	0.840	0.669	0.482	0.134
父母分居/离异	0.407	0.224	0.389	0.130
情感忽视	0.444	0.159	0.323	0.103
身体忽视	0.507	0.131	0.233	0.103
同伴欺凌	0.363	0.081	0.000	0.015
社区暴力	0.676	0.400	0.319	0.190
集体暴力	0.658	0.469	0.527	0.274

注：每个条目有两个选项，此表仅列出了回答是的条件概率。

表 10-6	潜在类别分析的分类结果举例			
原始数据	后验概率			分组结果
	Class 1	Class 2	Class 3	
2212221111111	0.001312	0.000000	0.998688	3
1222221222221	0.023809	0.857122	0.119070	1
2222222222222	0.000110	0.999890	0.000110	2

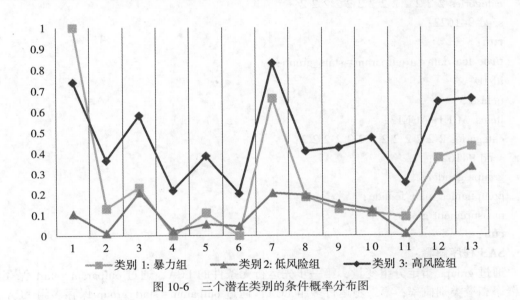

图 10-6 三个潜在类别的条件概率分布图

10.2 多组潜在类别分析

在潜在类别分析中，我们经常面对来自两个或多个不同组别的观察对象进行潜在类别分析的情形。多组潜在类别分析(multiple-group LCA)可以对两组或两组以上观察对象在同一组外显变量的反应进行分析，比较不同总体下的参数估计是否有差异。常见的分组变量有性别、种族、城乡、出生队列、年龄、社会经济地位等。完全不限定的多组 LCA，即用 LCA 模型分别估计各组数据。还可以通过等值限定，进行多组 LCA 分析，组间差异可以体现在条件概率和类别概率(即条件概率和类别概率自由估计)，或者只体现在潜类别概率(即条件概率等值，潜类别概率自由估计)。条件概率等值的多组 LCA 嵌套于条件概率自由估计的模型，可以通过似然比检验来比较增加参数限定是否优化了模型拟合。根据本章第一节无条件 LCA 的结果，选择三个潜类别。以性别作为分组变量，首先对性别进行编码(1＝男，2＝女)，再进行多组分析。本节将数据命名为 exe10_2。

10.2.1　条件概率等值

SAS 程序:

proc lca data＝exe10_2 outparam＝start;
id ID;
nclass 3;
items ACE1－ACE13;
categories 2 2 2 2 2 2 2 2 2 2 2 2 2;
seed 941622;
run;
proc lca data＝a outparam＝start_group;
id ID;
nclass 3;
items ACE1－ACE13;
categories 2 2 2 2 2 2 2 2 2 2 2 2 2;
seed 941622;
groups gender;
groupnames male female;
measurement groups;
run;

SAS 程序解释:

通过 groups 指定分组变量,第一步先运行无条件的 LCA,通过 outparam＝start 保存条件概率和潜类别概率;第二步运行多组 LCA,通过 outparam＝start_group 保存多组 LCA 分析的条件概率和潜类别概率,通过 measurement 来指定条件概率跨组不变。

SAS 结果:

Gamma estimates (class membership probabilities):

Class:		1	2	3
MALE	:	0.2079	0.5679	0.2242
FEMALE	:	0.0883	0.8295	0.0823

Rho estimates (item response probabilities):

(All groups)

Response category 1:

Class:		1	2	3
ACE1	:	1.0000	0.1551	0.7145
ACE2	:	0.1697	0.0123	0.3569
ACE3	:	0.2502	0.2071	0.5755
ACE4	:	0.0000	0.0210	0.2252
ACE5	:	0.1527	0.0539	0.3769

ACE6	:	0.0000	0.0449	0.2065
ACE7	:	0.7881	0.2082	0.8069
ACE8	:	0.1866	0.1916	0.4253
ACE9	:	0.1434	0.1462	0.4420
ACE10	:	0.1287	0.1165	0.4881
ACE11	:	0.0890	0.0147	0.2575
ACE12	:	0.4198	0.2111	0.6496
ACE13	:	0.4963	0.3222	0.6746

Response category 2:

Class:		1	2	3
ACE1	:	0.0000	0.8449	0.2855
ACE2	:	0.8303	0.9877	0.6431
ACE3	:	0.7498	0.7929	0.4245
ACE4	:	1.0000	0.9790	0.7748
ACE5	:	0.8473	0.9461	0.6231
ACE6	:	1.0000	0.9551	0.7935
ACE7	:	0.2119	0.7918	0.1931
ACE8	:	0.8134	0.8084	0.5747
ACE9	:	0.8566	0.8538	0.5580
ACE10	:	0.8713	0.8835	0.5119
ACE11	:	0.9110	0.9853	0.7425
ACE12	:	0.5802	0.7889	0.3504
ACE13	:	0.5037	0.6778	0.3254

图 10-7 多组分析潜类别概率和条件概率(条件概率等值)

SAS 结果解释：

通过图 10-7 可以看出，男大学生和女大学生在潜类别概率上确实存在较大差异。具体来说，男大学生暴力组(类别 1)和高风险组(类别 3)的类别概率高于女大学生。

10.2.2 条件概率自由估计

SAS 程序：

```
proc lca data=exe 10_2;
nclass 3;
items ACE1-ACE13;
categories 2 2 2 2 2 2 2 2 2 2 2 2 2;
seed 941622;
groups gender;
groupnames male female;
run;
```

SAS 结果：

Gamma estimates（class membership probabilities）：

Class：	1	2	3
MALE　　：	0.2547	0.4922	0.2531
FEMALE　：	0.3328	0.6007	0.0665

Rho estimates（item response probabilities）：

MALE　　　：
Response category　1：

Class：	1	2	3
ACE1　：	0.9855	0.0416	0.6405
ACE2　：	0.1101	0.0105	0.3164
ACE3　：	0.2820	0.1050	0.4226
ACE4　：	0.0000	0.0163	0.1843
ACE5　：	0.1807	0.0315	0.3280
ACE6　：	0.0000	0.0481	0.1843
ACE7　：	0.6682	0.1379	0.8034
ACE8　：	0.1891	0.1749	0.4728
ACE9　：	0.0877	0.1370	0.4942
ACE10　：	0.1804	0.1370	0.4472
ACE11　：	0.0411	0.0051	0.2111
ACE12　：	0.4360	0.2886	0.6205
ACE13　：	0.5462	0.4425	0.7352

FEMALE　　：
Response category　1：

Class：	1	2	3
ACE1　：	0.7098	0.0000	0.9413
ACE2　：	0.0869	0.0000	0.5238
ACE3　：	0.1875	0.3028	1.0000
ACE4　：	0.0000	0.0353	0.3402
ACE5　：	0.0158	0.0862	0.5209
ACE6　：	0.0482	0.0409	0.2279
ACE7　：	0.4092	0.2292	0.8543
ACE8　：	0.2341	0.1746	0.2469
ACE9　：	0.1296	0.1568	0.4511
ACE10　：	0.0238	0.1404	0.4705
ACE11　：	0.0875	0.0014	0.4480
ACE12　：	0.2560	0.1311	0.6505
ACE13　：	0.2445	0.2452	0.4553

图 10-8　多组分析的潜类别概率和条件概率（条件概率自由估计）

SAS 结果解释：

由于篇幅限制，本书只列出了男大学生和女大学生回答"是"的条件概率。进一步的，我们对上面运行的两种模型的拟合指数进行简单的比较，结果见表 10-7。不同指标之间最优模型的选择不一致。卡方检验显示，G^2 的差值具有统计学意义，说明 Model 2（条件概率自由估计）优于 Model 1（条件概率等值）。G^2、AIC、Entropy 均提示 Model 2 优于 Model 1，而 BIC 和 aBIC 结果则相反。当结果不一致时，需要进一步比较不同性别的条件概率，发现性别差异较小。当自由度较大时（G^2 偏离卡方分布），因此 AIC、BIC 和 aBIC 在模型选择时优于 G^2 的差值。因此，综合考虑以上信息，我们更倾向于选择简洁的模型，即 Model 2（条件概率等值）。

表 10-7　　　　　　　　　　　　　**分组分析两种模型的拟合指数比较**

	G^2	AIC	BIC	aBIC	Entropy	df
Model 1：条件概率等值	1292.48	1378.48	1560.31	1423.82	0.78	16340
Model 2：条件概率自由估计	1181.22	1345.22	1691.95	1431.68	0.86	16301

$G_2{}^2 - G_1{}^2 = 111.26$，df = 39，$p < 0.001$

10.3　带有协变量的潜在类别分析

在确定最优模型之后，我们需进一步探讨哪些协变量可以影响个体的类别归属。协变量可以是分类变量，也可以是连续型变量，在纳入协变量之前，分类变量需进行哑变量化，连续型变量需进行标准化，以便于协变量效应的比较。分析方法主要包括单步法、简单三步法和稳健三步法。本节将数据集命名为 exe10_3，BEST 是无条件 LCA 得到的一个新的潜类别变量。

10.3.1　单步法

单步法在建模时一次完成测量模型和结构模型的参数估计，协变量的纳入和剔除会影响模型估计结果，当存在较多协变量时，操作性较差。首先对协变量进行编码（race：1=提格里尼亚族，0=其他；gender：1=男，0=女；pedu：父母是否至少有一方拥有大学及以上文凭，1=是，0=否；urban：1=城市，0=农村；growup：是否由父母陪伴长大，1=是，0=否）。根据无条件 LCA 的结果，选择三个潜类别作为因变量，指定类别 2 作为参照组，采用无序多分类 logistic 回归（multinominal logistic regression）来探讨不同潜类别的影响因素。

SAS 程序：
proc lca data = exe 10_3；

```
nclass 3;
items ACE1-ACE13;
categories 2 2 2 2 2 2 2 2 2 2 2 2 2;
covariates race pedu gender urban growup;
seed 941622;
reference 2;
run;
```
SAS 结果:

Class membership probabilities: Gamma estimates (standard errors)			
Class:	1	2	3
	0.1443	0.6474	0.2082
	(0.0184)	(0.0275)	(0.0251)

Item response probabilities: Rho estimates (standard errors)

Response category 1:

Class:		1	2	3
ACE1	:	0.3772	0.2103	0.8466
		(0.0682)	(0.0266)	(0.0542)
ACE2	:	0.0906	0.0108	0.3298
		(0.0434)	(0.0066)	(0.0552)
ACE3	:	0.3228	0.2014	0.4476
		(0.0622)	(0.0239)	(0.0567)
ACE4	:	0.0000	0.0241	0.1617
		(0.0000)	(0.0097)	(0.0392)
ACE5	:	0.1086	0.0555	0.3204
		(0.0454)	(0.0149)	(0.0523)
ACE6	:	0.0578	0.0420	0.1324
		(0.0356)	(0.0117)	(0.0372)
ACE7	:	0.4434	0.2180	0.8712
		(0.0674)	(0.0277)	(0.0430)
ACE8	:	1.0000	0.0676	0.1859
		(0.0000)	(0.0229)	(0.0545)
ACE9	:	0.3132	0.1265	0.3084
		(0.0588)	(0.0200)	(0.0508)
ACE10	:	0.1939	0.1113	0.3626
		(0.0513)	(0.0193)	(0.0532)
ACE11	:	0.0770	0.0194	0.1893
		(0.0336)	(0.0085)	(0.0420)
ACE12	:	0.3796	0.2062	0.5829
		(0.0641)	(0.0239)	(0.0583)
ACE13	:	0.4811	0.3158	0.6171
		(0.0675)	(0.0277)	(0.0550)

图 10-9　潜类别概率和条件概率（单步法）

```
Beta estimates ( standard errors )
Class：                 1              2            3
   Intercept          1.9456      Reference      -1.6803
                      (1.1090)                   (0.9575)
   race     ：        -0.7391                     0.7181
                      (0.9322)                   (0.4493)
   pedu     ：        -0.1322                     0.5645
                      (0.7044)                   (0.3003)
   gender   ：         0.8505                     1.5992
                      (0.6530)                   (0.3136)
   urban    ：         0.3258                    -0.4842
                      (0.7665)                   (0.3636)
   growup   ：        -5.3949                    -0.9134
                      (0.9023)                   (0.8445)
```

图 10-10 协变量的 β 估计值（单步法）

```
Odds Ratio estimates [ 95% Confidence Interval ]

Class：                       1           2           3
Intercept( odds )：        6.9980    Reference    0.1863
   Lower bound            [0.7962]               [0.0285]
   Upper bound            [61.511]               [1.2169]
   race     ：             0.4775                 2.0505
   Lower bound            [0.0768]               [0.8499]
   Upper bound            [2.9686]               [4.9469]
   pedu     ：             0.8762                 1.7585
   Lower bound            [0.2203]               [0.9762]
   Upper bound            [3.4851]               [3.1679]
   gender   ：             2.3408                 4.9491
   Lower bound            [0.6509]               [2.6767]
   Upper bound            [8.4187]               [9.1508]
   urban    ：             1.3852                 0.6162
   Lower bound            [0.3084]               [0.3022]
   Upper bound            [6.2223]               [1.2566]
   growup   ：             0.0045                 0.4012
   Lower bound            [0.0008]               [0.0766]
   Upper bound            [0.0266]               [2.0998]
```

图 10-11 协变量的 OR（95% CI）估计值（单步法）

SAS 结果解释：

图 10-9 显示了条件概率和类别概率，图 10-10 和图 10-11 分别显示了协变量的 β 估计值和OR（95% CI）估计值。与类别 2 相比，男大学生（$\beta=1.5992$，OR $=4.9492$，95% CI $=$

2.6767~9.1508)被分配到类别 3 的概率是女大学生的 4.9492 倍，与类别 2 相比，父母陪伴长大的大学生(β=-5.3949，OR=0.0045，95%CI：0.0008~0.0266)被分配到类别 3 的概率较低。其他协变量均无统计学意义。与无条件 LCA 相比，协变量的纳入确实影响了模型的潜类别概率和条件概率，使得最优模型的选择更为困难，不易被研究者理解，因而实际应用较少。

10.3.2　简单三步法

简单三步法根据最大后验概率决定个体分入不同的潜类别组，因此该方法也称为最可能类别回归法（most likely class regression）。第一步，进行无条件 LCA，选择最优模型；第二步，根据最大后验概率决定个体的归属类别，即潜变量分组；第三步，将潜变量分组直接作为观测因变量进行后续分析。比较变量在潜类别组间差异可以采用卡方检验或者方差分析，多因素分析可以采用无序多分类 logistic 回归。由于简单三步法未处理分类误差，分类误差越大，越容易低估类别潜变量和协变量之间的关系（Bolck et al，2004）。该方法在实践中应用较为广泛。

SAS 程序：

proc catmod data=exe10_3；

model BEST = race pedu gender urban growup；

run；

使用 **proc catmod** 程序分析无序多分类因变量，默认因变量（BEST）的最后一个类别作为参照组。

Analysis of Maximum Likelihood Estimates						
Parameter		Function Number	Estimate	Standard Error	Chi-Square	Pr>ChiSq
Intercept		1	-0.2147	0.3293	0.43	0.5144
		2	1.3581	0.2454	30.62	<.0001
race	0	1	-0.2924	0.2645	1.22	0.2690
	0	2	0.1438	0.1946	0.55	0.4597
pedu	0	1	-0.1026	0.1704	0.36	0.5471
	0	2	0.0332	0.1478	0.05	0.8225
gender	0	1	0.1607	0.1700	0.89	0.3446
	0	2	0.6275	0.1450	18.72	<.0001
urban	0	1	-0.3155	0.2085	2.29	0.1302
	0	2	-0.1642	0.1625	1.02	0.3124
growup	0	1	-0.2366	0.1974	1.44	0.2307
	0	2	-0.3919	0.1651	5.63	0.0176

图 10-12　无序多分类 Logistic 回归（简单三步法）

SAS 结果解释：

图 10-12 显示了无序多分类 logistic 回归的结果。具体来说，与高风险组相比，女大学生有更高的概率被分配到低风险组（$\beta = 0.6275$，$p < 0.001$），无父母陪伴长大的大学生被分配到低风险组（$\beta = -0.3919$，$p = 0.0176$）的概率较低。

10.3.3 稳健三步法

由于简单三步法会低估协变量与类别潜变量之间的关系，因此提出了稳健三步法。分析步骤同简单三步法，区别是稳健三步法在第二步考虑了分类误差（Bolck et al.，2004；Vermunt，2010；Dziak et al，2020）。需从 https：//www.methodology.psu.edu/？s = Covariates_3Step_v10.sas 下载并安装%LCA_Covariates_3Step 宏。

SAS 程序：

```
options mprint mlogic；
%INCLUDE"C：\ Users \ Administrator \ Desktop \ LCA \ SAS \ LCA_Covariates_3Step_v10.sas"；
proc lca data = exe 10_3 outpost = Noninclusive_Post；
nclass 3；
items ACE1-ACE13；
categories 2 2 2 2 2 2 2 2 2 2 2 2 2；
seed 941622；
nstarts 10；
id ID race pedu gender urban growup；
RHO prior = 1；
run；
%LCA_Covariates_3Step(postprobs = Noninclusive_Post,
id =ID, Covariates = race pedu gender urban growup)；
```

SAS 程序解释：

options mprint mlogic 表示打印无序多分类 logistic 回归的结果，第一步进行无条件的 LCA，通过 outpost 保存后验概率，并命名为 Noninclusive_Post，通过 RHO prior = 1 调用条件概率；第二步纳入协变量进行无序多分类 logistic 回归，默认类别 1 为参照组。

SAS 结果：

Class membership probabilities：Gamma estimates（standard errors）			
Class：	1	2	3
	0.6523	0.1883	0.1594
	(0.0490)	(0.0448)	(0.0313)
Item response probabilities：Rho estimates（standard errors）			
Response category 1：			
Class：	1	2	3
ACE1 ：	0.1017	0.9683	0.7384
	(0.0544)	(0.0678)	(0.0684)

ACE2	:	0. 0111	0. 1253	0. 3625
		(0. 0069)	(0. 0569)	(0. 0679)
ACE3	:	0. 2056	0. 2315	0. 5796
		(0. 0244)	(0. 0634)	(0. 0738)
ACE4	:	0. 0233	0. 0002	0. 2133
		(0. 0093)	(0. 0018)	(0. 0578)
ACE5	:	0. 0558	0. 1093	0. 3840
		(0. 0141)	(0. 0536)	(0. 0680)
ACE6	:	0. 0473	0. 0016	0. 2002
		(0. 0125)	(0. 0106)	(0. 0547)
ACE7	:	0. 2010	0. 6540	0. 8281
		(0. 0271)	(0. 1209)	(0. 0558)
ACE8	:	0. 1939	0. 1885	0. 4066
		(0. 0237)	(0. 0563)	(0. 0672)
ACE9	:	0. 1517	0. 1295	0. 4260
		(0. 0217)	(0. 0597)	(0. 0688)
ACE10	:	0. 1220	0. 1103	0. 4711
		(0. 0197)	(0. 0481)	(0. 0780)
ACE11	:	0. 0102	0. 0869	0. 2511
		(0. 0062)	(0. 0384)	(0. 0598)
ACE12	:	0. 2096	0. 3731	0. 6431
		(0. 0250)	(0. 0743)	(0. 0678)
ACE13	:	0. 3315	0. 4294	0. 6593
		(0. 0280)	(0. 0748)	(0. 0651)

图 10-13 潜类别概率和条件概率

CLASS	NAME	BETA	STD_ERR	Z	P
2	_Intercept_	−3. 91584	1. 31387	−2. 98040	0. 00144
2	race	1. 60509	1. 05772	1. 51750	0. 06457
2	pedu	0. 46806	0. 36075	1. 29745	0. 09724
2	gender	1. 10671	0. 35065	3. 15617	0. 00080
2	urban	0. 70077	0. 63902	1. 09663	0. 13640
2	growup	−0. 19671	0. 49822	−0. 39481	0. 34649
3	_Intercept_	−1. 49700	0. 62098	−2. 41069	0. 00796
3	race	0. 29859	0. 44861	0. 66560	0. 25283
3	pedu	0. 06829	0. 37657	0. 18135	0. 42805
3	gender	1. 47022	0. 38627	3. 80620	0. 00007
3	urban	−0. 39721	0. 39630	−1. 00229	0. 15810
3	growup	−0. 91673	0. 39643	−2. 31249	0. 01038

图 10-14 协变量的 β 估计值(稳健三步法)

CLASS	NAME	BETA	LOWER_CI_BETA	UPPER_CI_BETA
2	_Intercept_	−3.91584	−6.49102	−1.34067
2	race	1.60509	−0.46805	3.67823
2	pedu	0.46806	−0.23901	1.17513
2	gender	1.10671	0.41944	1.79399
2	urban	0.70077	−0.55171	1.95324
2	growup	−0.19671	−1.17322	0.77981
3	_Intercept_	−1.49700	−2.71413	−0.27987
3	race	0.29859	−0.58068	1.17787
3	pedu	0.06829	−0.66978	0.80636
3	gender	1.47022	0.71313	2.22730
3	urban	−0.39721	−1.17396	0.37954
3	growup	−0.91673	−1.69372	−0.13973

图 10-15　协变量的 β(95% CI)估计值(稳健三步法)

CLASS	NAME	EXP_BETA	LOWER_CI_EXP_BETA	UPPER_CI_EXP_BETA
2	_Intercept_	0.01992	0.00152	0.2617
2	race	4.97831	0.62622	39.5762
2	pedu	1.59689	0.78740	3.2386
2	gender	3.02440	1.52111	6.0134
2	urban	2.01530	0.57596	7.0515
2	growup	0.82143	0.30937	2.1811
3	_Intercept_	0.22380	0.06626	0.7559
3	race	1.34796	0.55952	3.2474
3	pedu	1.07067	0.51182	2.2397
3	gender	4.35017	2.04037	9.2748
3	urban	0.67219	0.30914	1.4616
3	growup	0.39983	0.18383	0.8696

图 10-16　协变量的 OR(95% CI)估计值(稳健三步法)

SAS 结果解释：

图 10-13 显示了稳健三步法分析的条件概率和潜类别概率，图 10-14 和图 10-15 展示了 β 系数和 95% CI；图 10-16 展示了 OR 值（95% CI）。结果显示，与低风险组相比，男大学生有较高的概率被分配到暴力组（$\beta=1.1067$，OR $=3.0244$，$p<0.001$）和高风险组（$\beta=1.4702$，OR $=4.3502$，$p<0.001$）；与低风险组相比，有父母陪伴长大的大学生被分配到高风险组（$\beta=-0.9167$，OR $=0.3998$，$p=0.010$）概率较低。

10.4　带有结局变量的潜在类别分析

在实践中，我们可能对潜类别是否预测远端结局事件感兴趣，并且根据结局变量类型（连续型变量、二分类变量、多分类变量、计数变量），选择不同的模型。在本节中，我们主要探究了潜类别对二分类和连续型结局变量的影响。采用心理健康自评量表（SRQ-20）（Beusenberg et al. 1994）测量抑郁水平，总分越高，表明其抑郁水平越高，在数据库中命名为 ZC，在纳入分析之前需对其进行标准化（z-score 标准化）。为了演示结局变量为二分类变量的模型，我们将抑郁得分转化为 0，1 计分，在数据库中表示为 ZB。将总分 $\leqslant6$ 记为 0，表示无抑郁症状；>6 分记为 1，表示有抑郁症状。本节将数据命名为数据集 exe10_4。类别变量 BEST 是无条件 LCA 得到一个新的类别变量，在本例中为无序三分类变量，需要设置哑变量，类别 1，即暴力组表示为：$x_{11}=1$，$x_{12}=0$；类别 2，即低风险组表示为：$x_{11}=0$，$x_{12}=0$，为参照组；类别 3，即高风险组表示为：$x_{11}=0$，$x_{12}=1$。

10.4.1　结局变量为连续型变量

10.4.1.1　简单三步法

简单三步法虽然过程简单，但由于未处理分类误差，容易低估潜类别和结局变量之间的关系。但简单三步法的优势是在探讨潜类别对因变量影响时，可以控制其他协变量。

SAS 程序：

```
proc reg data = exe 10_4;
model ZC =race pedu gender urban growup {x11 x12};
run;
```

采用 proc reg 语句进行多重线性回归。

SAS 结果：

Parameter Estimates						
Variable	Label	DF	Parameter Estimate	Standard Error	t Value	Pr>|t|
Intercept	Intercept	1	0.22512	0.19165	1.17	0.2407
race	race	1	0.01204	0.13377	0.09	0.9283
pedu	pedu	1	0.11721	0.09227	1.27	0.2046
gender	gender	1	−0.42124	0.09070	−4.64	<.0001
urban	urban	1	−0.07438	0.11487	−0.65	0.5176
growup	growup	1	−0.14060	0.12093	−1.16	0.2455
x11	x11	1	0.11990	0.11349	1.06	0.2912
x12	x12	1	0.62231	0.12747	4.88	<.0001

图 10-17　多重线性回归

SAS 结果解释：

图 10-17 表明，在控制其他协变量后，男大学生抑郁水平均值较低（$\beta=-0.4212$，$p<0.001$），与低风险组相比，高风险组（$\beta=0.6223$，$p<0.001$）的大学生抑郁水平均值较高。

10.4.1.2　BCH 法

BCH 法最早由 Block，Croon & Hagenaars（2004）提出，只适用于分类结局变量，随后 Vermunt（2010）和 Vermunt & Magidson（2015）对该方法进行了改善，亦可应用于连续型结局变量。第一步，在不纳入结局变量的情况下进行 LCA。第二步，依据后验概率进行加权，主要方法有非调整的莫代尔分配法（unadjusted modal assignment）、BCH-调整的莫代尔分配法（BCH-adjusted modal assignment）、非调整的比例分配法（unadjusted proportional assignment）、BCH-调整的比例分配法（BCH-adjusted proportional assignment）。第三步，根据权重变量计算结局变量在每个类别内的均值（连续型结局变量）或概率（分类结局变量）。BCH 每次只纳入一个结局变量，如果对其他结果变量感兴趣，需要单独运行其他模型（Dziak et al，2017）。

SAS 程序：

```
%INCLUDE
"C：\ Users \ Administrator \ Desktop \ LCA \ SAS \ LCA_Distal_BCH_v110-1-10jyv0q
\ LCA_Distal_BCH_v110. sas"；
proc lca data=exe 10_4 outparam = conti_param outpost=conti_post；
id ID；
nclass 3；
items ACE1−ACE13；
categories 2 2 2 2 2 2 2 2 2 2 2 2 2；
```

```
seed 941622;
RHO prior = 1;
nstarts 20;
maxiter 5000;
criterion 0.000001;
run;
%LCA_Distal_BCH( input_data = a,
param = conti_param,
post = conti_post,
id = ID,
distal = ZC,
metric = Continuous);
```

SAS 程序解释：

首先，从 https://www.methodology.psu.edu/downloads/distal/下载并调用 LCA_Distal_BCH_v110.sas 宏。通过 maxiter 指定最大迭代次数，distal 指定结局变量名，metric 指定结局变量的类型，可以是二分类变量(binary)，连续型变量(continuous)，计数变量(count)，分类变量(categorical)，在本例中为连续型变量。

SAS 结果：

CLASS	DISTAL_MEAN	DISTAL_STD_ERROR_FOR_MEAN	DISTAL_CI_LOWER	DISTAL_CI_UPPER
1	−0.10663	0.05958	−0.22340	0.01014
2	−0.07568	0.13039	−0.33124	0.17988
3	0.52569	0.14027	0.25077	0.80060

图 10-18　BCH 估计的抑郁水平的均值、标准误、95% CI

NAME	ESTIMATE	STD_ERROR	WALD_STATISTIC	DF	P_VALUE
Difference in Means：Class 2 versus Class 1	0.03096	0.15240	0.0413	1	0.83904
Difference in Means：Class 3 versus Class 1	0.63232	0.15489	16.6667	1	0.00004
Difference in Means：Class 3 versus Class 2	0.60136	0.21331	7.9477	1	0.00481
Omnibus Test	.	.	16.6697	2	0.00024

图 10-19　Wald 卡方检验

SAS 结果解释：

图 10-18 展示了 BCH 估计的不同类别的大学生抑郁水平的均值、标准误、95% CI。

图 10-19 通过 Wald 卡方检验比较了不同类别的大学生抑郁水均值的差异。具体来说，与高风险组相比，低风险组和暴力组中的大学生抑郁水平均值较低，差异具有统计学意义。

10.4.1.3　LTB 法

LTB 法最早由 Lanza，Tan，& Bray（2013）提出，后进一步发展适用于连续型、二分类、多分类、计数类型的结局变量。当连续型结局变量的方差在不同类别内相等时，LTB 法的估计是无偏的。但当存在异方差时，BCH 法比 LTB 法更稳健、偏倚更小（Bakk & Vermunt，2016）。目前，LTB 实际应用较少，主要用于和 BCH 法的结果进行比较（Dziak，et al.，2017）。从 https：//www.methodology.psu.edu/downloads/distal/ 下载并调用 LCA_Distal_LTB_v110.sas 宏。

SAS 程序：

```
%INCLUDE
"C：\Users\Administrator\Desktop\LCA\SAS\LCA_Distal_LTB_v110-1-spex7u\LCA_Distal_LTB_v110.sas"；
pro lcadata=exe 10_4 outparam=Conti_param；
id ID；
nclass 3；
items ACE1-ACE13；
categories 2 2 2 2 2 2 2 2 2 2 2 2 2；
covariates ZC；
seed 941622；
RHO prior=1；
nstarts 20；
maxiter 5000；
criterion 0.000001；
run；
%LCA_Distal_LTB（input_data=a，
param=Conti_param，
distal=ZC，
metric=2，
output_data set_name=Conti_res）；
```

SAS 程序解释：

首先将结局变量作为协变量纳入 LCA，通过 metric 指定结局变量类型，metric = 1 表示二分类结局变量，metric = 2 连续型结局变量，metric = 3 表示计数结局变量，metric = 4 表示分类结局变量，在本例中结局变量为连续型变量。

SAS 结果：

Beta estimates (standard errors)

Class：	1	2	3
Intercept	Reference	1. 0840	−0. 1781
		(0. 9158)	(0. 7488)
ZC ：		−0. 1335	0. 5841
		(0. 1822)	(0. 2082)

图 10-20　β 系数估计值(标准误)

Odds Ratio estimates [95% Confidence Interval]

Class：	1	2	3
Intercept(odds)：	Reference	2. 9566	0. 8369
Lower bound		[0. 4912]	[0. 1929]
Upper bound		[17. 798]	[3. 6313]
ZC ：		0. 8750	1. 7934
Lower bound		[0. 6123]	[1. 1924]
Upper bound		[1. 2505]	[2. 6973]

图 10-21　OR 估计值(95% CI)

Beta parameter test (Type III)：　(based on 2 * log-likelihood)

Covariate	Exclusion LL	Change in 2 * LL	deg freedom	p-Value
ZC	−2874. 41	23. 47	2	0. 0000

图 10-22　β 系数的 p 值

SAS 结果解释：

图 10-20、图 10-21 和图 10-22 分别展示了 β 系数估计值(标准误)、OR 值(95% CI)及 p 值。与暴力组相比，高风险组中的大学生抑郁水平均值更高($\beta = 0.5841$，OR $= 1.7934$，$p < 0.001$)。

10.4.2　结局变量为二分类变量

10.4.2.1　简单三步法

SAS 程序：

proc logistic data = exe 10_4 descending；

class race pedu gender urban growup BEST;

modelZB = race pedu gender urban growup BEST;

run;

使用 **proc logistic** 语句用来分析抑郁(二分类因变量)的影响因素,用 descending 输出因变量取值由大到小的概率,通过 class 来定义分类变量。

SAS 结果:

Analysis of Maximum Likelihood Estimates						
Parameter		DF	Estimate	Standard Error	Wald Chi-Square	Pr>ChiSq
Intercept		1	0.2254	0.2010	1.2576	0.2621
race	0	1	−0.0479	0.1465	0.1070	0.7436
pedu	0	1	−0.1534	0.0992	2.3925	0.1219
gender	0	1	0.3554	0.0992	12.8270	0.0003
urban	0	1	0.0977	0.1248	0.6134	0.4335
growup	0	1	0.2007	0.1299	2.3870	0.1223
best	1.00	1	−0.3603	0.1692	4.5366	0.0332
best	2.00	1	−0.4396	0.1386	10.0644	0.0015

图 10-23 β 系数估计值

Odds Ratio Estimates		
Effect	Point Estimate	95% Wald Confidence Limits
race 0 vs 1	0.909	0.512	1.613
pedu 0 vs 1	0.736	0.499	1.085
gender 0 vs 1	2.036	1.380	3.004
urban 0 vs 1	1.216	0.745	1.983
growup 0 vs 1	1.494	0.898	2.486
best 1.00 vs 3.00	0.313	0.164	0.599
best 2.00 vs 3.00	0.290	0.166	0.506

图 10-24 OR 估计值(95% CI)

SAS 结果解释:

图 10-23 和图 10-24 结果表明,在控制其他协变量之后,女大学生抑郁发生率高于男大学生($\beta = 0.3554$,OR = 2.036,$p < 0.001$),与高风险组相比,暴力组($\beta = -0.3603$,

OR＝0.313，p＝0.033）和低风险组（β＝−0.439，OR＝0.290，p＝0.002）中的大学生抑郁症状发生率较低。

10.4.2.2 BCH 法

SAS 程序：

pro lca data＝exe 10_4 outparam ＝ Binary_param outpost ＝Binary_post；
id ID；
nclass 3；
items ACE1−ACE13；
categories 2 2 2 2 2 2 2 2 2 2 2 2 2；
seed 941622；
RHO prior＝1；
nstarts 20；
maxiter 5000；
criterion 0.000001；
run；
%LCA_Distal_BCH（input_data ＝a，
param ＝ Binary_param，
post ＝ Binary_post，
id ＝ ID，
distal ＝ ZB，
metric ＝ binary）；
SAS 结果：

CLASS	DISTAL_PROB	DISTAL_STD_ERROR_FOR_PROB	DISTAL_CI_LOWER	DISTAL_CI_UPPER
1	0.40346	0.029290	0.34605	0.46087
2	0.36477	0.069633	0.22829	0.50125
3	0.71451	0.067495	0.58222	0.84680

图 10-25 莫代尔加权的 BCH 估计的抑郁发生率（95%CI）

NAME	ESTIMATE	STD_ERROR	WALD_STATISTIC	DF	P_VALUE
Difference in Log Odds：Class 2 versus Class 1	−0.16366	0.34300	0.2277	1	0.63327
Difference in Log Odds：Class 3 versus Class 1	1.30846	0.35736	13.4066	1	0.00025
Difference in Log Odds：Class 3 versus Class 2	1.47212	0.49624	8.8003	1	0.00301
Omnibus Test	.	.	13.6216	2	0.00110

图 10-26 Wald 卡方检验

SAS 结果解释：

图 10-25 和图 10-26 展示了莫代尔加权的 BCH 估计的抑郁发生率（95%CI）及 Wald 卡方检验结果。与高风险组相比，低风险组和暴力组大学生抑郁症状发生率较低。

10.4.2.3 LTB 法

SAS 程序：

```
%INCLUDE
"C： \ Users \ Administrator \ Desktop \ LCA \ SAS \ LCA_Distal_LTB_v110-1-spex7u \
LCA_Distal_LTB_v110. sas" ;
pro lca data=exe 10_4 outparam= Binary_param outcovb = binary_covb ;
id ID ;
nclass 3 ;
items ACE1-ACE13 ;
categories 2 2 2 2 2 2 2 2 2 2 2 2 2 ;
covariates ZB ;
seed 941622 ;
RHO prior=1 ;
nstarts 20 ;
maxiter 5000 ;
criterion 0. 000001 ;
run ;
%LCA_Distal_LTB( input_data =a,
param = Binary_param,
distal = ZB,
metric =1,
covariance_beta = Binary_covb,
output_data set_name = Binary_res) ;
```

SAS 结果：

Beta estimates （standard errors）			
Class：	1	2	3
Intercept	Reference	1. 1888	−0. 8656
		（0. 4205）	（0. 4897）
ZB	：	−0. 0679	1. 3536
		（0. 3104）	（0. 4408）

图 10-27 β 系数估计值

Odds Ratio estimates [95% Confidence Interval]

Class：	1	2	3
Intercept(odds)：	Reference	3.2832	0.4208
Lower bound		[1.4400]	[0.1611]
Upper bound		[7.4859]	[1.0988]
ZB ：		0.9343	3.8715
Lower bound		[0.5085]	[1.6318]
Upper bound		[1.7166]	[9.1854]

图 10-28　OR 估计值 (95% CI)

Beta parameter test (Type III)：　(based on 2 * log-likelihood)

Covariate	Exclusion LL	Change in 2 * LL	deg freedom	p-Value
ZB	−2874.41	21.04	2	0.0000

图 10-29　β 系数的 p 值

SAS 结果解释：

图 10-27、图 10-28 和图 10-29 分别展示了 β 系数估计值（标准误）、OR 值（95% CI）及 p 值。与低风险组相比，高风险组的大学生抑郁症状发生率更高，差异具有统计学意义。

◎ 本章小结

本章主要介绍了几种常用 LCA，包括无条件的 LCA、多组 LCA、带有协变量和结局变量的 LCA 等。一些方法大多为近几年才提出，尚处于探索阶段，有待学者进一步研究。潜在类别分析需要注意以下几点：首先进行无条件的 LCA，根据多种指标和实际意义确定最优模型，再进行后续分析。模型估计时，潜类别的顺序会发生改变，给 LCA 研究带来麻烦。在探究含有协变量的 LCA 时，推荐使用稳健三步法。在探究含有连续型结局变量的 LCA 时，推荐使用 BCH 法，尤其当连续型结局变量非正态分布或在不同类别存在异方差时。本章主要介绍了二分类和连续型结局变量，计数和多分类结局变量方法与之类似。在纳入协变量和结局变量的同时，亦可进行多组分析，本章未涉及该内容，感兴趣的读者可以参考其他书籍进行深入的研究 (Collins & Lanza, 2010)。LCA 针对的是横断面数据，如果是纵向数据则应采用潜在转换分析 (latent transition analysis)、潜类别增长模型 (latent class growth analysis)、增长混合模型 (growth mixture modeling) 等。LCA 还可以与其他方法进行结合，如与倾向值匹配结合进行因果推断 (Bray et al, 2019; Lanza et al, 2013)。

◎ 参考文献

[1] Bakk Z., Vermunt J K. Robustness of stepwise latent class modeling with continuous distal

outcomes[J]. Struct Equ Modeling, 2016, 23.

[2]Beusenbery M., Orley J H., WHO. Auser's glide to the seyreporting questionnaire[M]. World Health Organization, Switzerland, Geneva, 1994.

[3]Bolck A., Croon M., Hagenaars J. Estimating latent structure models with categorical variables: One-step versus three-step estimators[J]. Political Analysis, 2004, 12(1).

[4]Bray B C., Dziak J J., Patrick M E., Lanza S T. Inverse propensity score weighting with a latent class exposure: Estimating the causal effect of reported reasons for alcohol use on problem alcohol use 16 years later[J]. Prev Sci, 2019, 20(3).

[5]Collins L M., Lanza S T. Latent class and latent transition analysis: with applications in the social, behavioural, and health sciences[M]. Hoboken: John Wiley & Sons, Inc, 2010.

[6]Dziak J J., Bray B C., Wagner A T. LCA_Distal_BCH SAS macro users' guide (Version 1.1)[M]. University Park, PA: The Methodology Center, Penn State, 2017.

[7]Dziak J J., Bray B C., Wagner A T. LCA_Covariates_3Step SAS macro users' guide (Version 1.0)[M]. University Park, PA: The Methodology Center, Penn State, 2020.

[8]Dziak J J., Lanza S T. LcaBootstrap SAS macro users' guide (version 4.0)[M]. University Park, PA: The Methodology Center, Penn State, 2016.

[9]Dziak J J., Yang J., Tan X., Bray B C., Wagner A T., Lanza S T. LCA distal SAS macro users' guide (Version 1.1)[M]. University Park: The Methodology Center, Penn State, 2017.

[10]Lanza S T., Coffman D L., Xu S. Causal inference in latent class analysis[J]. Struct Equ Modeling, 2013, 20(3).

[11]Nylund K L., Asparouhov T., Muthén B O. Deciding on the number of classes in latent class analysis and growth mixture modeling: A monte carlo simulation study[J]. Structural Equation Modeling: A Multidisciplinary Journal, 2007, 14(4).

[12]Vermunt J K. Latent Class Modeling with Covariates: Two Improved three-step approaches[J]. Political Analysis, 2010, 18(4).

[13]Vermunt J K., Magidson J. Upgrade manual for latent GOLD 5.1[M]. Belmont, MA: Statistical Innovations, Inc, 2015.

[14]WHO. Adverse childhood experience international questionnaire (ACC-IQ)[M]. Violence and Injury Prevention, Geneva, 2018.

[15]Yang Y., Wang W., Kelifa M O., et al. HIV disclosure patterns and psychosocial correlates among people living with HIV in Nanjing, China: A latent class analysis[J]. AIDS Res Hum Retroviruses, 2020, 36(3).

[16]邱皓政.(2008).潜在类别模型的原理与技术[M].北京:教育科学出版社,2008.

[17]王孟成,毕向阳.潜变量建模与Mplus应用:进阶篇[M].重庆:重庆大学出版社,2018.

第11章　倾向评分匹配

众所周知，随机对照试验（randomized controlled trial，RCT）能提供高等级的证据，被视为研究设计中的黄金标准。为了证明某种处理（或因素）的作用，将研究对象随机分组并进行前瞻性的研究，可以最大限度地确保已知和未知的混杂因素对各组的影响均衡，阐明处理因素的真实效应。然而真正的实验型设计未必可行，很多研究问题无法做到随机，甚至有些情况下的随机是违反伦理道德的。而非随机对照研究（如观察性研究和非随机干预研究）能够较好地耐受 RCT 中存在的问题，在实际应用中更为广泛。如何利用非随机化研究的资料探究因果，一直是流行病学和统计学研究中非常关注的问题。传统的控制混杂的方法如分层、匹配等控制的混杂因素有限，多因素分析的方法在概念上"控制了其他因素，探究某一因素的影响"，依然无法控制混杂因素所导致的偏性。在这种情况下，倾向值分析（propensity score analysis，PSA）的理论和实践不断丰富，并在流行病学、经济学、社会科学等领域得到广泛应用（Guo and Fraser，2015）。倾向值分析已被证明是使用非实验数据或观测数据进行干预效应评估时很有用的、较为新颖且具有创造性的一类统计方法，具体包括：倾向值调整回归、倾向值加权回归、倾向值分层、倾向值评分匹配。本章由于篇幅所限，主要介绍倾向值评分匹配这种方法。

11.1　倾向评分匹配原理简介

11.1.1　因果关系推断的基本问题

因果推断，就是推断"果"的发生与"因"的发生有某种程度上的关联。换句话说，也就是存在"因果关系"，"因"要发生在"果"之前。在实验设计中，比较实验组与对照组的差异，即处理变量对结果变量的处理效应。但在社会科学研究领域所使用的数据中，大多是观测性数据，往往缺乏反事实案例。

以参加职业培训能否提高职员的收入为例，将参加职业培训作为一个取值为 0~1 的变量 T，1 表示参加，0 表示未参加，收入作为结果变量，即为 Y。那么，对于个体 i，其参加职业培训对收入的"影响"可表达为：

$$\delta = (Y_{1i} \mid T_i = 1) - (Y_{0i} \mid T_i = 0) \tag{11-1}$$

即参加职业培训 T 对收入 Y 的影响是个体 i 参加培训（即 $T_i = 1$）情况下的收入 Y_{1i} 与其没有参加培训（即 $T_i = 0$）情况下的收入 Y_{0i} 之差，也就是真正的因果效应。但是，实际情况是：在某个时间上，个体 i 要么处在参加培训的状态，要么不处在参加培训的状态。所以，对

于同一个体 i 而言, 无法同时观测到 Y_{1i} 和 Y_{0i}。因此, 在个体 i 层面上, 无法推断因果关系。由于个体差异的普遍存在(谢宇, 2006), 导致因果推断总是需要在群体层面进行。由于因果推论时还必须遵循稳定单元处理值假定(stable unit treatment value assumption, SUTVA), 即处理对于所有受测单元的效果是一致的、稳定的或受测单元彼此互不干扰(Rubin, 1980)。所以在群体层面上, 有可能得到平均意义上的影响或因果效应, 上述案例解释就是参加培训的员工(干预组)因为参加培训而带来的平均收入的变化。

由此我们可以看出推断因果关系的基本挑战: 构建反事实, 即如果没有参加职业培训, 个体 i 的收入会是多少。因为无法观测到干预组成员 i 如果没有接受项目干预其结果会如何, 所以因果关系推断难题实质上是个缺失数据问题。而在没有反事实信息的情况下, 次优的选择是比较干预组与对照组的结果, 一般来说, 若比较干预组与对照组的结果, 因为存在选择性偏差, 得到的平均因果效应是有偏的, 所以关键就是要找到一个与干预组非常相仿的对照组, 换言之, 为干预组找到一个好的反事实。常见处理选择性偏差的策略有随机化试验。但使用观察数据探究因果效应时, 个体为何接受或不接受试验干预往往并不是一个随机的现象。干预组和对照组在试验干预开始之前就存在差别, 即干预前异质性, 或一些影响接受试验干预与否的因素并未被观测到或者是不可观测的。倾向值评分匹配就是用来处理干预前异质性问题的常见方法之一。

11.1.2 倾向值的概念

倾向值 $e(X_i)$ 被定义为给定观测特征向量($X = X_i$)的条件下, 个体 i 受到项目干预($T_i = 1$)的条件概率(Rosenbaum & Rubin, 1983), 以数学表达式为:

$$e(X_i) = \Pr(T_i = 1 \mid X = X_i) \tag{11-2}$$

可以看出, 倾向值匹配的优点在于当 X_i 包括不止一个共变量时, 倾向值 $e(X_i)$ 可以将所涉及的多维观测特征简化为一个一维的概率值。在以往的匹配中, 随着匹配变量数量的增加, 面临着从对照组中为某一既定干预组成员找到一个好的匹配这一困难。而倾向值作为一个平衡量度, 相比于每个共变量 X 而言, 它是最粗略的, 但却包含对多个共变量信息的概括。之所以说是粗略的是因为倾向值虽然是一个简单的一维概率值, 它却可以平衡干预组和对照组间可观察到共变量 X_i 的差异。

估计倾向值的方法有 Logistic 回归、Probit 模型、鉴别分析(discriminant analysis), 但常用的是 Logistic 回归。Rosenbaum & Rubin(1985)建议用预测概率的 Logit 作为估计的倾向值。用数学公式表达为:

$$\Pr(T_i = 1 \mid X = X_i) = \frac{e^{X_i \beta_i}}{1 + e^{X_i \beta_i}} \ \text{或} \ \log\left(\frac{p}{1-p}\right) = \text{logit} \ p = X_i \beta_i \tag{11-3}$$

Rosenbaum & Rubin(1983)证明了在具备某些假定的情况下, 基于倾向值 $e(X_i)$ 的匹配与基于 X 的匹配一样好。因此我们在进行倾向值评分匹配时需要满足以下假定, 对此进行检验。

1. 条件独立假定

条件独立假定是指给定不受试验干预影响的一组可观测特征 X 的情况下, 潜在结果 Y 独立于干预分派 T, 也就是说, 未观测到的因素不会影响到干预, 用数学公式表达如下:

$$[(Y_i \mid T_i = 1),\ (Y_i \mid T_i = 0)] \perp T_i \mid X_i \tag{11-4}$$

条件独立性属于强假定，但不能直接加以检验。该假定取决于项目本身的具体特征，若未被观测到特征决定着项目参与，条件独立性将被违背，倾向值评分匹配就不是一个恰当的方法。

2. 共同支持域假定

共同支持域假定确保干预组成员能找到处于倾向值分布附近的对照组成员。对于每个 X 值，既有已处理的观测值，也有对照的观测值。用数学公式表达为：

$$0 < e(X_i) = \Pr(T_i = 1 \mid X = X_i) < 1 \tag{11-5}$$

倾向值评分匹配的效率取决于是否有大量干预组和对照组成员，以便能找到够大的支持域，此外如果不存在相似的对照组成员，有些干预组成员可能会丢失，从而引入因果效应的抽样偏差(sampling bias)。

11.1.3　倾向值的性质

倾向值能平衡样本中干预组和对照组之间的差异。Rosenbaum(2002)发现一个干预组样本和一个对照组样本如果拥有相同的倾向值，那么它们在观察到的共变量 X_i 上具有相同的分布，换句话说两者在共变量 X_i 上的差异是平衡的。这也就意味着在倾向值的匹配集内，干预组和对照组在 X_i 取值上的差异是随机差异，而非系统差异。这一特质为样本的匹配带来极大的便利。在多个共变量情况下，如果追求精确匹配可能面临找不到匹配对象的问题，但通过倾向值这个一维数值寻找匹配相对更容易实现。

给定倾向值的条件下，试验干预的分派与观测到的共变量条件独立，即强可忽略干预分派假定(strongly ignorable treatment assignment)。换句话说，在干预组和对照组中，如果某对样本具有相同的倾向值，其对应得共变量分布是一样的。这一性质也意味着在控制倾向值的条件下，和随机化实验中一样，每个样本分配到处理组的概率是相同的。用数学式表示为：

$$X_i \perp T_i \mid e(X_i) \tag{11-6}$$

倾向值所对应各组结果变量的期望值的差值(均值的差)，等于其所对应各组间结果变量差值的期望值(差的均值)。各组间结果变量差值的期望值，即平均处理效用(average treatment effect，ATE)。所以若强可忽略干预分派假定成立(性质2)，且 $e(X_i)$ 是一个平衡值(性质1)，则对于具有相同倾向值 $e(X_i)$ 的个体 i 而言，干预组与对照组在结果变量 Y 上的均值差是该倾向值处平均干预效应 ATE 的无偏估计，用数学式表示为：

$$E[E(Y_{1i} \mid e(X_i),\ T_i = 1) - E(Y_{0i} \mid e(X_i),\ T_i = 0)]$$

$$= E(Y_{1i} \mid e(X_i)) - E(Y_{0i} \mid e(X_i)) = E(Y_{1i} - Y_{0i} \mid e(X_i)) = \hat{\text{ATE}} \mid e(X_i) \tag{11-7}$$

11.2　倾向值评分匹配一般步骤

11.2.1　估计倾向值

倾向值匹配要做的其实就是从统计上构建一个可比的对照组。首先，基于不受干预影

响的一组观测特征 X_i 估计接受干预的概率，即倾向值。然后，基于估计的倾向值，将干预组成员与对照组成员进行匹配。当存在两种项目状态时，个体 i 接受干预的条件概率通常采用二分变量的Logit或Probit模型进行估计。估计倾向值需要注意几个方面：

（1）将干预组和对照组样本合并在一起对数据中所有可能影响到接受干预的共变量 X 进行回归。

（2）回归模型的预测结果即为个体 i 接受干预倾向的估计值。

（3）共变量 X 与试验干预 T 之间相关，但并非要存在因果关系。

（4）模型的正确设定很重要，它直接影响倾向值、估计值的质量。基于理论，将正确的共变量 X 纳入模型，设定正确的函数形式，比如交互项、多项式的引入。应避免将过多共变量 X 作为条件变量以估计倾向值的做法。一方面，模型的过度设定会导致估计的倾向具有更大的标准误；另一方面，也容易导致完美预测的问题，这时涉及的样本个体会因处在共同支持域之外而被删掉。

11.2.2 基于估计的倾向值进行匹配

匹配就是将分别处于实验组和对照组，但具有相同或近似倾向值的样本，匹配成为配对。虽然倾向值可以大幅降维，将多维共变量简化成一维数值，但如果严格使用一对一比对相同倾向值的匹配方法，最终的样本数可能会大幅减少，甚至找不到匹配。所以基于估计得到的倾向值 $e(X_i)$，可以使用不同的标准（或方法）将干预组成员与对照组成员进行匹配。不同标准或方法间差别的实质是对每一匹配上的干预组成员-对照组成员集合计算的权重 $\varpi(i, j)$ 不同。因此，特定匹配技术的选取会通过所赋予的权重影响得到的干预效应估计值。常用的匹配方法有最近邻匹配、卡尺匹配、分层匹配、内核与局部线性匹配、双重差分匹配等。

1. 最近邻匹配

最近邻匹配是最常使用的匹配方法，属于贪婪匹配。其基本原理是在干预组和对照组之间寻找最"相似"的倾向值进行匹配，即将每一干预组成员 i 与具有最接近的倾向值的对照组成员 j（即最近邻）进行匹配。用数学式表示为：

$$\min_{j}\|e_i - e_j\|, \ j \in I_0 \tag{11-8}$$

最近邻匹配有两种做法：1 对 1 匹配和 1 对 n 匹配。1 对 1 匹配是指选择 1 个对照组成员 j 作为最近邻进行匹配；1 对 n 匹配：选择 n 个（通常 $n=5$）对照组成员 j 作为最近邻进行匹配。选择最近邻的方式也有两种：既可以是有放回的，也可以是无放回的。首先将干预组和对照组的样本按照倾向值的大小排序。"有放回"意味着同一对照组成员 j 可被作为不同干预组成员 i 的匹配对象，即对照组样本可以替换重复使用。如果是"无放回"的，即对照组样本不能替换重复使用，则需确保干预组的样本依序匹配对照组样本，且每一个对照组样本只能匹配一个干预组样本。因为有放回的匹配可能导致丢失更多的对照组成员，由此导致更大的抽样偏差，所以常见的做法是一旦找到与 i 匹配的 j，即将 j 从 I_0 中去掉而不再放回。

2. 卡尺匹配

为了避免最近邻匹配中作为匹配对象的 j 可能在倾向值上与干预组成员 i 仍差别很大

而出现匹配不佳的问题，卡尺匹配限定"最接近的"范围或条件，即干预组和对照组倾向值的最大容忍差距，超过这个差距的匹配选择放弃。用数学式表示为：

$$\frac{\min}{j}\|e_i - e_j\| < \varepsilon, \quad j \in I_0 \tag{11-9}$$

ε 是事先设定的匹配容忍度或者分界点，被称作卡尺(caliper)。通常将卡尺大小设定为 $\varepsilon \leqslant 0.25\,\delta_{e(X_i)}$，即倾向值 1/4 个标准差。由于卡尺匹配以有放回方式选取匹配对象 j，有可能丢失更多对照组成员。

3. 分层匹配

分层匹配又称区间匹配、子分类匹配，其原理是基于倾向值进行分层，然后计算每一层内项目干预的效应，最后基于每一层的干预效应得到总的干预效应。第一步，根据估计的倾向值 $e(X_i)$ 对数据进行排序。第二步，使用分位数法基于 $e(X_i)$ 将样本区分成若干层，通常分为 4 或 5 等份。第三步，在每层内进行独立的匹配，计算干预组与对照组成员的平均值，其差即为该层内的平均干预效应 ATE，并得到各均值方差估计。第四步，将每层估计得到的平均干预效应加权平均后，得到总的平均干预效应。用数学式表示为：

$$\text{ATE} = \sum_{k=1}^{K}\left[\frac{n_k}{n}\left(\overline{Y_{1k}} - \overline{Y_{0k}}\right)\right] \tag{11-10}$$

$$\text{SE}_{\text{ATE}} = \sqrt{\sum_{k=1}^{K}\left[\left(\frac{n_k}{n}\right)^2 \text{Var}\left(\overline{Y_{1k}} - \overline{Y_{0k}}\right)\right]} \tag{11-11}$$

4. 内核匹配

内核匹配通过核函数来调整权重，使用权重 $w_{i,j}$ 调整所匹配到干预组样本的对照组样本，目的是更加合理地调整每个对照组样本与任一干预组样本之间的距离(Heckman et al., 1997；Heckman et al., 1998)。常见的核函数包括 Tricube kernel、Gaussian kernel、Rectangular kernel、Epanechnikov kernel。作为非参数方法，具有不丢失样本个体的优势。虽然核函数和宽带参数会影响到最终的干预效应，但有研究表明(Smith and Todd，2005)，处理效应对于核函数和宽带参数的选择并不敏感。权重数学公式表达为：

$$w(i, j)_{KM} = \frac{K\left(\dfrac{e_j - e_i}{a_n}\right)}{\displaystyle\sum_{k \in C} K\left(\dfrac{e_j - e_i}{a_n}\right)} \tag{11-12}$$

其中，e_i 为干预组成员的倾向值，e_j 为对照组成员的倾向值，$K(\cdot)$ 表示内核密度函数，a_n 为带宽(bandwith)，用于确定包含周围多大比例的案例。

目前为止，尚无确定的标准用来指导具体研究实践中如何选择不同匹配方法。也没有研究表明，哪种匹配方法就是最优的。相反，不同的匹配方法可能会得到不同的结果。因此，共识的做法是在一项研究中采用多个不同匹配方法、同一匹配方法的不同设定，然后对各种情况下得到的结果加以比较，从而揭示估计得到的试验干预的因果效应是否稳健或不稳健。

11.2.3　界定共同支持域和进行平衡检验

1. 界定共同支持域

共同支持域(region of common support)是指干预组和对照组的倾向值分布重叠的区域。共同支持域的界定很重要,因为处在共同支持域之外的样本个体会被删掉。如果被删掉的样本个体与留下的个体之间在观测到特征上存在系统性的差别,就可能出现抽样偏差。

2. 平衡性检验

平衡检验可用来检验干预组和对照组成员在倾向值 $e(X_i)$ 和共变量 X 上的均值(有时还考虑标准差)是否存在显著差异。共变量平衡(covariate balance)也就是指干预组与其对照之间在变量的分布上必须相似或大致相同。而倾向值估计方程设定不当的话,就会导致共变量分布不同。在变量分布的特征中,最重要的是均值和标准差,因此这两项数值也就成为检验变量平衡与否的指标。因此,我们常使用一些统计检验方法来检验共变量分布的平衡情况,如 t 检验或 Kolmogorov-Smirnov 检验。例如 t 检验法,检验共变量在干预组和对照组的均值的差值是否显著,原假设为两均值相等,备择假设为两均值不相等。若检验结果是统计显著的,则拒绝原假设,认为两均值有差异,共变量的分布不平衡。若平衡检验未通过,则应当重新设定估计倾向值的 Logit 或 Probit 模型,直到所有共变量不存在显著差异,可以纳入那些在平衡检验中显示为显著的共变量的平方项;若两个共变量的关联在干预组与对照组之间有所不同,则可以考虑纳入它们之间的交互项。

11.2.4 估计平均干预效应及其标准误

若满足条件独立假定和共同支持域假定,以倾向值评分匹配得到的平均干预效应为共同支持域内的干预组成员与对照组成员在结果变量上的均值差。而平均干预效应的值因匹配方法的不同而有所差异,因为在计算中以倾向值对对照组成员进行了加权。与常规回归方法不同,倾向值得分匹配得到的干预效应估计值的方差需要考虑以下额外来源,例如倾向值的推导、共同支持域的确定、有放回情况下对干预组成员进行匹配的顺序等。如果不考虑这些常规抽样变异之外的因素的话,得到的标准误是不正确的。对此我们常用的解决办法是使用自助抽样方法得到经验标准误或稳健标准误。

11.2.5 敏感性分析

在使用倾向值评分匹配时,除了检验共变量分布的平衡外,我们还需要关注选择性偏差的问题。倾向值的目的是通过控制共变量,较为合理地忽略影响单元获得处理的机制,所以一切引起单元非随机性的获得处理的共变量都需要得到控制,从而消除可能的选择性偏差。显性的偏差可以通过控制相关共变量解决,但若存在隐藏性偏差就很有可能束手无策了。一方面,我们无法得知是什么原因造成的偏差,另一方面,即使知道原因,也可能因为无法观测或测量得到相关共变量,从而无法将其控制,造成遗漏变量的问题。目前,我们尚无有效的方法控制隐藏性偏差对于结果的影响,但我们可以探究在无法控制遗漏变量的情况下,分析结果存在选择性偏差的合理范围是否依然稳健有效。这种方法也被称为敏感性分析。Rosnbaum(2002)指出当两个受测单元 j 和 k 拥有相同的共变量 X,但他们接受处理的概率 π(倾向值)不同,就会存在隐藏性偏差。敏感性分析假定单元 j 和 k 拥有相同的共变量$X_j = X_k$，它们接触处理发生比的比率会介于$\frac{1}{\Gamma}$和Γ之间，其中$\Gamma \geqslant 1$，用数学公式表达为：

$$\frac{1}{\Gamma} \leqslant \frac{\dfrac{\pi_j}{1 - \pi_j}}{\dfrac{\pi_k}{1 - \pi_k}} \leqslant \Gamma \tag{11-13}$$

当$\Gamma = 1$时，表示单元j和k接触处理的发生比相等，即$\pi_j = \pi_k$，而$X_j = X_k$，所以不存在隐藏性偏差。若假定$\Gamma = 2$，而$X_j = X_k$，则表示即使单元j和k很相似，但单元j接受处理的发生比是单元k的两倍，即单元j接受处理的可能性是单元k的两倍。因此，Γ可以测量隐藏性偏差是研究结果发生改变的程度。对于研究的敏感性较高的界定，Rosnbaum（2002）认为当Γ趋近于1，则研究敏感性较高。Γ的数值越大，敏感性越低。一般来说，$\Gamma > 2$的情况下，可以认为研究的敏感性较低，可以说研究已免除隐藏性偏差的影响。换句话说，即便存在隐藏性偏差，这个偏差的影响也不足以改变原有的因果推理，因此估计得到的处理效应是有效的。

11.3　实例分析与 SAS 实现

本章所用数据来自 2016 年全国流动人口动态监测调查，我们只使用该数据库中 7 个项目实施点的 2335 名流动人口数据来做模型示范，本节将数据集命名为 exe11 来演示倾向评分匹配。

以下示例说明了如何对干预组和对照组的观测值进行贪婪匹配，以便可以在随后的结果分析中将匹配的观察值用于估计干预效果。流动人口健康素养对其接受健康教育的影响，该数据集包含了流动人口的相关信息，接受健康教育种类，健康素养，性别，年龄，户口，婚姻状况，是否有工作，就业身份。

其变量赋值具体如下：

因变量：

health_education：接受健康教育的种类（连续变量）

自变量：

HL：健康素养（1＝高健康素养，0＝低健康素养）

协变量：

gender：性别（1＝男性，0＝女性）

age：年龄（连续变量）

hukou：户口（1＝农业，0＝非农业）

marrige：婚姻状况（1＝在婚；0＝非在婚）

job：是否有工作（1＝有，0＝无）

employment_status：就业身份（1＝雇员，0＝非雇员）

SAS 程序:

proc psmatch data = exe11 region = treated;

class HL gender hukou marrige jobs employment_status;

psmodel HL(Treated = '1') = age gender hukou marrige jobs employment_status;

match distance = lps method = greedy(k = 1) caliper = **0.5**;

assess lps var = (age gender hukou marrige jobs employment_status)

／stddev = pooled(allobs = no) stdbinvar = no plots(nodetails) = all weight = none;

output out(obs = match) = OutEx4 lps = _ lps matchid = _MatchID;

run;

proc sort data = OutEx4 out = OutEx4a;

　by _MatchID;

run;

proc print data = OutEx4a(obs = **10**);

　var HL age gender hukou marrige jobs employment_status _PS_ _MATCHWGT_ _
MatchID;

run;

SAS 程序解释:

proc psmatch 是应用倾向性评分的程序。此示例说明了使用 **proc psmatch** 程序将干预组中个体的观察结果与对照组中具有相似倾向得分的观察结果进行匹配。**proc psmatch** 过程仅匹配那些倾向得分在 region = 选项中指定的支持区域内的观测值。在这里,region = treated 选项要求仅将倾向得分位于已处理观测值定义的区域中的那些观测值用于匹配。默认情况下,该区域扩展为倾向得分对数的通用标准偏差的合并估计的 0.25 倍。匹配的观察值保存在输出数据集中,加上结果变量后,可用于提供干预效果的无偏估计。

psmodel 语句指定逻辑回归模型,该模型为每个个体创建倾向分数,这是该个体高健康素养的概率。健康素养 HL 是二元干预指标变量,并且 treated = "1"将 1 标识为干预组。将性别、年龄、户口、婚姻状况、工作、就业身份变量纳入模型,因为它们被认为与分配有关。class 语句指定分类变量。

match 语句请求匹配并指定匹配条件。distance = lps 选项(默认设置)要求将倾向得分的对数用于计算观察对之间的差异。method = greedy(k = 1)选项请求贪婪最近邻匹配,其中一个控制单元与治疗组中的每个单元匹配,这样,在该处理单元的所有可用对中,对内差异最小。caliper = 0.5 选项指定匹配的卡尺要求。仅当两组中成对的单位的倾向得分的对数的差值小于或等于标准偏差的合并估计值的 0.5 倍时,才对单位进行匹配。

assess 语句会生成一张表格并绘制图表,以汇总干预组和对照组之间指定变量的差异。可以使用这些结果来评估匹配如何在这些变量的分布中达到平衡。根据 lps 和 var = 选项的要求,变量是倾向得分的对数以及协变量性别、年龄等。weight = none 选项禁止显示加权匹配观测值的差异。当 **proc psmatch** 将一个控制单元与每个处理单元匹配时,它将为所有匹配的处理单元和控制单元分配 1 的权重,因此加权匹配观测值和匹配观测值的结果相同。

output 语句中的 out(obs = match)= 选项创建一个名为 OutEx4 的输出数据集，其中包含匹配的观察值。默认情况下，此数据集包括变量 _ PS _ (提供倾向得分) 和变量 _MATCHWGT_(提供匹配的观察权重)。lps = _lps 选项添加一个名为_lps 的变量，该变量提供倾向得分的对数，而 matchid = _matchid 选项添加一个名为_matchid 的变量，该变量标识匹配的观测值集。

需要说明的是该程序只能在 SAS9. 4 M5 及以上版本运行。

SAS 结果:

SAS 部分结果输出如下:

Data Information	
Data Set	WORK. EXE11
Output Data Set	WORK. OUTEX4
Treatment Variable	HL
Treated Group	1
All Obs (Treated)	738
All Obs (Control)	1256
Support Region	Extended Treated Group
Lower PS Support	0. 225742
Upper PS Support	0. 532023
Support Region Obs (Treated)	738
Support Region Obs (Control)	1254

图 11-1　倾向值程序数据信息

Propensity Score Information											
Observations	Treated (HL = 1)					Control (HL = 0)					Treated-Control
	N	Mean	Standard Deviation	Minimum	Maximum	N	Mean	Standard Deviation	Minimum	Maximum	Mean Difference
All	738	0. 3780	0. 0506	0. 2361	0. 5175	1256	0. 3655	0. 0565	0. 2222	0. 5580	0. 0125
Region	738	0. 3780	0. 0506	0. 2361	0. 5175	1254	0. 3654	0. 0562	0. 2316	0. 5240	0. 0126
Matched	738	0. 3780	0. 0506	0. 2361	0. 5175	738	0. 3779	0. 0505	0. 2361	0. 5190	0. 0001

图 11-2　倾向值评分信息

Matching Information	
Distance Metric	Logit of Propensity Score
Method	Greedy Matching
Control/Treated Ratio	1
Order	Descending
Caliper（Logit PS）	0.11606
Matched Sets	738
Matched Obs（Treated）	738
Matched Obs（Control）	738
Total Absolute Difference	0.586089

图 11-3　匹配信息

Standardized Mean Differences（Treated-Control）						
Variable	Observations	Mean Difference	Standard Deviation	Standardized Difference	Percent Reduction	Variance Ratio
Logit Prop Score	All	0.05588	0.233212	0.23962		0.7872
	Region	0.05596	0.232366	0.24083	0.00	0.7975
	Matched	0.00059	0.218596	0.00268	98.88	1.0053
age	All	−0.98021	9.261711	−0.10583		0.8575
	Region	−0.96156	9.239849	−0.10407	1.67	0.8651
	Matched	−0.11247	8.958389	−0.01255	88.14	0.9741
gender	All	0.02105				
	Region	0.02116			0.00	
	Matched	0.01084			48.49	
hukou	All	0.02212				
	Region	0.02274			0.00	
	Matched	0.00813			63.25	
marrige	All	0.02897				
	Region	0.02949			0.00	
	Matched	−0.00271			90.65	
employment_status	All	0.07227				
	Region	0.07242			0.00	
	Matched	−0.00678			90.63	

图 11-4　干预组和对照组标准化均值差异

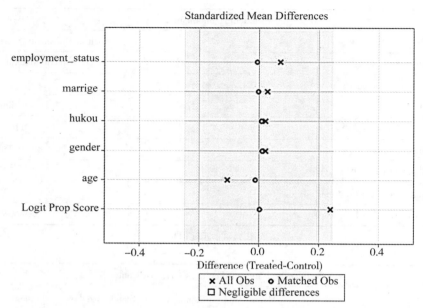

图 11-5　标准化均值差异

Obs	HL	age	gender	hukou	marriage	iobs	employment_status	_PS_	_MATCHWGT_	_MatchID
1	1	19	0	1	0	1	0	0. 51748	1	1
2	0	19	0	1	0	1	0	0. 51748	1	1
3	1	22	0	0	1	1	0	0. 51724	1	2
4	0	37	0	0	0	1	0	0. 51901	1	2
5	1	20	0	1	0	1	0	0. 51422	1	3
6	0	17	1	1	0	1	0	0. 51070	1	3
7	1	22	0	1	0	1	0	0. 50767	1	4
8	0	22	0	1	0	1	0	0. 50767	1	4
9	1	26	0	0	1	1	0	0. 50416	1	5
10	0	26	0	0	1	1	0	0. 50416	1	5

图 11-6　匹配集前 5 对数据信息

SAS 结果解释：

图 11-1 显示了干预组和对照组的样本量分别为 738 和 1256，支持域中倾向得分的上限和下限分别为 0.5320 和 0.2257，支持域中干预组和对照组得样本量分别为 738 和 1254。

图 11-2 显示了干预组和对照组的基本统计信息。这些统计数据是针对所有观测值，支持区域中的观测值以及匹配的观测值计算的。因为指定了 region = treated，所以这三组

统计信息在干预组是相同的。

图 11-3 显示了匹配方法为 1 : 1 贪婪最近邻匹配，卡尺为 0.1160，匹配组数 738，干预组和对照组中匹配观察值的数量都为 738，所有匹配倾向得分对数的总绝对差为 0.5861。

图 11-4 和图 11-5 显示了干预组和对照组之间变量的标准平均差，这些变量是针对所有观察值，支持域中的观察值以及匹配的观察值计算的。在匹配的观察中，所有变量的标准化均值差异相较于所有观察值均显著降低，且小于建议的上限 0.25（由图 11-5 可知），匹配观测值中的处理后控制方差比为 0.9741 和 1.0053，也在 0.5 到 2 的建议范围内（由图 11-4 可知）。

在对变量平衡性不满意的情况下，可以执行以下一项或多项操作来改善：选择另一组变量以适应倾向得分模型；修改匹配条件，或者选择另一种匹配方法，直到匹配结果可以很好地平衡变量，然后将匹配的观测值保存在输出数据集中，以用于后续结果分析。

output 语句创建一个输出数据集 OutEx4，其中包含匹配的观察值，并列出了前五个匹配集中的观测值。默认情况下，输出数据集包括变量_PS_（倾向值得分）和变量_MATCHWGT_（匹配的观察权重）。每个处理单元的权重为 1。由于在 match 语句的 method=optimal 选项中指定了 $k=1$，因此每个处理组都匹配一个对照组，因此每个匹配控制单元的权重也为 1。matchid = _MatchID 选项创建一个名为的变量_MatchID（其标识匹配的观测值）。

SAS 程序：
运行匹配后的结果分析的 SAS 程序如下：

```
proc ttest data=exe11;
class HL;
var health_education;
run;
```

SAS 结果：

Method	Variances	DF	t Value	Pr>|t|
Pooled	Equal	2333	−12.46	<.0001
Satterthwaite	Unequal	1686.7	−12.23	<.0001

图 11-7 t 检验结果（匹配前）

SAS 结果解释：

图 11-7 是对原始数据（匹配前）进行 t 检验的结果，$p<0.001$ 显示高健康素养组和低健康素养组接受健康教育的种类具有显著性差异。尽管 t 检验显示了显著的影响，但这种影响可能与流动人口的年龄、性别、户籍、婚姻状况、工作、就业身份有关。

以下是控制了相关影响因素的 SAS 程序。

SAS 程序：
proc glm data=exe11;

class HL(ref = '0') gender hukou marrige jobs employment_status;

model health_education = HL age gender hukou marrige jobs employment_status/solution;

run;

SAS 结果:

Parameter	Estimate		Standard Error	t Value	Pr>|t|
Intercept	2.653837875	B	0.26390092	10.06	<.0001
HL 1	1.386987956	B	0.11455737	12.11	<.0001
HL 0	0.000000000	B			
age	−0.003453532		0.00668878	−0.52	0.6057
gender 0	0.129796349	B	0.11167814	1.16	0.2453
gender 1	0.000000000	B			
hukou 0	0.635523058	B	0.17041486	3.73	0.0002
hukou 1	0.000000000	B			
marriage 0	−0.036115124	B	0.16037171	−0.23	0.8218
marriage 1	0.000000000	B			
jobs 1	0.000000000	B			
employment_status 0	0.759151127	B	0.11841469	6.41	<.0001
employment_status 1	0.000000000	B			

图 11-8　回归分析结果(匹配前)

SAS 结果解释:

在控制了这些变量的情况下，结果仍然显示出流动人口健康素养对于其接受健康教育的促进作用，具体来说，高健康素养组接受健康教育的种类比低健康素养组多 0.3870。

通过执行使用贪婪最近邻匹配的倾向得分匹配，以确保足够的协变量平衡。由于贪婪最近邻匹配的语句在上文已经给出，此处不再重复，提示可不使用 assess 语句。

以下语句使用 t 检验从匹配的观察值估计健康素养的效应。

SAS 程序:

proc ttest data = OutEx4a;

class HL;

var health_education;

run;

SAS 结果:

Method	Variances	DF	t Value	Pr>|t|
Pooled	Equal	1474	−9.21	<.0001
Satterthwaite	Unequal	1473.5	−9.21	<.0001

图 11-9　t 检验结果(匹配后)

SAS 结果解释：

图 11-9 中，$p<0.001$ 显示在匹配后高健康素养组和低健康素养组接受健康教育的种类具有显著性差异。

接下来进行对匹配观察值的回归分析，SAS 程序如下。

SAS 程序：

proc glm data = OutEx4a;

class HL(ref = '0') gender hukou marrige jobs employment_status;

model health_education = HL age gender hukou marrige jobs employment_status/solution;

run;

SAS 结果：

Parameter	Estimate		Standard Error	t Value	Pr>|t|
Intercept	2. 776373342	B	0. 33890623	8. 19	<. 0001
HL 1	1. 236192266	B	0. 13277281	9. 31	<. 0001
HL 0	0. 000000000	B			
age	−0. 003953109		0. 00880955	−0. 45	0. 6537
gender 0	0. 212847872	B	0. 13473980	1. 58	0. 1144
gender 1	0. 000000000	B			
hukou 0	0. 314592249	B	0. 19995846	1. 57	0. 1159
hukou 1	0. 000000000	B			
marriage 0	0. 082553967	B	0. 19327900	0. 43	0. 6694
marriage 1	0. 000000000	B			
jobs 1	0. 000000000	B			
employment_status 0	0. 812645791	B	0. 14904629	5. 45	<. 0001
employment_status 1	0. 000000000	B			

图 11-10 回归分析结果(匹配后)

SAS 结果解释：

图 11-10 中，控制年龄、性别、户籍、婚姻状况、工作、就业身份的影响，结果表明在匹配后流动人口健康素养对于其接受健康教育具有显著的促进作用，具体来说，高健康素养组接受健康教育的种类比低健康素养组多 0.236。

对比匹配前和匹配后的回归结果可以看出，基于匹配观察的结果分析得出的结论与基于原始数据的结果分析得出的结论一致，即提高流动人口健康素养显著促进其接受更多类型的健康教育，虽然匹配前健康素养的效应(0.3870)略大于匹配后健康素养的效应(0.2362)。

接下来进行敏感性分析，以下语句计算 health_education 每个匹配集中干预组与控制组之间的差异 Diff。

SAS 程序:

proc sort data＝OutEx4a out＝OutEx4b;
　　by _MatchID HL;
run;
proc transpose data＝OutEx4b out＝OutEx4c;
　　by _MatchID;
　　var health_education;
run;
data OutEx4c;
set OutEx4c;
Diff＝Col2－Col1;
run;
proc print data＝OutEx4c(obs＝10);
var _MatchID Diff;
run;

SAS 结果:

Obs	_MatchID	_NAME_	Diff
1	1	health_education	7
2	2	health_education	−4
3	3	health_education	3
4	4	health_education	−2
5	5	health_education	−2
6	6	health_education	1
7	7	health_education	2
8	8	health_education	2
9	9	health_education	7
10	10	health_education	0

图 11-11　匹配集中健康教育差异

SAS 结果解释:

图 11-11 列出了前十个匹配集中 health_education 干预组和控制组的差异。然后用以下语句执行符号秩检验。

SAS 程序:

ods select TestsForLocation;
proc univariate data＝OutEx4c;
　　var Diff;

ods output TestsForLocation＝LocTest；
run；
SAS 结果：

	Tests for Location：Mu0＝0			
Test	Statistic		p Vaule	
Student's t	t	9.456197	Pr>|t|	<.0001
Sign	M	101	Pr>=|M|	<.0001
Signed Rank	S	42249.5	Pr>=|S|	<.0001

图 11-12 符号秩检验结果

SAS 结果解释：

图 11-12 结果表明，干预组的接受健康教育的种类在 0.0001 水平上显著提升。
基于匹配观测值的敏感性分析部分中描述的方法，用以下语句计算符号秩统计量。

SAS 程序：

data SgnRank；
  set LocTest；
  nPairs＝738；
  if (Test＝'Signed Rank')；
  SgnRank＝ Stat + nPairs * (nPairs+1)/4；
  keep nPairs SgnRank；
run；
proc print data＝SgnRank；
run；
SAS 结果：

Obs	nPairs	SgnRank
1	738	178595

图 11-13 符号秩统计量

SAS 结果解释：

图 11-13 显示了符号秩检验的统计信息，使用此统计信息，以下语句将进行符号秩等级计算并显示 p 值，这些值对应于范围从 1 到 2 的 Γ 值。

SAS 程序：

data Test1；
  set SgnRank；
  mean0   = nPairs * (nPairs+1)/2；
  variance0 = mean0 * (2 * nPairs+1)/3；

```
    do Gamma = 1 to 2 by 0.05 ;
        mean      = Gamma/(1+Gamma) * mean0 ;
        variance = Gamma/(1+Gamma) ** 2 * variance0 ;
        tTest     = (SgnRank − mean)/sqrt(variance) ;
        pValue    = 1 − probt(tTest, nPairs−1) ;
        output ;
    end ;
run ;
proc print data = Test1 ;
run ;
```
SAS 结果:

Obs	nPairs	SgnRank	mean0	variance0	Gamma	mean	variance	tTest	pValue
1	738	178595	272691	134254869	1.00	136345.50	33563717.25	7.29267	0.00000
2	738	178595	272691	134254869	1.05	139671.00	33543750.73	6.72066	0.00000
3	738	178595	272691	134254869	1.10	142838.14	33487609.05	6.17899	0.00000
4	738	178595	272691	134254869	1.15	145857.98	33400345.99	5.66453	0.00000
5	738	178595	272691	134254869	1.20	148740.55	33286331.16	5.17459	0.00000
6	738	178595	272691	134254869	1.25	151495.00	33149350.37	4.70687	0.00000
7	738	178595	272691	134254869	1.30	154129.70	32992689.92	4.25933	0.00001
8	738	178595	272691	134254869	1.35	156652.28	32819207.45	3.83024	0.00007
9	738	178595	272691	134254869	1.40	159069.75	32631391.77	3.41805	0.00033
10	738	178595	272691	134254869	1.45	161388.55	32431413.59	3.02140	0.00130
11	738	178595	272691	134254869	1.50	163614.60	32221168.56	2.63908	0.00424
12	738	178595	272691	134254869	1.55	165753.35	32002314.03	2.27002	0.0175
13	738	178595	272691	134254869	1.60	167809.85	31776300.36	1.91326	0.02805
14	738	178595	272691	134254869	1.65	169788.74	31544397.84	1.56794	0.05866
15	738	178595	272691	134254869	1.70	171694.33	31307719.79	1.23329	0.10893
16	738	178595	272691	134254869	1.75	173530.64	31067242.41	0.90860	0.18193
17	738	178595	272691	134254869	1.80	175301.36	30823821.96	0.59324	0.27660
18	738	178595	272691	134254869	1.85	177009.95	30578209.62	0.28664	0.38723
19	738	178595	272691	134254869	1.90	178659.62	30331064.34	−0.01173	0.50468
20	738	178595	272691	134254869	1.95	180253.37	30082964.04	−0.30236	0.61877
21	738	178595	272691	134254869	2.00	181794.00	29834415.33	−0.58567	0.72086

图 11-14　敏感性分析结果

SAS 结果解释：

图 11-14 显示，在 $\Gamma = 1.65$ 时，p 值为 0.0586，犯 I 类错误概率大于 0.05。而一般来说，$\Gamma > 2$ 的情况下，可以认为研究的敏感性较低，可以说研究已免除隐藏性偏差的影响，因此该案例得出的结论对于未观察到的混杂因素所隐藏的偏见并不可靠，还需要进一步改善匹配的共变量。

◎ 本章小结

本章节主要介绍了截面数据应用倾向值得分匹配的方法，通过因果推断的基本难题——缺乏反事实案例的存在，引出倾向值评分匹配这一方法来估计因果效应。倾向值评分匹配可用于处理变量为两个及以上类别，或者连续取值的情形，本章主要介绍了处理变量为二分类变量的情况，若干预变量是连续型变量，可以参考广义倾向值匹配的相关文章进行研究。另外倾向值评分匹配也可与其他统计技术结合起来，如回归分析、分层模型/多水平模型、生存分析/事件史分析、复杂抽样设计、双重差分等。尽管倾向值评分匹配帮助我们降维处理共变量过多的情况，尽可能地消除选择性偏差，但这一方法还是存在一定的局限性。首先，进行倾向值得分匹配的样本量要足够大，如果样本量太小的话，倾向值不容易满足平衡性。其次，如果匹配中共同支持域范围太窄的话，成功配对的会是两组中比较极端的案例，容易造成误导性结果。再次，若因果效应本身具有异质性（干预后异质性），即稳定单元处理值假定不满足，则无法应用该方法进行因果推断。最后，这一方法也无法有效地处理因未被观测到或不可观测因素所导致的选择性偏差。倾向值得分匹配并不要求基线调查信息或追踪调查数据，其主要优势（或不足）依赖于观测特征 X 促使项目参与的程度，若未观测到特征所导致的选择性偏差可能是可忽略的，那么该方法可以提供与随机化试验结果很好的比较。但是，若共变量 X 是不充分的，则得到的结果是值得怀疑的。

◎ 参考文献

[1] Heckman, James J., Hidehiko Ichimura, and Petra Todd. Matching as an econometric evaluation estimator: evidence from evaluating a job training programme[J]. The Review of Economic Studies, 1997(4).

[2] Heckman, James J., Hidehiko Ichimura, Jeffrey A. Smith and Petra Todd. Characterizing selection bias using experimental data[J]. Econometrica, 1998, 66(5).

[3] Shenyang Guo, and Mark W. Fraser. Propensity score analysis: Statistical methods and applications(2nd ed)[M]. Thousands Oak, CA: Sage Publications Inc, 2015.

[4] Smith J A, Todd P E. Does matching overcome Lalonde's critique of nonexperimental estimators? [J]. Journal of econometrics, 2005, 125(1-2).

[5] Rosenbaum P R., Rubin D B. The central role of the propensity score in observational studies for causal effects[J]. Biometrika, 1983, 70(1).

［6］Rosenbaum P R. , Rubin D B. Constructing a control group using multivariate matched sampling models that incorporate the propensity score［J］. American Statistician, 1985, 39.

［7］Rosenbaum P R. Observational studies (2nd ed.)［M］. New York: Springer, 2002.

［8］Rubin, Donald B. Bias reduction using mahalanobis-metric matching［J］. Biometrics, 1980, 36(2).

［9］谢宇. 社会学与定量方法［M］. 北京：社会科学文献出版社, 2006.

第12章 多层模型

在社会研究中，研究对象与环境往往是相互影响的。一方面，社会环境会受到个体的影响，另一方面，人的表现和行为又会受到环境的作用。例如个体吸烟行为不仅会受到个体行为习惯、健康素养等因素的影响，也会受到地区吸烟率、政府禁烟情况等宏观因素的影响；气氛的紧张能影响个人情绪；早期童年发展与一系列环境条件相关等。类似的例子还有很多，将多层模型运用于追踪数据的分析，可以构建重复测量、个体和学校三个层次的多层嵌套模型，模型中个体的重复测量嵌套于每个个体，个体又嵌套于所在的学校，而学校又嵌套于更高水平的单位。分层模型包括多种结局变量和多个层次，但由于3水平及以上模型的解释往往较为复杂，在现实研究中极少有足够的水平单位，且不同分层模型的原理相同，囿于篇幅，本章主要介绍横截面数据的多层线性模型（multilevel linear model）及其原理，并结合流动人口健康教育案例对分层模型子模型进行应用举例。

12.1 多层模型简介

12.1.1 发展简史

在多层模型出现之前，面对多层数据结构的处理方法一般是将所有变量分解或汇总到某个层次上，然后通过多元回归抑或对不同层次上的变量分别回归等传统方法进行分析。汇总的方法是将个体层面的变量汇总到更高层面，例如将个体层面的变量汇总到更高的社区水平，并在社区水平上进行回归分析。但汇总的方法不仅会导致生态学谬误（ecological fallacy），且往往会由于组内变异的流失导致结果与个体层面的分析结果有较大差异，甚至与事实背道而驰。分解的方法则将宏观层面变量纳入个体层面，例如将社区特征纳入个体模型进行回归分析，但分解法忽略了宏观层面解释变量的影响，导致宏观变量与个体变量间的高度相关性，从而使参数估计失去统计效率。对不同层次变量分别进行回归则将个体水平变量的回归系数作为宏观层面回归的结果变量，而这本质上是一种技术上的错误。通过引入方差分析、协方差分析可以部分解决上述问题，但亦存在参数较多从而大大降低解释力、使用固定效应导致研究成果推广受限、无法处理缺失数据或不平衡数据等问题（Luke，2012）。

多层模型起源于教育学，在短短二十年间它被广泛运用于各个领域，且被冠以不同称呼，如多层模型（multilevel model）、分层模型（hierarchical model）、随机系数回归模型（random-coefficient regression model）、混合效应模型（mixed effet model）、随机效应模型

（random-effect model）、增长曲线模型（growth-curve model），等等。如图 12-1，分层模型的总变异被明确区分为宏观变异和微观变异两种随机变异，宏观变异即为社区均值（此处为 $\bar{y}_{社区1}$ 和 $\bar{y}_{社区2}$）的差异，可以通过纳入宏观变量解释这种变异，此时变异称之为宏观残差。而微观变异为不同社区内个体的 y_{ij} 与各社区均值 $\bar{y}_j$ 的差异（其中 i 代表个体，j 代表社区），可以通过纳入微观（个体层）变量解释这种变异，此时变异被称之为微观残差。此外，多层模型假定个体层面变量和宏观层面变量均可随机变化，并形成相应的复合残差结构，于是每一层都有一个嵌套模型将个体和宏观层面变量联系起来。虽然分层模型原理并不复杂，但由于非平衡数据协方差成分的复杂性，在 20 世纪 70 年代早期，依旧没有很好的方法估计这种混合残差结构。直到 1977 年，Dempsters 等学者提出了 EM 算法，使协方差成分的估计成为可能，并有效地运用于分层嵌套数据的估计。此后，各类计数协方差的算法相继问世，使得分层模型也可运用于多种结局变量，如连续变量、分类变量、计数变量、次序变量，等等（Snijders T A B.，et al.，2003）。

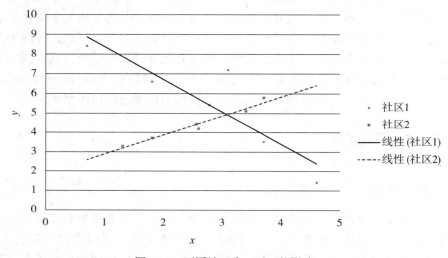

图 12-1　不同社区中 x 对 y 的影响

12.1.2　二层模型公式介绍

以多层线性模型为例，二层模型的一般形式如下：

$$y_{ij} = \beta_{0j} + \sum_{p=1}^{P} \alpha_p x_{pij} + \sum_{q=1}^{Q} \beta_{qj} z_{qij} + e_{ij}$$

$$\beta_{0j} = \gamma_{00} + \sum_{m=1}^{M} \gamma_{0m} \omega_{mj} + \mu_{0j}$$

$$\beta_{1j} = \gamma_{10} + \sum_{m=1}^{M} \gamma_{1m} \omega_{mj} + \mu_{1j}$$

$$\cdots$$

$$\beta_{qj} = \gamma_{q0} + \sum_{m=1}^{M} \gamma_{qm} \omega_{mj} + \mu_{qj}$$

上式中，q 个水平 1 系数 β_{qj} 具有随机效应，而 p 个水平 1 系数 α_p 具有固定效应。随机系数 β_{qj} 被定义为 m 个二层解释变量的线性函数，ω_{mj} 则为二层模型中的场景变量。将上式模型组合，可得到以下组合模型：

$$y_{ij} = \gamma_{00} + \sum_{m=1}^{M} \gamma_{0m} \omega_{mj} + \sum_{p=1}^{P} \alpha_p x_{pij} + \sum_{m=1}^{M} \gamma_{Qm} \omega_{mj} + \sum_{q=1}^{Q} \sum_{m=1}^{M} \gamma_{qm} \omega_{mj} z_{qij} +$$

$$(\mu_{0j} + \sum_{q=1}^{O} z_{qij} u_{qj} + e_{ij})$$

该组合模型有两个组成部分：第一部分为固定效应部分，为所有的回归系数 γ 和 α；第二部分为随机效应部分，为 μ_{0j}、u_{qj} 和 e_{ij}。本章将以二层线性模型为例，在多层模型的应用一节详细介绍多层模型的各类子模型及其应用。

12.1.3 三层模型公式介绍

如前所述，学生成绩与学校有关，而学校的教学水平又与地区经济、对教育的重视等因素相关，这时我们需要构建三层甚至更高层次的变量来解释这种变异。在二层模型基础上，三层模型的一般公式如下。

$$y_{ijk} = \beta_{0jk} + \sum_{p=1}^{P} \alpha_p x_{pijk} + \sum_{q=1}^{Q} \beta_{qjk} z_{qijk} + e_{ijk}$$

$$\beta_{0jk} = \gamma_{00k} + \sum_{o=1}^{O} \vartheta_{0o} \varepsilon_{ojk} + \sum_{m=1}^{M} \gamma_{0mk} \omega_{mjk} + \mu_{0jk}$$

$$\beta_{1jk} = \gamma_{10k} + \sum_{o=1}^{O} \vartheta_{1o} \varepsilon_{ojk} + \sum_{m=1}^{M} \gamma_{1mk} \omega_{mjk} + \mu_{1jk}$$

$$\cdots$$

$$\beta_{qjk} = \gamma_{q0k} + \sum_{o=1}^{O} \vartheta_{qo} \varepsilon_{ojk} + \sum_{m=1}^{M} \gamma_{qmk} \omega_{mjk} + \mu_{qjk}$$

$$\gamma_{00k} = \tau_{000} + \sum_{n=1}^{N} \tau_{00n} \pi_{nk} + \varphi_{00k}$$

$$\gamma_{01k} = \tau_{110} + \sum_{n=1}^{N} \tau_{01n} \pi_{nk} + \varphi_{01k}$$

$$\cdots$$

$$\gamma_{qmk} = \tau_{qm0} + \sum_{n=1}^{N} \tau_{qmn} \pi_{nk} + \varphi_{qmk}$$

此方程中，上述模型分别三层嵌套结构 i、j、k。与二层模型不同的是，三层模型中的二层模型既有随机效应又有固定效应，其系数 γ_{qmk} 为随机效应，而系数 ϑ_{qo} 为固定效应，φ_{qmk} 为三层模型的残差，π_{nk} 为三层模型的场景变量。三水平模型同时形成了宏观、中观和微观三个水平的交互项，其系数解释也更为复杂。

12.1.4 建模步骤

现实研究中，往往无法按照某一固定的建模步骤进行多层模型建模：一是由于多层模型有多类子模型，研究者需要根据研究目的选择不同模型建模，其建模步骤往往不同；二是多层模型的建立往往需要进行多次模拟调适，并通过模型拟合度指标等方式进行模型选择，因此很难通过某一既定步骤选择最优模型。但通过建模步骤，学者可了解多层模型各部分内容，及其相互间的逻辑关系。不少教材将建模步骤总结为以下几步：第一步，运行空模型，计算 ICC；第二步，将水平 1 变量纳入空模型，并确定水平 1 变量的随机斜率；第三步，加入水平 2 宏观层面的解释变量，检验跨水平交互作用。

12.1.3　优势与劣势

相对于一般回归方法，分层模型在分析嵌套数据时有其独有优势，但由于对数据应用条件及方法学固有的限制，其本身也存在不足之处。其优势可总结如下：一是多层模型可对个体水平和宏观水平的数据同时分析，并在一个模型中同时检验个体变量和宏观变量对结局变量的效应，因而可修正因数据非独立性而导致参数标准误的估计偏倚。二是可以同时分析宏观和个体因素对结局变量的效应，并检验宏观变量如何调节个体变量对结局变量的影响。三是在随机抽样前提下，能够分离出被估计参数 β_{kj} 的真实变异和抽样变异，使得样本能够推广到抽样总体。但多层模型也存在以下不足：一是由于需要同时分析宏观和个体层面的变异，模型分析较一般回归模型复杂，导致模型不够简约；二是由于模型有更多待估计参数，多层模型往往需要更大的样本量以保证模型估计的稳定性；三是当群组内个体数量较少时，宏观层面代表性不足，模型的残差也并非呈现正态分布，导致估计可能出现偏倚；四是多层模型并未考虑测量误差的存在，而当研究中出现较大测量误差，会导致运用分层模型进行参数估计存在较大偏倚。

12.2　实例分析与 SAS 实现

本例采用分层线性模型分析流动人口接受健康教育数的影响因素，数据来源于 2018 年国家流动人口动态监测调查数据中湖北省的部分数据，共 168 个社区的 3360 个样本。将结局变量流动人口健康教育分为 0~7 种，作为连续变量，健康自评分为四个等级，分别为健康、基本健康、不健康，但生活能自理、生活不能自理四类，从生活不能自理到健康分别计为 1~4 分，数据集见 exe12。变量及赋值见表 12-1。

表 12-1　　　　　　　　　　　　　　**数据使用变量及其赋值**

变量	中心化后变量	变量类型	变量赋值
被解释变量			
h_edu（健康教育）	—	连续变量	—
解释变量			
nhea_c（健康宣传栏更新次数）	nhea_cc	连续变量	—

续表

变量	中心化后变量	变量类型	变量赋值
n_edu （健康教育种类）	n_educ	连续变量	—
mig_rea （流动原因）	mig_reac	虚拟变量	0＝非务工经商 1＝务工经商
SRH （健康自评）	SHR_c	连续变量	—
Education （教育程度）	edu_c	虚拟变量	0＝初中及以下， 1＝高中及以上
mig_rea （流动原因）	mig_reac	虚拟变量	0＝非务工经商， 1＝务工经商

　　分层模型建模前，首先需要了解数据的结构，并进行数据预处理。我们需要通过宏观层面模型来更好地确定和解释个体层面的模型截距，使截距在研究中更有意义。但有些变量的取值受到限定，如健康自评取值为 1~4 分，导致 0 值失去意义，因此参数 β_{0j} 实际上并没有实际意义。我们可通过中心化的方式解决上述问题。在多层模型中，中心化不仅能使回归截距具有可解释性，而且能提高模型运行速度，减少模型估计的不收敛问题。中心化可分为总均数中心化（grand-mean centering）和组均数中心化（group-mean centering），采用不同中心化方式能使模型截距有不同意义。

　　总均数中心化：变量 x_{ij} 总均数的中心化可表示为 $x_{ij} - \bar{x}_{..}$ ，其中，$\bar{x}_{..}$ 是变量 x_{ij} 的样本总均值。以健康自评变量为例，即：

$$h\_edu_{ij} = \beta_{0j} + \alpha(SRH_{ij} - \overline{SRH}_{..}) + e_{ij}$$
$$\beta_{0j} = \gamma_{00} + \mu_{0j}$$

　　h_edu_{ij} 为流动人口社区接受健康教育的种类，SRH_{ij} 代表流动人口健康自评，$\overline{SRH}_{..}$ 代表健康自评的样本总均值。β_{0j} 为经调整的 j 组接受社区健康教育种类的均值，即假定健康自评取平均值时，接受社区健康教育种类在社区 j 的平均值。进行总均数中心化后，模型在统计学意义上等效于原始模型，且并不改变模型拟合度、模型预测值和残差。

　　组均数中心化：组均数中心化是指将该变量转化为组均数的离差值，即（$SRH_{ij} - \overline{SRH}_{.j}$），$\overline{SRH}_{.j}$ 代表健康自评的组均值。每一组的 SRH_{ij} 减去该组的 $\overline{SRH}_{.j}$ 后，使用组均数中心化的模型就不再等效于使用原始模型。

$$h\_edu_{ij} = \beta_{0j} + \alpha(SRH_{ij} - \overline{SRH}_{.j}) + e_{ij}$$
$$\beta_{0j} = \gamma_{00} + \mu_{0j}$$

　　此时 β_{0j} 为社区 j 的流动人口接受社区健康教育种类的未经调整的均值 $\overline{SRH}_{.j}$，其方差 σ_{u0}^2 代表未经调整的流动人口接受健康教育种类社区间变异。当接受健康教育种类运用组均数进行中心化时，组均数 $\overline{SRH}_{.j}$ 对流动人口接受健康教育种类的影响也随之分离，如果

$\overline{SRH}_{.j}$ 能影响流动人口接受健康教育种类，则需将组均数 $\overline{SRH}_{.j}$ 作为社区水平解释变量放在水平 2 公式中。否则会因为组均数中心化而导致社区间变异消失。

当解释变量为虚拟变量时，例如 $education_{ij}$ 表示教育程度，1 表示高中及以上，0 表示初中及以下，变量 $education_{ij}$ 的均值 $\overline{education}_{..}$ 就是样本中高中及以上流动人口的比例，而 β_{0j} 就代表社区 j 的流动人口接受社区健康教育种类的预测值。对于总均数中心化，那么当 $education_{ij} = 1$ 时，即样本为高中及以上流动人口时，中心化后就代表了样本中初中及以下流动人口所占比例；当 $education_{ij} = 0$ 时，中心化后就代表了初中及以下流动人口占比的负数。因此 β_{0j} 就是流动人口接受社区健康教育种类在社区 j 中根据教育程度比例差别进行调整的均值。对于组均数中心化，那么当 $education_{ij}$ 分别等于 1 和 0 时，中心化后 β_{0j} 就是流动人口接受社区健康教育种类在社区 j 中未调整的均值。因此，首先对解释变量进行中心化处理。

SAS 程序：

data migration；

set exe12；

proc sql；

create table mig＿c as select ＊，SRH－mean（SRH）as SRH＿c，education－mean（education）as edu＿c，mig＿rea－mean（mig＿rea）as mig＿reac，nhea＿c－mean（nhea＿c）as nhea＿cc，n＿edu－mean（n＿edu）as n＿educ from migration；

quit；

通过以上步骤便可对变量进行中心化处理。中心化需要通过 **proc sql** 程序进行，create 语句将所选 SHR、education 等变量总均数中心化，＊代表从 migration 数据中复制所有变量，并创建 mig＿c 数据集。

12.2.1 空模型

空模型（empty model）是构建多层模型的基础，通过空模型确定存在组间变异后才需要进一步进行多层模型建模，否则仅需进行多元回归分析，本例中空模型的建构如下：

$$h\_edu_{ij} = \beta_{0j} + e_{ij} \tag{12-1}$$
$$\beta_{0j} = \gamma_{00} + \mu_{0j} \tag{12-2}$$

空模型将流动人口接受社区健康教育种类的个体变异分为社区内个体随机变异 $Var(e_{ij}) = \sigma^2$ 和社区间随机变异 $Var(\mu_{0j}) = \sigma^2_{\mu_{0j}}$，其本质上是具有随机效应的方差分析。$\beta_{0j}$ 和 e_{ij} 分别代表社区 j 中流动人口接受健康教育种类均数和围绕该均数的随机个体变异。γ_{00} 代表总截距，为固定效应（fixed effect），在这里代表 h_edu_{ij} 的总均值，μ_{0j} 代表与社区 j 相联系的社区间随机变异，μ_{0j} 和 e_{ij} 称为随机效应（random effect）。该模型中水平 1 解释变量和水平 2 解释变量均未纳入模型，故又称为空模型。

通过空模型可以计算组内相关系数（intra class correlation coefficient，ICC），以确定是否需要建立多层模型。ICC 被定义为组间方差与总方差之比，其公式为：

$$ICC = \frac{\sigma^2_{\mu_{0j}}}{\sigma_{\mu_{0j}^2} + \sigma^2}$$

其中，$\sigma_{\mu_{0j}}^2$ 代表组间方差（between-group variance），σ^2 代表个体间方差（within-group variance），$\sigma_{\mu_{0j}}^2 + \sigma^2$ 为总方差。ICC 的取值在 0～1 之间，被用来测量组内观察的非独立性。当 ICC 趋向于 1 时，说明流动人口接受社区健康教育种类在社区间差异相对于社区内差异非常大；相反，当 ICC 趋向于 0 时，说明社区间差异相对于社区内差异非常小。判断 ICC 是否为 0，需要进行组间方差是否为 0 的 z 检验。若 z 检验的 p 值小于 0.05，说明不同社区间流动人口接受健康教育种类存在差异，需要进一步进行多层模型分析；反之，若 z 检验的 p 值大于 0.05，说明不同社区间流动人口接受健康教育种类不存在差异，仅需要进行多元回归模型分析。

空模型的 SAS 程序及结果如下。

SAS 程序：

proc mixed data = mig_c method = reml covtest；

class c6；

model h_edu =

／solution ddfm = bw notest；

random int／subject = c6；

run；

SAS 程序解释：

在 SAS 程序中，**proc mixed** 程序用于连续结局测量的多层模型分析，reml 是其默认的估计方法，covtest 选项是指要求输出随机效应方差/协方差参数估计值的标准误和 z 检验结果。class 语句是代表自动产生分类变量，**proc mixed** 程序也同时提供一个整体检验来检验分类变量的总体效应。多层模型中组水平的标识也在 class 语句设定（此例中为变量 c6，代表不同社区）。model 语句用于设定多层模型的固定效应部分。与大多数 SAS 程序一样，model 的左侧为结局变量，而右侧为解释变量。空模型无解释变量，故等式右边无设定变量。solution 选项则要求在 SAS 输出结果中打印固定效应的估计及统计检验信息。ddfm 为计算固定效应自由度的不同方式，选项有 bw、kr2、satterth 等。random 语句用于设定多层模型中的随机效应，若省略 random 语句则等同于 OLS 回归模型。我们通过在 random 语句右边加入 int 设定水平 1 截距为随机截距，如果加入水平 1 变量，代表将该变量设定为随机变量。subject 语句则用于说明多层结构，其后跟组水平标识变量。

空模型的 SAS 程序及结果如下。

SAS 结果：

SAS 结果输出如下：

Iteration History			
Iteration	Evaluations	−2 Res Log Like	Criterion
0	1	13920. 53079391	
1	1	12488. 93396849	0. 00000000

图 12-2　迭代历史

Covariance Parameter Estimates					
Cov Parm	Subject	Estimate	Standard Error	Z Value	Pr>Z
Intercept	C6	1.5989	0.1864	8.58	<.0001
Residual		2.0940	0.05242	39.95	<.0001

图 12-3　协方差参数估计

Fit Statistics	
−2 Res Log Likelihood	12488.9
AIC（Smaller is Better）	12492.9
AICC（Smaller is Better）	12492.9
BIC（Smaller is Better）	12499.2

图 12-4　模型拟合

Solution for Fixed Effects					
Effect	Estimate	Standard Error	DF	t Value	Pr>|t|
Intercept	2.2711	0.1007	167	22.55	<.0001

图 12-5　固定效应估计

SAS 结果解释：

图 12-2 表明模型评估经过 1 个迭代后就成功收敛了。图 12-4 报告了 AIC、AICC 和 BIC 三个信息标准值和 −2LL（−2 倍残差对数似然值），这些统计量可用于模型比较。图 12-3 报告了水平 1 随机截距方差（$\hat{\sigma}_{u0}$ = 1.5989，$p<0.001$）和水平 1 残差方差（$\hat{\sigma}$ = 2.0940，$p<0.001$）估计，可以计算组内相关系数：ICC = $\dfrac{\hat{\sigma}_{u0}}{\hat{\sigma}_{u0} + \hat{\sigma}}$ = $\dfrac{1.5989}{1.5989 + 2.0940}$ = 0.43，大约 43% 的变异是由于社区层面引起的，说明各组间存在异质性，需要进一步进行多层模型分析。图 12-5 表明随机截距的估计值为 $\hat{\gamma}_{00}$ = 2.2711，表明流动人口接受社区健康教育种类总均数为 2.27 种。

12.2.2　随机截距模型

由于空模型显示结局变量存在组间变异，为研究宏观因素对解释变量的影响，需要进一步纳入宏观层面变量，以解释宏观层面的差异。由于仅模型截距被设定为随机效应，我们将其称为随机截距模型（random-intercept model）。在空模型基础上进一步加入 2 个社区层面解释变量社区健康种类和健康宣传栏更新次数用于解释流动人口接受健康教育种类均值的随机变异，随机截距模型建构如下：

$$\text{h\_edu}_{ij} = \beta_{0j} + e_{ij} \tag{12-3}$$
$$\beta_{0j} = \gamma_{00} + \gamma_{01}\,\text{nhea\_cc}_j + \gamma_{02}\text{n\_educ} + \mu_{0j} \tag{12-4}$$

与空模型中相比，此处的μ_{0j}有了新的含义。空模型中的μ_{0j}是指社区j的流动人口接受健康教育平均值与总平均值的离差(随机误差)，而随机截距模型中μ_{0j}是指社区层面流动人口接受社区健康教育均值的实际观测值与预测值之差，即残差。β_{0j}为流动人口接受健康教育种类的粗均值。该模型中的社区层面的2个变量均进行了中心化，γ_{00}代表控制社区层面解释变量后接受健康教育种类的均值。

随机截距模型的 SAS 程序及结果如下。

SAS 程序：

proc mixed data＝mig_c method＝reml covtest；

class c6；

model h_edu＝n_educ nhea_cc

/solution ddfm＝bw notest；

random int/subject＝c6；

run；

SAS 结果：

SAS 结果输出如下：

Iteration History			
Iteration	Evaluations	−2 Res Log Like	Criterion
0	1	13449.61938065	
1	1	12442.34866266	0.00000000

图 12-6 迭代历史

Covariance Parameter Estimates					
Cov Parm	Subject	Estimate	Standard Error	Z Value	Pr>Z
Intercept	C6	1.1141	0.1342	8.30	<.0001
Residual		2.0940	0.05242	39.95	<.0001

图 12-7 协方差参数估计

Fit Statistics	
−2 Res Log Likelihood	12442.3
AIC (Smaller is Better)	12446.3
AICC (Smaller is Better)	12446.4
BIC (Smaller is Better)	12452.6

图 12-8 模型拟合参数

Solution for Fixed Effects					
Effect	Estimate	Standard Error	DF	t Value	Pr>|t|
Intercept	2. 2711	0. 08518	165	26. 66	<. 0001
n_educ	0. 2698	0. 05522	165	4. 88	<. 0001
nhea_cc	0. 05375	0. 01030	165	5. 22	<. 0001

图 12-9　固定效应估计

SAS 结果解释：

图 12-6 表明模型评估经过 1 个迭代后就成功收敛了。图 12-8 报告了 AIC、AICC 和 BIC 三个信息标准值和 –2LL 较空模型均有所减少，说明加入控制变量和组水平变量后的模型拟合效果更好。图 12-7 报告了水平 1 随机截距方差（$\hat{\sigma}_{u0} = 1.1141$，$p<0.001$）和水平 1 残差方差（$\hat{\sigma} = 2.0940$，$p<0.001$）估计。由于水平 2 解释变量仅能解释水平 2 变异，因此与空模型比较，水平 1 方差基本未减少。纳入水平 2 解释变量后的残差缩减比可表示为：残差缩减比 $= \dfrac{\hat{\sigma}_{u0(\text{空模型})} - \hat{\sigma}_{u0(\text{设定模型})}}{\hat{\sigma}_{u0(\text{空模型})}} = 0.30$。这说明纳入水平 2 解释变量健康教育宣传栏更新次数后，解释了大约 30% 的社区变异。图 12-9 显示健康教育宣传栏更新每增加 1 次，流动人口接受健康教育的种类就增加 0.0538 种；社区开展的健康教育种类每增加 1 种，流动人口接受健康教育的种类就增加 0.2698 种。

12. 2. 3　包括层 1 协变量的随机截距模型

若在随机截距模型中纳入水平 1 控制变量，则将其称之为纳入水平 1 协变量的随机截距模型。该模型能在控制水平 1 变量效应的背景下更精确地估计宏观层面变量的效应，且能通过减少水平 1 残差方差而提高宏观变量的估计精度和假设检验功效。在随机截距模型基础上，进一步加入流动人口健康自评、教育程度和流动原因三个水平 1 控制变量，模型建构如下：

$$\text{h\_edu}_{ij} = \beta_{0j} + \alpha_1 \, \text{SRH\_c}_{ij} + \alpha_2 \text{edu\_c}_{ij} + \alpha_3 \text{mig\_reac}_{ij} + e_{ij} \tag{12-5}$$

$$\beta_{0j} = \gamma_{00} + \gamma_{01} \, \text{nhea\_cc}_j + \gamma_{02} \text{n\_educ} + \mu_{0j} \tag{12-6}$$

模型的水平 1 变量健康自评、教育程度和流动原因均进行了中心化处理，且被设定为固定效应。因此，β_{0j} 代表控制了健康自评、教育程度和流动原因后调整的均值。那么包括水平 1 协变量的随机截距模型与随机截距模型的模型拟合优劣如何？这就涉及模型比较的问题。

模型比较可以分为两类，一类为嵌套模型的比较，另一类为非嵌套模型的比较。嵌套模型是指一个模型是另一个模型的亚模型（sub-model）。最大似然估计会产生似然值估计量，将似然估计量取对数并乘以 –2 就得到离差 –2LL（Willian, et al., 2011）。似然比检验（LR test）可用于嵌套模型的模型比较，其原理是通过两模型的 –2LL 差值进行统计检验。

例如，模型(12-3)和模型(12-4)包含 2 个社区解释变量(社区健康教育种类、健康宣传栏更新次数)和 1 个随机系数(μ_{0j})。公式(12-5)和公式(12-6)是包含 2 个两个相同解释变量(社区健康教育种类、健康宣传栏更新次数)和相同随机效应(μ_{0j})以及 3 个额外水平 1 解释变量(教育程度、健康自评、流动原因)的替代模型。模型(12-3)和模型(12-4)的偏差统计量为 $D_A = -2\,\mathrm{LL}_A$，模型(12-5)和模型(12-6)偏差统计量为：$D_B = -2\,\mathrm{LL}_B$，则两模型的偏差计量之差为：

$$D_A - D_B = -2(\mathrm{LL}_A - \mathrm{LL}_B) = -2\mathrm{In}\left(\frac{L_B}{L_A}\right)$$

偏差统计量的分布近似卡方分布，其自由度为两模型的参数数目之差(此例中 $df = 3$)。也可通过 AIC、AICC、BIC 等指标进行嵌套模型和非嵌套模型的模型比较，该类指标数值越小，说明模型的拟合效果越好，AIC、AICC 和 BIC 均可通过−2LL 进一步计算可以得到：

$$\mathrm{AIC} = -2\mathrm{LL} + 2p$$

$$\mathrm{AICC} = -2\mathrm{LL} + \frac{2pn}{N^* - p - 2}$$

$$\mathrm{BIC} = -2\mathrm{LL} + p\mathrm{ln}N$$

其中，p 为模型中参数的总量，而 N 为水平 1 样本量；当 $N \geqslant p + 2$，$N^* = N$；当 $N < p + 2$，$N^* = p + 2$。

我们进一步在 model 右侧纳入宏观变量健康教育宣传栏数量以及水平 1 控制变量，水平 1 协变量随机截距模型的 SAS 程序及结果如下。

SAS 程序：

proc mixed data＝mig_c method＝reml covtest；

class c6；

model h_edu＝nhea_cc SRH_c edu_c mig_reac

/solution ddfm＝bw notest；

random int/subject＝c6；

run；

SAS 结果：

SAS 结果输出如下：

Iteration History			
Iteration	Evaluations	−2 Res Log Like	Criterion
0	1	13423.58564169	
1	2	12421.40705346	0.00000000

图 12-10　迭代历史

Covariance Parameter Estimates					
Cov Parm	Subject	Estimate	Standard Error	Z Value	Pr>Z
Intercept	C6	1. 1009	0. 1327	8. 30	<. 0001
Residual		2. 0761	0. 05199	39. 93	<. 0001

图 12-11　协方差参数估计

Fit Statistics	
−2 Res Log Likelihood	12421. 4
AIC（Smaller is Better）	12425. 4
AICC（Smaller is Better）	12425. 4
BIC（Smaller is Better）	12431. 7

图 12-12　模型拟合参数

Solution for Fixed Effects					
Effect	Estimate	Standard Error	DF	t Value	Pr>|t|
Intercept	2. 2711	0. 08468	165	26. 82	<. 0001
n_educ	0. 2710	0. 05490	165	4. 94	<. 0001
nhea_cc	0. 05378	0. 01024	165	5. 25	<. 0001
SRH_c	0. 1375	0. 05838	3189	2. 35	0. 0186
edu_c	0. 2134	0. 05500	3189	3. 88	0. 0001
mig_reac	0. 2147	0. 06869	3189	3. 13	0. 0018

图 12-13　固定效应估计

SAS 结果解释：

图 12-10 表明模型评估经过 1 个迭代后就成功收敛了。图 12-12 报告了 AIC、AICC 和 BIC 三个信息标准值和 −2LL 较随机截距模型均有所减少。控制协变量后，组内相关系数变为条件组内相关系数。纳入水平 1 变量不仅可以解释水平 1 变异且可以解释宏观层面的变异，图 12-11 报告了水平 1 随机截距方差（ $\hat{\sigma}_{u0}$ = 1. 1009， $p<0. 001$ ）和水平 1 残差方差（ $\hat{\sigma}$ = 2. 0761， $p<0. 001$ ）估计，较随机截距模型分别减少了 0. 0132 和 0. 0179。在控制个体层面变量后，图 12-13 显示健康教育宣传栏更新每增加 1 次，健康教育的种类就增加 0. 0538 种；社区开展的健康教育种类每增加 1 种，流动人口接受健康教育的种类就增加 0. 2710 种，略大于随机截距模型的结果。

12.2.4 随机系数模型

在空模型基础上进一步纳入水平 1 解释变量，且均设定为随机效应，但并未将解释变量纳入水平 2 模型，此模型即为随机系数模型（Raudenbush，et al.，2007）。纳入水平 1 解释变量的随机截距模型旨在控制水平 1 变量效应的背景下更精确地估计宏观层面变量的效应，而随机系数模型旨在控制宏观层面随机误差项，研究个体层面变量对因变量的影响，它也是多层模型构建中的重要一环。我们将中心化后的水平 1 解释变量健康自评、教育程度和流动原因纳入模型，并将截距和斜率均设定为随机效应，建构随机系数模型如下：

$$h\_edu_{ij} = \beta_{0j} + \beta_{1j} SRH\_c_{ij} + \beta_{2j}edu\_c_{ij} + \beta_{3j}mig\_reac_{ij} + e_{ij} \tag{12-7}$$

$$\beta_{0j} = \gamma_{00} + \mu_{0j} \tag{12-8}$$

$$\beta_{1j} = \gamma_{10} + \mu_{1j} \tag{12-9}$$

$$\beta_{2j} = \gamma_{20} + \mu_{2j} \tag{12-10}$$

$$\beta_{3j} = \gamma_{30} + \mu_{3j} \tag{12-11}$$

γ_{00} 表示社区层回归截距的平均值，也是模型的总截距，μ_{0j} 是社区 j 对平均截距β_{0j} 的随机效应；γ_{10}、γ_{20}、γ_{30} 分别表示回归斜率β_{1j}、β_{2j}、β_{3j} 的平均值，μ_{1j}、μ_{2j}、μ_{3j} 分别是社区 j 对斜率β_{1j}、β_{2j}、β_{3j} 的随机效应，e_{ij} 为水平 1 的残差项。在此模型中，β_{0j}、β_{1j}、β_{2j}、β_{3j} 被称之为随机系数。在此模型中，随机系数是指回归截距和系数是跨社区变化的，也就是说回归系数和截距会随社区的变化而变化。随机系数被区分为两个部分，第一部分是整体斜率（γ_{10}、γ_{20}、γ_{30}）和截距（γ_{00}），是从所有流动人口中估计得出，而与流动人口属于哪一个社区无关；第二部分是斜率（μ_{1j}、μ_{2j}、μ_{3j}）和截距方差（μ_{0j}），表示每一个社区的截距和斜率与整体截距和斜率有所差异的部分（ItaKreft，et al.，2007）。固定系数是指回归系数和截距是一个常数。

对于分层线性模型，我们假设水平 1 截距和斜率的变异呈现正态分布，其分布以平均截距（γ_{00}）和斜率（γ_{10}、γ_{20}、γ_{30}）为均值，以社区层面的残差方差σ^2_{u0j}、σ^2_{u1j}、σ^2_{u2j}、σ^2_{u3j} 为方差。判断回归系数是否为随机系数，可以通过 z 检验判断社区层面的残差项的方差为 0 是否成立。例如，判断截距和斜率是否为随机系数，只需判断社区层面模型中$\sigma^2_{u0j} = 0$、$\sigma^2_{u1j} = 0$、$\sigma^2_{u2j} = 0$、$\sigma^2_{u3j} = 0$ 是否成立，若成立，则需将其设定为固定系数。与固定和随机系数相对应的是固定和随机效应。例如，A 代表不同的流动人口，若研究者关心的每一位流动人口均已包含在研究中，那么我们称之为固定效应，其研究结论也仅能代表所研究的流动人口；相反，若研究包含的流动人口仅为所有流动人口中的（随机）抽样，则需要将其设定为随机效应，以将研究结论推广到总体（全国流动人口）。

随机系数模型的 SAS 程序及结果如下。

SAS 程序：

proc mixed data＝mig_c method＝reml covtest；

class c6；

model h_edu＝SRH_c edu_c mig_reac

/solution ddfm＝bw notest；

random int SRH_c education_c mig_reac/subject＝c6；

run；

SAS 结果：

SAS 部分结果输出如下：

Iteration History			
Iteration	Evaluations	−2 Res Log Like	Criterion
0	1	13901. 80886774	
1	3	12460. 69741102	0. 00062075
2	2	12459. 15113061	0. 00000334
3	1	12459. 14062305	0. 00000000

图 12-14　迭代历史

Covariance Parameter Estimates					
Cov Parm	Subject	Estimate	Standard Error	Z Value	Pr>Z
Intercept	C6	1. 5752	0. 1846	8. 53	<. 0001
SRH_c	C6	0. 06309	0. 05921	1. 07	0. 1433
edu_c	C6	0. 1490	0. 07104	2. 10	0. 0180
mig_reac	C6	0. 1226	0. 09134	1. 34	0. 0897
Residual		2. 0162	0. 05378	37. 49	<. 0001

图 12-15　协方差参数估计

Fit Statistics	
−2 Res Log Likelihood	12459. 1
AIC（Smaller is Better）	12469. 1
AICC（Smaller is Better）	12469. 2
BIC（Smaller is Better）	12484. 8

图 12-16　模型拟合参数

Solution for Fixed Effects					
Effect	Estimate	Standard Error	DF	t Value	Pr>|t|
Intercept	2. 2713	0. 1002	167	22. 68	<. 0001
SRH_c	0. 1311	0. 06315	3189	2. 08	0. 0380
edu_c	0. 2168	0. 06265	3189	3. 46	0. 0005
mig_reac	0. 2098	0. 07536	3189	2. 78	0. 0054

图 12-17　固定效应估计

SAS 结果解释：

图 12-14 表明模型评估经过 3 个迭代后就成功收敛了。图 12-16 报告了 AIC、AICC 和 BIC 三个信息标准值和 -2LL 较空模型均有所减少，说明纳入随机斜率后的模型拟合效果较好。图 12-15 报告了水平 1 随机截距方差和随机斜率残差方差估计，健康自评和流动原因的水平 2 残差方差的 p 值均大于 0.05，说明健康自评和流动原因的系数均为固定效应，因此需要进一步将其设定为固定效应。图 12-17 显示，健康自评每增加一个等级，其接受健康教育的种类就增加 0.1311 种；高中及以上流动人口较初中及以下流动人口接受健康教育种类多 0.2168 种；务工经商流动人口较非务工经商接受健康教育多 0.2098 种。

12.2.5 混合模型

如果随机系数模型中既存在随机效应，又存在固定效应，则被称之为混合模型。混合模型构建如下：

$$\text{h\_edu}_{ij} = \beta_{0j} + \alpha_{1j}\,\text{SRH\_c}_{ij} + \beta_{1j}\text{edu\_c}_{ij} + \alpha_{2j}\text{mig\_reac}_{ij} + e_{ij} \tag{12-12}$$

$$\beta_{0j} = \gamma_{00} + \mu_{0j} \tag{12-13}$$

$$\beta_{1j} = \gamma_{10} + \mu_{1j} \tag{12-14}$$

该模型将流动人口个体层面变量健康自评、健康教育和流动原因均进行了总均数中心化处理，健康自评和流动原因被设定为固定效应，教育程度被设定为随机效应，但在社区层面未纳入解释变量。

在运行分层模型之前，需要了解多层模型的特定假设。由于混合模型残差结构相对简单而全面，本章将以混合模型为例说明分层模型的模型假设。普通线性回归模型仅有一个残差 e_{ij}，且要求呈正态分布。与 OLS 回归不同，多层线性模型存在多个残差，被称之为复合残差结构。一般将水平 2 残差的方差/协方差矩阵称为 G 矩阵，而将水平 1 残差的方差/协方差矩阵称为 R 矩阵，具体公式可参见相关书籍（王济川等；2008）。本案例的混合模型中，有水平 2 残差 μ_{0j}、μ_{1j} 和水平 1 残差 e_{ij}。模型假设水平 1 残差 e_{ij} 符合正态分布（normal distribution），且水平 2 残差符合多元正态分布（multivariate normal distribution）；水平 1 残差和水平 2 残差相互独立，但水平 2 残差之间可以存在相关关系，即 σ_{u01} 可以不等于 0。相应公式表示为：

$$e_{ij} \sim N(0,\ \sigma^2)$$

$$\begin{bmatrix} u_{0j} \\ u_{1j} \end{bmatrix} \sim N\left[\begin{pmatrix} 0 \\ 0 \end{pmatrix} \begin{pmatrix} \sigma_{u0} & \sigma_{u01} \\ \sigma_{u01} & \sigma_{u1} \end{pmatrix} \right]$$

$$\text{Cov}(e_{ij},\ u_{0j}) = 0,\ \text{Cov}(e_{ij},\ u_{1j}) = 0$$

σ_{u0} 表示水平 1 截距的无条件方差，σ_{u1} 表示斜率的无条件方差，σ_{u01} 表示水平 1 截距和斜率之间的无条件协方差。采用分层模型意味着其随机效应 σ_{u0} 和 σ_{u1} 的数值均不为 0，若 $\sigma_{u0} = 0$ 和 $\sigma_{u1} = 0$，意味着流动人口接受健康教育种类在各个社区的回归线的斜率和截距大致相等，则可以取消随机项中的 u_{0j} 和 u_{1j}，而采用 OLS 回归。分层线性模型要求因变量与解释变量呈线性关系，但不要求满足独立性和方差齐性。因为分层模型中相同社区的流动人口接受健康教育往往存在相关性，且由于不同社区间流动人口个体变异的差异性，不同社区间的方差往往存在差别。

混合模型的 SAS 程序及结果如下。

SAS 程序：

proc mixed data=mig_c method=reml covtest;

class c6;

model h_edu=SRH_c edu_c mig_reac

/solution ddfm=bw notest;

random int education_c/subject=c6;

run;

为进行结果对比，本部分还进行了线性回归，相应 SAS 程序如下。

proc reg data=mig_c;

model h_edu=SRH_c edu_c mig_reac;

run;

SAS 结果：

SAS 结果输出如下：

Iteration History			
Iteration	Evaluations	−2 Res Log Like	Criterion
0	1	13901. 80886774	
1	3	12462. 65442973	0. 00000541
2	1	12462. 63708883	0. 00000000

图 12-18　迭代历史

Covariance Parameter Estimates					
Cov Parm	Subject	Estimate	Standard Error	Z Value	Pr>Z
Intercept	C6	1. 5868	0. 1855	8. 55	<. 0001
edu_c	C6	0. 1473	0. 07033	2. 09	0. 0181
Residual		2. 0443	0. 05252	38. 92	<. 0001

图 12-19　协方差参数估计

Fit Statistics	
−2 Res Log Likelihood	12462. 6
AIC (Smaller is Better)	12468. 6
AICC (Smaller is Better)	12468. 6
BIC (Smaller is Better)	12478. 0

图 12-20　模型拟合

Solution for Fixed Effects					
Effect	Estimate	Standard Error	DF	t Value	Pr>|t|
Intercept	2.2715	0.1004	167	22.62	<.0001
SRH_c	0.1292	0.05838	3189	2.21	0.0269
edu_c	0.2157	0.06255	3189	3.45	0.0006
mig_reac	0.2119	0.06896	3189	3.07	0.0021

图 12-21　固定效应估计

SAS 结果解释：

混合模型的结果和随机系数模型的结果类似。图 12-18 表明模型评估经过 2 个迭代后就成功收敛了。图 12-20 报告了 AIC、AICC 和 BIC 三个信息标准值和 −2LL，其 AIC、AICC 和 BIC 较随机系数模型略微减少，但 −2LL 相对增大，说明将健康自评和流动原因回归系数设为固定效应后，模型的拟合程度与随机系数模型接近。图 12-19 估计部分报告了水平 1 随机截距方差和随机斜率残差方差估计，教育程度的水平 2 残差方差的 p 值小于 0.05，说明教育程度的回归系数为随机效应。图 12-21 显示健康自评每增加一个等级，其接受健康教育的种类就增加 0.1292 种；高中及以上流动人口较初中及以下流动人口接受健康教育种类多 0.2157 种；务工经商流动人口较非务工经商接受健康教育多 0.2119 种。

12.2.6　全模型

在混合模型的基础上，进一步在随机系数中纳入水平 2 解释变量，该模型称之为全模型(full model)。需要注意的是，模型中的水平 1 解释变量既有随机效应又有固定效应，并形成了两水平多层模型的形式。经过模拟调适，我们最终选择了模型拟合效果和模型解释能力较强的模型，模型设定如下：

$$h\_edu_{ij} = \beta_{0j} + \alpha_{1j} SRH\_c_{ij} + \beta_{1j}edu\_c_{ij} + \alpha_{2j}mig\_rea_{ij} + e_{ij} \tag{12-15}$$

$$\beta_{0j} = \gamma_{00} + \gamma_{01} nhea\_cc_j + \gamma_{02} n\_educ_j + \mu_{0j} \tag{12-16}$$

$$\beta_{1j} = \gamma_{10} + \gamma_{11} nhea\_cc_j + \gamma_{12} n\_educ_j + \mu_{1j} \tag{12-17}$$

公式(12-15)至公式(12-17)中，系数 β_{0j} 和 β_{1j} 具有随机效应，而 α_{1j}、α_{2j} 被设定为固定效应。随机系数 β_{0j} 和 β_{1j} 被定义为 2 个社区层面解释变量社区健康教育种类、健康宣传栏更新次数的线性函数。γ_{00} 表示控制社区层面变量后，水平 2 变量所有回归截距的条件均值。γ_{01}、γ_{02} 表示社区特征：宣传栏更新次数、社区健康教育种类对流动人口接受健康教育种类的影响。γ_{10} 表示控制社区解释变量后教育程度对流动人口接受社区健康教育种类影响的平均值。γ_{11}、γ_{12} 分别表示健康宣传栏更新次数和社区健康教育种类对健康教育回归斜率的影响。将上式模型组合，可得到以下组合模型：

$$y_{ij} = \gamma_{10} + \gamma_{01} nhea\_cc_j + \gamma_{02} n\_educ_j + \gamma_{10} edu\_c_{ij} + \gamma_{11} nhea\_cc_j edu\_c_{ij} + \gamma_{12} n\_educ_j$$
$$edu\_c_{ij} + \alpha_{1j} SRH\_c_{ij} + \alpha_{2j}mig\_rea_{ij} + (\mu_{0j} + edu\_c_{ij} u_{1j} + e_{ij}) \tag{12-18}$$

　　该组合模型有两个组成部分：第一部分为固定效应部分，所有的回归系数 γ 和 α；第二部分随机效应为模型的残差项 μ_{0j}、$edu\_c_{ij}\,u_{1j}$ 和 e_{ij}，它们均为无法观测到的潜在变量，这一残差项的结构比常规线性模型的残差项复杂得多。组合模型同时形成了跨层交互作用（cross-level interaction）γ_{11} 和 γ_{12}。跨层交互作用意味着不同宏观水平变量对个体的作用不一致。以教育程度和健康宣传栏更新次数的跨层交互作用为例，可以解释为健康宣传栏更新次数对小学及以下流动人口接受社区健康教育的影响为 γ_{01}，对高中及以上流动人口接受社区健康教育的影响为 $\gamma_{01} + \gamma_{11}$。在构建交互作用之前，需要通过中心化降低变量间多重共线性，提高模型的估计效率。当交互作用显著时，无论主效应是否显著，均应该保留在模型中，否则变量的具体效应将无法解释（王济川等，2008）。为更直观地理解跨层交互项，本部分还绘制了交互作用的折线图。

　　以上模型均采用 reml 法进行估计，本小节进一步运用 SAS 中的 ml 估计法和 reml 估计法进行估计效果的差别比较。尽管多层模型可以简单地视为一种"回归的回归"，但是实际上第二层模型中的 β_{ij} 需要通过模型估计得到。代入第一层模型所得到的组合模型包含微观和宏观两个层次上的随机误差，这一复合残差结构使得模型估计变成了一个复杂的问题，在过去制约了多层模型的应用。随着统计方法和算法在 20 世纪 80 年代的突破性发展，诸如 MLE 算法、Bayes 方法都被用来对多层线性模型进行求解。本小节主要涉及不同类型估计方法的应用条件，具体的数理推导过程参考相关书籍或文章（Mason, et al., 1987；Raudenbush, et al., 2002）。

　　在 SAS 程序中，多层模型采用最大似然估计（maximum likelihood estimation，MLE）方法来估计模型的方差和协方差。最大似然估计是一种迭代估计，随着样本量的增加，最大似然估计逐渐向无偏估计趋近并且具有最小方差，模型估计更可能接近参数的真值。在具体应用中，最大似然估计方法又分为完全最大似然法（full maximum likelihood，FML）和限制性最大似然法（restricted maximum likelihood，REML）。REML 对方差成分的估计对固定效应的不确定性进行了调整，但 FML 却并没有。REML 和 FML 估计的差异可通过如下公式表示：

$$\hat{\sigma}^2_{\text{FML}} = \sum \hat{e}^2_{ij}/n$$

$$\hat{\sigma}^2_{\text{REML}} = \sum \hat{e}^2_{ij}/(n - Q - 1)$$

　　其中，e_{ij} 为残差项，$i = 1, 2, \cdots, n$，服从均数为 0，方差为常数 σ^2 的正态分布。Q 为解释变量的数量。当社区内流动人口数量偏少时，且 Q 值较大时，使用 FML 法估计 σ^2 会导致严重的偏差，导致假设检验过于显著。此外，经验贝叶斯（empirical bayes estimator）、迭代广义最小二乘法（iterative generalized least squares，IGLS）、限制性迭代广义最小二乘法（restricted iterative generalized least squares，RIGLS）等也是对多层线性模型进行参数估计的重要方法。目前，实现多层模型分析的主流软件有 HLM、LISREL、MLwin、Mplus 等专门软件，也包括诸如 R、SPSS、Stata、SAS 等通用软件（谢宇，2013）。但需要注意的是，不同软件在默认估计方法的选择上存在不同的偏好，比如在 Stata、SAS 和 HLM 中，REML 估计是默认选择；而 MLwin 则主要应用 IGLS 和 RIGLS 进行参数估计。因此，采用不同软件进行模型参数估计时，可能会在结果上存在一定差异。

SAS 程序：

采用 method＝reml 选项进行 reml 估计的 sas 程序如下：

proc mixed data＝mig_c method＝reml covtest；

class c6；

model h_edu＝edu_c ｜ n_educ edu_c ｜ nhea_cc SRH_c mig_reac

／solution ddfm＝bw notest；

random int edu_c／subject＝c6；

run；

采用 method＝ml 选项进行 ml 估计的 SAS 程序如下：

proc mixed data＝mig_c method＝ml covtest；

class c6；

model h_edu＝edu_c ｜ n_educ edu_c ｜ nhea_cc SRH_c mig_reac

／solution ddfm＝bw notest；

random int edu_c／subject＝c6；

run；

采用 **proc glimmix** 选项进行 reml 估计的 SAS 程序：

proc glimmix data＝mig_c；

class c6；

model h_edu＝edu_c ｜ n_educ edu_c ｜ nhea_cc SRH_c mig_reac

／solution ddfm＝bw；

random int edu_c／subject＝c6；

covtest；

run；

采用 **proc glimmix** 绘制交互作用折线图的 SAS 程序如下：

proc glimmix data＝mig_c；

class c6 education n_edu nhea_c；

model h_edu＝education ｜ n_edu education ｜ nhea_c SRH_c mig_reac；

random int edu_c／subject＝c6；

lsmeans education ＊ nhea_c／plot＝meanplot（sliceby＝education join）；

lsmeans education ＊ n_edu／plot＝meanplot（sliceby＝education join）；

run；

SAS 程序解释：

程序进一步将三个水平 1 变量纳入 random 语句后，｜ 的作用等效于在模型中加入主效应和交互项，例如，h_edu＝edu_c ｜ n_educ 等效于 h_edu＝edu_c、n_educ 和 edu_c ＊ n_educ。本部分进一步采用 **proc mixed** 程序中的 method＝ml 和 reml 选项，分别进行 REML 和 FML 估计。**proc glimmix** 程序也能运行多层线性模型，本小节将通过 **proc glimmix** 程序进一步运行相同模型。我们省略了 **proc glimmix** 中的 method＝选项，其默认选项为 reml。最后，lsmeans 将被运用用于比较不同组别均值大小并画出相应折线图。

SAS 结果：

采用 method=reml 选项部分运行结果如下：

Iteration History			
Iteration	Evaluations	−2 Res Log Like	Criterion
0	1	13430. 46083649	
1	3	12419. 74475647	0. 00001234
2	1	12419. 70728600	0. 00000002
3	1	12419. 70721131	0. 00000000

图 12-22　迭代历史

Covariance Parameter Estimates					
Cov Parm	Subject	Estimate	Standard Error	Z Value	Pr>Z
Intercept	C6	1. 0990	0. 1329	8. 27	<. 0001
edu_c	C6	0. 1276	0. 06827	1. 87	0. 0308
Residual		2. 0435	0. 05247	38. 94	<. 0001

图 12-23　协方差参数

Fit Statistics	
−2 Res Log Likelihood	12419. 7
AIC (Smaller is Better)	12425. 7
AICC (Smaller is Better)	12425. 7
BIC (Smaller is Better)	12435. 1

图 12-24　模型拟合

Solution for Fixed Effects					
Effect	Estimate	Standard Error	DF	t Value	Pr>|t|
Intercept	2. 2702	0. 08472	165	26. 80	<. 0001
edu_c	0. 2176	0. 06144	3187	3. 54	0. 0004
n_educ	0. 2709	0. 05495	165	4. 93	<. 0001
edu_c * n_educ	0. 09246	0. 03986	3187	2. 32	0. 0204
nhea_cc	0. 05424	0. 01024	165	5. 30	<. 0001
edu_c * nhea_cc	−0. 01572	0. 007105	3187	−2. 21	0. 0270
SRH_c	0. 1285	0. 05828	3187	2. 20	0. 0275
mig_reac	0. 2133	0. 06870	3187	3. 10	0. 0019

图 12-25　固定效应估计

采用 method=ml 选项部分运行结果如下：

Iteration History			
Iteration	Evaluations	−2 Log Like	Criterion
0	1	13386.70857053	
1	3	12381.36339069	0.00001089
2	1	12381.33057820	0.00000002
3	1	12381.33051707	0.00000000

图 12-26　迭代历史

Covariance Parameter Estimates					
Cov Parm	Subject	Estimate	Standard Error	Z Value	Pr>Z
Intercept	C6	1.0773	0.1293	8.33	<.0001
edu_c	C6	0.1163	0.06636	1.75	0.0399
Residual		2.0423	0.05242	38.96	<.0001

图 12-27　协方差参数估计

Fit Statistics	
−2 Log Likelihood	12381.3
AIC (Smaller is Better)	12403.3
AICC (Smaller is Better)	12403.4
BIC (Smaller is Better)	12437.7

图 12-28　模型拟合

Solution for Fixed Effects					
Effect	Estimate	Standard Error	DF	t Value	Pr>|t|
Intercept	2.2702	0.08394	165	27.04	<.0001
edu_c	0.2174	0.06085	3187	3.57	0.0004
n_educ	0.2710	0.05444	165	4.98	<.0001
edu_c * n_educ	0.09230	0.03947	3187	2.34	0.0194
nhea_cc	0.05422	0.01014	165	5.35	<.0001
edu_c * nhea_cc	−0.01573	0.007032	3187	−2.24	0.0254
SRH_c	0.1288	0.05824	3187	2.21	0.0270
mig_reac	0.2135	0.06863	3187	3.11	0.0019

图 12-29　固定效应估计

采用 **proc glimmix** 选项的部分运行结果如下：

Iteration History					
Iteration	Restarts	Evaluations	Objective Function	Change	Max Gradient
0	0	4	12423. 399329	.	84. 22471
1	0	3	12419. 839342	3. 55998684	19. 48499
2	0	3	12419. 824219	0. 01512255	16. 73503
3	0	4	12419. 71273	0. 11148895	2. 105063
4	0	2	12419. 707239	0. 00549114	0. 261028
5	0	2	12419. 707211	0. 00002770	0. 002914

图 12-30　迭代历史

Fit Statistics	
−2 Res Log Likelihood	12419. 71
AIC　（smaller is better）	12425. 71
AICC（smaller is better）	12425. 71
BIC　（smaller is better）	12435. 08
CAIC（smaller is better）	12438. 08
HQIC（smaller is better）	12429. 51
Generalized Chi−Square	6849. 91
Gener. Chi−Square / DF	2. 04

图 12-31　模型拟合

Covariance Parameter Estimates			
Cov Parm	Subject	Estimate	Standard Error
Intercept	C6	1. 0990	0. 1329
edu_c	C6	0. 1276	0. 06827
Residual		2. 0435	0. 05247

图 12-32　协方差估计

Solutions for Fixed Effects					
Effect	Estimate	Standard Error	DF	t Value	Pr>|t|
Intercept	2.2702	0.08472	165	26.80	<.0001
edu_c	0.2176	0.06144	3187	3.54	0.0004
n_educ	0.2709	0.05495	165	4.93	<.0001
edu_c * n_educ	0.09246	0.03986	3187	2.32	0.0204
nhea_cc	0.05424	0.01024	165	5.30	<.0001
edu_c * nhea_cc	−0.01572	0.007105	3187	−2.21	0.0270
SRH_c	0.1285	0.05828	3187	2.20	0.0275
mig_reac	0.2133	0.06870	3187	3.10	0.0019

图 12-33 协方差参数估计

采用 **proc glimmix** 中 lsmeans 语句绘制交互作用折线图的部分结果如下：

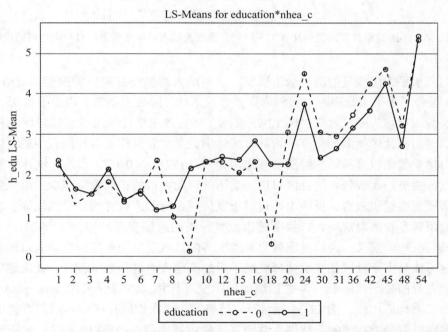

图 12-34 不同健康宣传栏次数的社区中不同教育程度流动人口接收健康教育种类均值的折线图

SAS 结果解释：

以上程序的结果相似，此处我们主要对 method=reml 的结果进行解释，图 12-22 表明模型评估经过 3 个迭代后就成功收敛了。图 12-24 报告了 AIC、AICC 和 BIC 三个信息标准

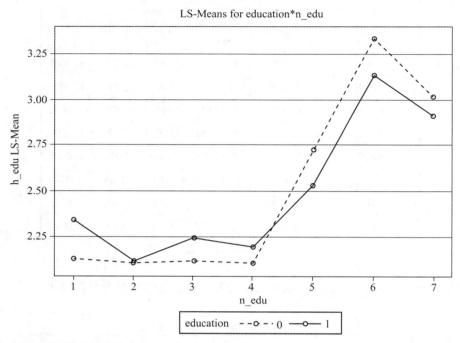

图 12-35　不同健康教育种类的社区中不同教育程度流动人口接受健康教育种类均值的折线图

值小于纳入水平 1 协变量的随机截距模型，说明纳入跨层交互项后的模型拟合效果较好。图 12-23 报告了水平 1 截距方差和斜率残差方差估计，随机方差的 p 均小于 0.05，说明教育程度及截距项均为随机效应。图 12-25 显示了固定效应估计结果、流动时间、社区类型以及流动时间和社区类型的交互项均具有统计学意义。教育程度与社区宣传栏更新次数对流动人口接受健康教育种类的跨层交互作用为 -0.0157，$p=0.0270$，具有统计学意义，说明健康宣传栏更新次数较多的社区对更高学历的流动人口的正面效应减少，由于低学历人群往往需要更多健康教育，反映出通过健康宣传栏进行健康教育的公平性较好。教育程度与社区健康教育种类对流动人口接受健康教育种类的跨层交互效应为 0.0925，$p=0.0204$ 水平上具有统计学意义，说明健康教育种类更多的社区对学历更高的流动人口的正面影响增加，这可能是由于社区往往对选择更高学历的流动人口进行健康教育，社区健康教育种类对健康教育的公平性降低。为更详细地展示交互作用，本部分采用 **proc glimmix** 选项进行最小二乘均值比较，图 12-34 显示不同健康宣传栏次数的社区中不同教育程度流动人口接受健康教育种类均值的折线图，健康宣传栏更新次数在 20 次以上时，学历较低的流动人口能在健康资源较低的社区获得相对更多的健康教育，而在 8~18 次则高学历流动人口接受的健康教育种类更高；图 12-35 显示不同健康教育种类的社区中不同教育程度流动人口接受健康教育种类均值的折线图，社区健康教育种类大于 5 种时，学历较高的流动人口接受健康教育种类较多，而小于 5 种时结果则正好相反。method = ml 和 reml 两个选项的差别主要是标准误计算结果的差异，运用 reml 法计算的标准误调整了解释变量的数量，因而计算的标准误更大。采用 **proc mixed** 和 **proc glimmix** 程序的估计结果非常一致。

◎ 本章小结

　　由于不同多层模型原理一致，本章以多层线性模型为例介绍了多层模型及应用。多层模型估计可采用最大似然估计、贝叶斯估计等估计方法，本章介绍了最大似然估计法。最大似然估计法中的 method=ml 和 reml 两个选项的差别主要是标准误计算的差异，运用 method=reml 法计算的标准误调整了解释变量的数量，计算的标准误更大，估计更准确。预测中心化是为了有一个更有意义的截距，且能解决低次项与高次项变量之间的多重共线性问题。模型比较亦为多层模型的重要内容，通过−2LL、AIC、AICC 和 BIC 等指标是比较和选择最优模型的重要依据。本章还探讨了四类分层模型的应用。通过空模型计算 ICC，判断是否需要采用分层模型。随机截距模型和控制了水平 1 解释变量的随机截距模型，能更精确地分析宏观变量对结局变量的影响。随机斜率模型和混合模型控制了截距和斜率的水平 2 随机效应，能更精确估计个体层面变量对因变量的影响，也是多层模型建立过程中的重要一步。全模型进一步加入了跨层交互作用，能进一步分析宏观变量与微观变量之间的相互作用。最后，应用分层模型需要满足一定的模型假设，若错误运用将降低模型的估计效率。当无法满足模型假设时，可通过变量转换的形式，如将连续变量作对数转换或转化为分类变量等形式，以满足模型假设。

◎ 参考文献

[1] Mason W. , Wong G. , Rogers W. H. Monte Carlo evidence on the choice between sample selection and two-part model[J]. Journal of econometrics, 1987, 32: 59-82.

[2] Raudenbush S W. , A S Bryk. Hierarchical linear models: Applications and data analysis methods[M]. Thousand Oaks, CA: SAGE Publications, 2002.

[3] Snijders T A B. , Bosker R J. Multilevel analysis: An introduction to basic and advanced multilevel modeling[M]. Thousand Oaks, CA: SAGE Publications, 2003.

[4] Douglas A. Luke. 多层次模型[M]. 郑冰岛译. 上海: 格致出版社, 2012.

[5] ItaKreft, Jan De Leeuw. 多层次模型分析导论[M]. 邱皓政译. 重庆: 重庆大学出版社, 2007.

[6] Stephen W. Raudenbush, Anthony S. Bryk. 分层线性模型: 应用与数据分析方法[M]. 郭志刚等译. 北京: 社会科学文献出版社, 2007.

[7] Willian D. Berry. 因果关系模型[M]. 吴晓刚译. 上海: 格致出版社, 2011.

[8] 王济川, 谢海义, 姜宝法. 多层统计分析模型—方法与应用[M]. 北京: 高等教育出版社, 2008.

[9] 谢宇. 回归分析[M]. 北京: 社会科学文献出版社, 2013.

第 13 章　发 展 模 型

随着研究设计的延续性和大数据的集成性，科研人员获得的纵向数据（longitudinal data）越来越多。在流行病、医学等领域，纵向数据多来自于队列设计或同期组群设计，即同期出生的一群人为出生群组或队列，对其进行追踪观察。目前在我国有不少大型纵向研究，如中国家庭综合追踪调查、中国健康与养老追踪调查、老年人口与健康调查、中国健康与营养调查等。相对于横断面研究，纵向研究（longitudinal study）的主要优势是能够帮助我们观察到测量结果变量随时间变化的过程，但在实际调查中，收集到的数据可能不是平衡数据，如不同测量时间，不同测量间隔的数据，这不能满足以往常用的重复测量分析的方法，此时我们需要采用较为前沿的发展模型进行分析。

13.1　纵向数据与模型简介

13.1.1　纵向数据特征

纵向研究指的是对结果变量进行两次及以上重复测量的研究，比如对同一个体的某一测量结果在不同时间点进行多次测量（Jos，2016），这样产生的纵向数据与横向数据比较有几个明显的特征。第一，由于每一个研究对象被多次测量，观测值之间会存在相关。第二，纵向数据变异来源可以分解为对象个体内变异和对象个体间变异，并且这些变异可能会随时间的变化而发生改变。第三，很多情况下纵向数据不是完整数据或是非平衡数据，因为某些研究对象会因各种原因"失访"。

13.1.1.1　数据格式

纵向数据通常有两种格式：宽数据和长数据。我们常见的数据格式如表 13-1 所示，是长数据格式，每个个体观测的数据在每次测量后被新写一行，变量 id 标识着属于同一个个体的数据集的行。time 是时间度量变量；y 是结局变量。长数据文件的长度由个体的数量和每个个体重复评估的次数共同决定。需要注意的是，对每个个体来说，time 变量允许不同，例如 id = 1 在 3，4，6 和 7 的时间点进行了观测，id = 2 在 2，3 和 4 的时间点进行了观测。表 13-2 是宽数据格式，每个个体的重复观测的结局变量在单行中（例如，y_2、y_3、y_4）。在这种格式中，很容易看出两个个体没有在同一时间点进行测量，因为在 id = 1 的 y_2 和 y_5 处以及 id = 2 的 y_5，y_6 和 y_7 处有缺失值（用 . 表示）。宽数据文件的长度只取决于个体的数量；变量的数量测量次数决定了宽度。一般来说，长数据用于拟合多级建模框架中的发展模型（Kevin，2017）。

表 13-1   **长数据格式**

id	time	y
1	3	8
1	4	14
1	6	24
1	7	30
2	2	4
2	3	7
2	4	17

表 13-2   **宽数据格式**

id	Y2	Y3	Y4	Y5	Y6	Y7
1	.	8	14	.	6	7
2	4	7	17	.	.	.

13.1.1.2   数据的缺失

在纵向数据中由于多种原因出现数据缺失问题，如研究对象拒绝回答某些问题、研究对象拒绝或错过某次随访调查、或者退出调查等。这样会使数据不完整，如果不对缺失值进行处理而直接分析数据，其结果可能会产生估计偏倚和统计推论的误导。不同的缺失数据类型需要采用不同的方法进行缺失值处理。一般来说纵向数据中数据缺失有三种类型（Jos，2002），如下：

完全随机缺失（missing completely at random，MCAR）：如果数据缺失不与结果测量或其他协变量相关联，则称为完全随机缺失。这种类型的缺失是由于随机原因产生，如漏填、死亡、迁出等，此时数据缺失是可以忽略的。

随机数据缺失（missing at random，MAR）：如果数据缺失与观测到的结果变量和协变量相关，但与未观测到的结果变量和协变量不相关，则称为随机数据缺失。追踪数据的缺失一般满足随机缺失，也可以忽略缺失数据。

非随机数据缺失（missing not at random，MNAR）：如果数据缺失与未观测到的协变量相关，或与未被观测到的结果变量相关，则称为非随机数据缺失。此时不能忽略数据缺失。

在纵向数据分析中，有许多处理数据缺失的方法，如均数替代法、回归推算法、基于模型的多重推算法等，限于篇幅，具体方法不在此展开。

13.1.2　纵向研究的目标

纵向数据能够研究什么问题，解决什么问题？了解纵向研究的特点有助于我们选择合适的方法进行科学研究。一般来说纵向数据分析主要关注以下四个研究目标（Gibbons，1993）。

第一，直接识别个体内变化。重复测量同一个个体可以让研究者确定这个个体的特定属性是否会随着时间的变化而变化（或保持不变）。

第二，确定了个体内的变化，接下来需要考虑不同个体之间是否以不同的方式变化，在发展过程中存在多样性和多向性。

第三，用固定的个体特征因素预测结果变量的发展趋势，如人口特征、干预措施、个体的近端和远端环境特征等。

第四，用时间-变化变量预测结果变量的发展趋势，如家庭收入、健康行为等。

在我们的研究中，不一定每个目标都要完成，需要根据研究的设计和目标进行相应的分析和组合。

13.1.3　发展模型的特点

纵向数据具有分级结构，即研究对象的重复测量嵌套于个体中。我们可以将研究对象在各时点的测量看作水平 1 单位，研究对象则看作水平 2 单位，这样就可以应用多层模型来分析纵向数据。应用于纵向数据的多层模型也称为发展模型。对纵向数据进行统计分析时，需要能处理个体内同质性（即观察的个体内相关），个体间异质性，非常数方差，以及由失访造成的非平衡数据等问题。传统的分析方法由于自身方法的假设和限定不能很好地处理纵向数据，如表 13-3 所示。

表 13-3　　　　　　　　　　　　　　　　传统分析方法的比较

	普通最小二乘法	单元重复测量 ANOVA（univariate repeated measure ANOVA，URM ANOVA）	多元重复测量 ANOVA（multivariate repeated measure ANOVA，MRM ANOVA）
适用假设和条件	1. 正态分布 2. 观察对象相互独立 3. 方差齐性	1. 具有不同时间点上的残差方差相同，且协方差为常数的复合对称残差方差/协方差结构 2. 或者任何时点之间的残差方差差异相等，即满足"球面"假设/"环形"假设	1. 有完整或平衡的观察数据 2. 所有研究对象需要在同一个时间点进行测量，且在所有的时间点上都进行测量 3. 只允许残差具有无结构限制方差/协方差，而不允许有其他任何形式（Rouant & Lepine，1970）

续表

	普通最小二乘法	单元重复测量 ANOVA（univariate repeated measure ANOVA，URM ANOVA）	多元重复测量 ANOVA（multivariate repeated measure ANOVA，MRM ANOVA）
分析纵向数据的不足	1. OLS 假设不适合用于分析纵向数据 2. 截距和斜率为固定系数，即 OLS 研究的是所有个体的平均结局初始值和在整个研究期间内的平均变化率。不能分析结局测量发展轨迹的个体特征和变异	1. "复合对称"假设在多数纵向数据中都不太可能成立 2. 个体效应为随机效应，减少了残差方差；但时间效应和其他自变量效应被看作固定效应	当重复测量次数较多时，无结构限制方差/协方差会引起参数过度化

如上表所列，与传统模型相比较，发展模型的优点有以下几点。

第一，在随机缺失（Jos，2002）的前提下，发展模型具有处理非平衡数据和不完整数据的能力，可在最大似然或限制性最大似然的基础上，利用全部可以利用的数据进行模型估计。

第二，发展模型能够处理各研究对象重复测量次数不等，重复测量间隔时间不等的问题。

第三，发展模型既不需要研究对象内的观察值相互独立，也不受某些限制性假设（如"复合对称"假设）的制约。该方法既可以从研究对象个体内变异的角度，也可以从研究个体间变异的角度，或同时从以上两个角度出发来分析纵向数据。

从个体变异的角度出发，模型假设观察对象在不同时间的观察值相关，是由非测量因素产生的对象变异引起的。因此，在模型中设定随机回归系数，如随机截距反映个体结局测量值的不同初始水平，用时间变量的随机斜率反映个体结局测量随时间的变化率，从而引入个体特定效应来处理对象间异质性的问题。

从对象内变异角度出发，可在构建模型时通过设定一个适当的残差方差/协方差结构来处理数据的序列相关。如果用以上两种途经中的任何一种（即分别在模型引入随机回归系数或设定残差方差/协方差结构）仍不足以解释结局测量方差，我们可以构建一个全混合效应线性模型，即在随机回归系数纳入模型的同时，又在模型中设定适当的残差方差/协方差结构。

第四，发展模型能够非常容易地在模型中纳入时间变化协变量，如随访时观察对象婚姻状况、经济收入、行为测量及健康状况等。

13.2 线性发展模型

13.2.1 线性发展模型的介绍

用于纵向数据分析的发展模型与用于其他多层数据分析的多层模型在原则上是相同

的。在分析纵向数据的两水平发展模型中，水平 1 观察单位是各研究对象内的重复观察值，而水平 2 观察单位则是个体研究对象。水平 1 模型或个体内模型可表述为：

$$y_{ij} = \beta_{0j} + \beta_{1j} t_{ij} + e_{ij} \tag{13-1}$$

其中，y_{ij} 为研究对象 j 的第 i 次的结局测量，β_{0j} 为截距，t_{ij} 是水平 1 单位时间变量，如时间分值；β_{1j} 是 t_{ij} 的回归斜率；e_{ij} 是误差项（假设其服从以零为均数、以 σ^2 为方差的正态分布）。注意，β_{0j} 和 β_{1j} 都是随机回归系数，代表不同研究对象有不同的结局测量初始值和结局测量随时间变化的不同变化率。

水平 2 模型或个体／对象间模型为：

$$\beta_{0j} = \gamma_{00} + \gamma_{01} x_j + u_{0j} \tag{13-2}$$
$$\beta_{1j} = \gamma_{10} + \gamma_{11} x_j + u_{1j} \tag{13-3}$$

其中，γ_{00} 和 γ_{10} 分别代表控制个体水平（水平 2）解释变量 x_j 后的结局测量平均初始水平和平均变化率。系数 γ_{01} 和 γ_{11} 为解释变量 x_j 的回归斜率，分别解释结局测量初始水平和变化率在个体间的变异。u_{0j} 和 u_{1j} 分别代表第 j 个观察个体结局测量初始水平和变化率与平均初始水平和变化率的差异。该随机效应假设分别服从以零为均数、以 σ_{u0}^2、σ_{u1}^2 为方差的正态分布。

将公式（13-2）和公式（13-3）代入公式（13-1），得到以下组合模型：

$$y_{ij} = \gamma_{00} + \gamma_{01} x_j + \gamma_{10} t_{ij} + \gamma_{11} x_j t_{ij} + (u_{0j} + u_{1j} t_{ij} + e_{ij}) \tag{13-4}$$

其中，$(\gamma_{00} + \gamma_{01} x_j + \gamma_{10} t_{ij} + \gamma_{11} x_j t_{ij})$ 是模型的固定效应成分，$(u_{0j} + u_{1j} t_{ij} + e_{ij})$ 是模型的随机效应成分，其中 $(u_{0j} + u_{1j} t_{ij})$ 为个体水平或个体间随机效应，e_{ij} 为个体内随机效应或残差项。

发展模型也可以表达成矩阵形式。结局变量的总方差可表达为：

$$\text{Var}(y) = ZGZ' + R \tag{13-5}$$

如同线性模型，y 的均数或期望值是通过固定效应 β 来分析的，而 y 的方差是通过 G（随机效应的方差／协方差）矩阵和 R（水平 1 误差的方差／协方差）矩阵来分析的（王济川，2008）。在一个完整混合效应线性模型中，我们既可为 G 矩阵，也可为 R 矩阵设定合适的方差／协方差结构。但如前所述，对于纵向数据，我们并不一定非要构建一个完整模型。第一，如果我们把回归系数的随机变异纳入模型，残差方差／协方差结构可以设定为 $R = \sigma^2 I$，即假设残差相互独立，且残差方差相等。第二，如果我们侧重于用适当的个体内方差／协方差结构来处理个体内的观察相关问题，则可以为 R 矩阵设定适当的方差／协方差结构，而将随机效应成分 U 设置为零（Luke，2004）。在后一种情况下，方程简化成了固定效应模型，但带一个结构性残差矩阵。

$$y = X\beta + e \tag{13-6}$$

其中 $e \sim N(0, R)$，R 矩阵可以被设定为各种适当的形式。如果我们进一步假设 R 为 $\sigma^2 I$，则模型便简化成传统的固定效应线性模型。

在实际研究中，人们通常先从亚模型开始，然后在考虑完整模型。完整模型含有固定效应和随机效应，其两个随机成分（U 和 e）的方差／协方差矩阵的结构需要恰当地设定。

以上，我们简单介绍了发展模型——多层模型在纵向数据中的运用。下文，我们将从简单的模型开始，由浅入深，进一步介绍该模型的具体运用，并用实际数据进行阐述和演示。

13.2.2 实例分析与 SAS 实现

13.2.2.1 数据描述和数据处理

本节将用中国居民健康与营养调查(China Health and Nutrition Survey，CHNS)数据。本章我们将通过 CHNS 数据观察我国近 20 年城乡间儿童体重指数的变化。1991 年作为基线调查，随后在 1993 年、1997 年、2000 年、2004 年、2006 年、2009 年、2011 年进行追踪调查，共有 8 个观察时点。本章使用的数据集名称为 exe13，模型构建中所涉及的变量如下。

结局变量：

bmi：体重指数，每次调查均会询问儿童的身高和体重，根据 BMI = 体重/身高^{2}公式计算，该变量为连续变量。

水平 1 解释变量：在发展模型中，水平 1 解释变量是随时间而变化的研究对象个体内测量，在本研究中包括：

time：调查时间，对 1991 年、1993 年、1997 年、2000 年、2004 年、2006 年、2009 年、2011 年和 2015 年分别编码为：0、2、6、9、13、15、18、20。

fat：脂肪，每日摄入量，这是一个随时间变化而变化的个体内协变量，为连续变量。

水平 2 解释变量：在发展模型中，水平 2 解释变量是不随时间而变化的研究对象个体间测量，数据包括：

region：基线调查时的居住地(1 = 城市，0 = 农村)

age：连续变量，为基线调查时的年龄。

gender：性别(1 = 男，0 = 女)；

weight：基线调查时是否超重(1 = 超重；0 = 不超重)

本节，我们只使用以上变量来介绍和阐述发展模型的概念、特征及如何实际运用发展模型来分析纵向数据。在分析模型时需要长数据格式，即每个研究对象有与各次观察相对应的多个记录。如果是宽数据，我们需要先进行数据格式的转换，本章使用的数据集为长数据，如表 13-4 所示，故此不必转换。

表 13-4　　　　　　　　　　实例分析的数据集(节选)

	idind	age	gender	region	bmi	fat	weight	time
1	211101001003	12	0	1	19.72	15.15	0	0
2	211101001003	12	0	1	20.51	28.08	0	2
3	211101001003	12	0	1	20.29	21.59	0	9
4	211101002003	11.7	0	1	16.44	16.62	0	0
5	211101002003	11.7	0	1	17.22	29.14	0	2

续表

	idind	age	gender	region	bmi	fat	weight	time
6	211101003003	15	0	0	18.47	42.78	0	0
7	211101003003	15	1	0	18.11	17.18	0	2
8	211101003003	15	1	0	23.94	24.52	0	9
9	211101004003	13.4	0	1	18.75	28.42	0	0
10	211101004003	13.4	0	1	18.28	36.03	0	2
11	211101005003	15.7	0	1	17.36	17.17	0	0
12	211101005003	15.7	0	1	16.73	27.48	0	2
13	211101007003	13	1	1	15.02	17.39	0	0
14	211101007003	13	1	1	18.09	35.09	0	2
15	211101008005	4.1	1	1	15.27	11.68	0	0
16	211101008005	4.1	1	1	12.42	32.81	0	2
17	211101008005	4.1	1	1	18.13	.	0	9
18	211101008005	4.1	1	1	20.15	36.08	0	15
19	211101008005	4.1	1	1	26.71	47.11	0	18
20	211101008005	4.1	1	1	25.53	26.89	0	20

　　我们将讨论线性发展模型，从最简单的模型入手，仅在模型中加入一个水平 1 变量（time），并将水平 1 截距设定为随机系数。随后，将在此基础模型上逐步扩展并完善该模型。

13.2.2.2　截距测量随时间变化的形式

　　在最初建立模型时，最好先用图的方式观察一下整个研究期间的结局测量的平均发展趋势（average growth trend）。本节研究的结局测量 BMI[①] 的平均发展趋势线图（图 13-1）显示，研究样本的平均 BMI 在 1991—2011 年内有上升趋势，且呈直线线性上升趋势，因此可考虑一次线性时间模型。

13.2.2.3　随机截距发展模型

　　线性回归模型最简单的扩展是用随机截距替代其固定截距，从而有以下随机截距发展模型（random intercept growth model）。
　　水平 1（个体内）模型为：

$$\mathrm{bmi}_{ij} = \beta_{0j} + \beta_{1j}\,\mathrm{time}_{ij} + e_{ij}$$

---

　　① 此处 BMI 的全称为 body mass index，为方便输写，在 SAS 程序中均为 bmi，在结果解释部分为 BMI。

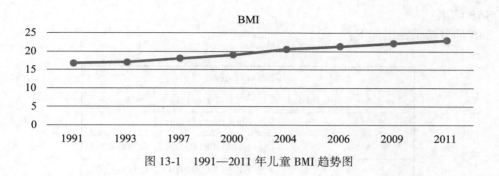

图 13-1　1991—2011 年儿童 BMI 趋势图

水平 2(个体间)模型为:

$$\beta_{0j} = \gamma_{00} + u_{0j}$$
$$\beta_{1j} = \gamma_{10}$$

组合模型为:

$$\text{bmi}_{ij} = \gamma_{00} + \gamma_{10}\text{time} + (u_{0j} + e_{ij})$$

个体内模型表示个体 j 的第 i 次结局测量值由结局测量初始水平(β_{0j})和变化率(β_{1j})决定。个体间模型将个体 j 的初始结局水平分解成两个部分:总体结局测量平均初始水平(γ_{00})和个体特定效应(u_{0j})。通过加入个体特异性(u_{0j}),结局测量的初始水平便因人而异,随个体不同而不同。在此模型中,时间变量 time 的斜率被设定为固定效应,即结局测量随时间推移的变化率是一固定系数 γ_{10},不因研究对象的不同而变化。换言之,个体研究对象可以从不同的结局水平开始,但其随时间推移的变化率相同,即个体发展趋势与模型估计的总体发展趋势平行。

个体特异性效应 u_{0j} 是随机效应,其被假设为服从均数为 0、方差为 σ_{u0}^2 的正态分布总体中随机抽取的。误差项 e_{ij} 也被假设服从均数为 0、方差为 σ^2 的正态条件独立分布。由于由个体间变异引起的噪音已从未解释的随机残差中去除,所以称为条件独立分布。但是两个不同观察水平的随机残差项 u_{0j} 和 e_{ij} 是相互独立的。

该随机截距模型与传统线性模型的唯一区别是,模型中的截距不再是固定的系数,而是一个随机系数。模型中水平 2 残差项 u_{0j} 代表各个体发展趋势线与总体水平发展趋势线或平均发展轨迹之间的差异,而该差异的方差 σ_{u0}^2 代表所有个体发展趋势与平均发展趋势的离散程度。如果 σ_{u0}^2 为 0,则 $u_{0j} = 0$,因为 E(u_{0j}) = 0。那么就会只有一条发展或轨迹线,即平均发展或轨迹线。

SAS 程序:

proc mixed plots(maxpoints=none) data=exe13 covtest noclprint;

class idind;

model bmi=time/s ddfm=kr;

random int /subject=idind;

run;

上述 SAS 程序中,语句 random int /subject=idind 要求 SAS 拟合随机截距模型。

SAS 结果：

SAS 部分结果输出如下：

Iteration History			
Iteration	Evaluations	−2 Res Log Like	Criterion
0	1	69063.43237584	
1	3	64785.08140075	0.00008263
2	1	64783.39208919	0.00000027
3	1	64783.38672329	0.00000000

图 13-2　迭代历史

Covariance Parameter Estimates					
Cov Parm	Subject	Estimate	Standard Error	Z Value	Pr>Z
Intercept	IDind	4.5464	0.1330	34.18	<.0001
Residual		4.1297	0.05929	69.65	<.0001

图 13-3　协方差参数估计

Fit Statistics	
−2 Res Log Likelihood	64783.4
AIC（Smaller is Better）	64787.4
AICC（Smaller is Better）	64787.4
BIC（Smaller is Better）	64800.1

图 13-4　模型拟合

Solution for Fixed Effects					
Effect	Estimate	Standard Error	DF	t Value	Pr>|t|
Intercept	16.6856	0.04111	5576	405.84	<.0001
time	0.3042	0.003372	11E3	90.20	<.0001

图 13-5　固定效应估计值

SAS 结果解释：

图 13-2 显示模型估计经过四次迭代收敛。图 13-3 显示的是残差方差/协方差估计：$\hat{\sigma}_{u0}^2 = 4.5464(p<0.0001)$，$\sigma^2 = 4.1297(p<0.0001)$，二者均呈统计显著。$\hat{\sigma}_{u0}^2$ 的显著性表明

研究对象的结局测量(BMI)的初始水平显著不同;σ^2 显著性表明在模型设定了随机截距后,仍然存在显著的个体内变异(within-subject variation)。组内相关系数 ICC = 4.5464/(4.5464+4.1297)= 0.52,表明一半的总变异是有研究对象个体间异质性(between-subject heterogeneity)引起的。

由于该模型估计使用的是 REML 法(SAS PROC MIXED 程序的默认估计法)(bell,2013),SAS 输出中所示的模型拟合统计量是用来比较带有相同固定效应但不同随机效应或不同残差方差结构的模型,限制性-2LL(restricted −2LL)可用于 LR 检验来比较该类嵌套模型。信息标准统计量 AIC,AICC 和 BIC 可用于嵌套模型或非嵌套模型比较(Richard,2011)。但是-2LL 和信息标准统计量都不能回答某个单一模型是否拟合数据,它们仅用于模型比较,说明哪个模型相对来说拟合数据更好。

图 13-5 显示固定效应的参数估计值。截距 $\hat{\gamma}_{00} = 16.856(p<0.0001)$,表示模型估计的结局测量 BMI 的总体平均初始值为 16.856;线性时间效应 $\hat{\gamma}_{10} = 0.3042(p<0.0001)$,表示结局测量 BMI 每年的平均变化率为 0.3042。

13.2.2.4　随机截距-斜率发展模型

随机截距模型中,结局测量的个体发展趋势线有不同的截距,但有相同的斜率,即研究对象个体的初始结局测量水平不同,但每个个体的结局测量随时间的变化率都相同。但实际研究中,通常情况是,结局测量发展不仅初始水平因人而异,且其随时间的变化率也不尽相同。因此,更为符合实际情况的模型是随机截距和随机斜率发展模型,即随机截距-斜率发展模型(random intercept-slope growth model)。该模型如下。

水平 1(个体内)模型:

$$\mathrm{bmi}_{ij} = \beta_{0j} + \beta_{1j}\,\mathrm{time}_{ij} + e_{ij}$$

水平 2(个体间)模型为:

$$\beta_{0j} = \gamma_{00} + u_{0j}$$
$$\beta_{1j} = \gamma_{10} + u_{1j}$$

组合模型为:

$$\mathrm{bmi}_{ij} = \gamma_{00} + \gamma_{10}\,\mathrm{time}_{ij} + (u_{0j} + u_{1j}\,\mathrm{time}_{ij} + e_{ij})$$

式中 u_{0j} 代表第 j 个个体的结局测量初始水平偏离模型估计的总体平均初始结局水平程度,u_{1j} 代表第 j 个个体的结局变化率偏离估计的总体平均结局变化率程度。假设 u_{0j} 和 u_{1j} 为二元正态分布(bivariate normal distribution),即 $N \sim (0,G)$,其具有如下方差/协方差矩阵:

$$G = \begin{bmatrix} \sigma^2_{uo} & \sigma^2_{u_{01}} \\ \sigma^2_{u01} & \sigma^2_{u1} \end{bmatrix}$$

其中,σ^2_{uo} 和 σ^2_{u1} 分别代表结局测量初始水平和变化率变异的方差,$\sigma^2_{u_{01}}$ 表示结局测量水平和结局测量变化率之间的协方差。

SAS 程序:
以下 SAS 程序拟合随机截距-斜率发展模型。

proc mixed plots（maxpoints＝none）data＝ exe13 covtest noclprint；

class idind；

model bmi＝time/s ddfm＝kr ；

random int time/subject＝idind G type＝un；

run；

SAS 结果解释：

以上 SAS 程序的 random 语句包括了 int（代表 intercept，截距）和时间变量 time，因而模型截距和变量 time 的斜率均被处理为随机回归系数，即个体发展趋势线的结局测量初始水平和变化率均因人而已。SAS 程序的 random 语句中 type＝un 选项设定模型的 G 矩阵包含水平 2 残差有非结构方差/协方差。选项 ddfm＝kr 要求 SAS 用 Kenward-Roger 法计算固定效应检验的分母自由度。

SAS 结果：

SAS 部分结果输出如下：

Covariance Parameter Estimates					
Cov Parm	Subject	Estimate	Standard Error	Z Value	Pr Z
UN(1, 1)	IDind	4. 6671	0. 1495	31. 21	<. 0001
UN(2, 1)	IDind	−0. 07341	0. 01343	−5. 47	<. 0001
UN(2, 2)	IDind	0. 03151	0. 001834	17. 18	<. 0001
Residual		3. 0795	0. 05213	59. 08	<. 0001

图 13-6 协方差参数估计值

Fit Statistics	
−2 Res Log Likelihood	63729. 8
AIC（Smaller is Better）	63737. 8
AICC（Smaller is Better）	63737. 8
BIC（Smaller is Better）	63763. 2

图 13-7 模型拟合

Null Model Likelihood Ratio Test		
DF	Chi-Square	Pr>ChiSq
3	5333. 60	<. 0001

图 13-8 零模型似然比检验

Solution for Fixed Effects					
Effect	Estimate	Standard Error	DF	t Value	Pr>|t|
Intercept	16.6989	0.03999	4086	417.53	<.0001
time	0.3053	0.004852	2257	62.92	<.0001

图 13-9   固定效应估计值

SAS 结果解释：

与随机结局发展模型一样，图 13-9 显示该模型有两个固定效应：截距 $\hat{\gamma}_{00} = 16.6989$ （$p<0.0001$），表示模型估计的结局测量 BMI 的总体平均初始值为 16.6989。线性时间效应 $\hat{\gamma}_{10} = 0.3053$（$P<0.0001$），表示结局测量 BMI 每年的平均变化率为 0.3053。图 13-6 显示有 3 个随机效应：随机截距的方差估计 $\hat{\sigma}_{u0}^{2} = 4.671$（$p<0.0001$），表明结局测量的初始水平在研究对象之间有显著差异。时间变量的随机斜率的方差估计 $\hat{\sigma}_{u1}^{2} = 0.0351$（$p<0.0001$），表明结局测量随时间的变化率在研究对象之间有显著差异；该截距和斜率系数间的协方差为 $\hat{\sigma}_{u01}^{2} = -0.0734$（$p<0.0001$），表明研究对象的 BMI 初始水平越高，则其结局测量时间的推移的变化率就越小。模型中增加随机斜率后，水平 1 残差方差从 4.1297 下降到 3.0795，减少了 25.43%。图 13-7 显示该模型与数据的拟合优于随机截距模型，因为 -2LL 从 64783.4 下降到 63729.8，差值为 1053.6，表明拟合改善统计显著 （df=2，$p<0.0001$）。

13.2.2.5   城乡效应的评估

为了评估城乡对结局测量的效应，需要将水平 1 随机截距 β_{0j} 和斜率 β_{1j} 在水平 2 方程中处理为城乡变量（region，1-城市，0-农村）的函数，模型表达如下。

水平 1（个体内）模型为：

$$\text{bmi}_{ij} = \beta_{0j} + \beta_{1j}\, \text{time}_{ij} + e_{ij}$$

水平 2（个体间）模型为：

$$\beta_{0j} = \gamma_{00} + \gamma_{01}\, \text{region}_j + u_{0j}$$
$$\beta_{1j} = \gamma_{10} + \gamma_{11}\, \text{region}_j + u_{1j}$$

组合模型为：

$$\text{bmi}_{ij} = \gamma_{00} + \gamma_{01}\, \text{region}_j + \gamma_{10}\, \text{time}_{ij} + \gamma_{11}\, \text{region}_j * \text{time}_{ij}$$
$$+ (u_{0j} + u_{1j}\, \text{time}_{ij} + e_{ij})$$

模型中 γ_{00} 为农村的儿童 BMI 平均初始水平，γ_{01} 为城市儿童（region = 1）和对照组 （region = 0）之间儿童 BMI 初始水平的平均差异。γ_{10} 代表农村儿童 BMI 平均变化率，γ_{01} 代表农村和城市之间儿童 BMI 平均变化率的差异。

SAS 程序：

运行 SAS 程序如下：

proc mixed plots(maxpoints = none) data = exe13 covtest noclprint；

class idind；

model bmi = region | time/s ddfm = kr ；

random int time/subject = idind G type = un；

run；

SAS 结果解释：

model bmi = region | time 同时设定变量 time 和 region 的主效应和交互作用。等效 SAS 语句为 model bmi = region time region * time。

SAS 结果：

SAS 部分输出结果如下：

Covariance Parameter Estimates					
Cov Parm	Subject	Estimate	Standard Error	Z Value	Pr Z
UN(1，1)	IDind	4. 6590	0. 1494	31. 18	<. 0001
UN(2，1)	IDind	−0. 07375	0. 01345	−5. 48	<. 0001
UN(2，2)	IDind	0. 03155	0. 001836	17. 18	<. 0001
Residual		3. 0799	0. 05214	59. 07	<. 0001

图 13-10　协方差参数估计

Fit Statistics	
−2 Res Log Likelihood	63733. 9
AIC (Smaller is Better)	63741. 9
AICC (Smaller is Better)	63741. 9
BIC (Smaller is Better)	63767. 3

图 13-11　模型拟合

Null Model Likelihood Ratio Test		
DF	Chi-Square	Pr>ChiSq
3	5315. 30	<. 0001

图 13-12　零模型似然比检验

Solution for Fixed Effects					
Effect	Estimate	Standard Error	DF	t Value	Pr>|t|
Intercept	16.6451	0.04641	4096	358.62	<.0001
region	0.2097	0.09132	4061	2.30	0.0217
time	0.3050	0.005660	2350	53.88	<.0001
region * time	0.001117	0.01100	2103	0.10	0.9191

图 13-13　固定效应估计值

SAS 结果解释：

图 13-13 显示，$\hat{\gamma}_{00} = 16.6451(p < 0.0001)$，表示模型估计的农村儿童 BMI 的平均初始值为 16.6451。$\hat{\gamma}_{01} = 0.2097(p = 0.0217)$，表示城市儿童比农村儿童 BMI 初始水平平均高 0.2097$(p < 0.0001)$；$\hat{\gamma}_{10} = 0.3050(p < 0.0001)$，表示农村儿童 BMI 每年平均变化率为 0.3050。$\hat{\gamma}_{11} = 0.001(p = 0.9191)$，表明 region 变量与 time 变量的交互作用没有统计学差异，交互作用大于 0 表示随一个单位时间的增加，在城市的儿童，相对于农村儿童而言，他们的 BMI 平均结局值多增长 0.001，但是这个额外的增长没有统计学差异。

图 13-11 显示，与随机截距-斜率模型结果相比，该模型数据的拟合得到显著改善（-2LL 之差为 63716.3 - 63710.1 = 6.2，df = 2，$p < 0.05$），① 所以须将变量 region 放入模型。

图 13-10 显示随机效应仍然统计显著，但加入 region 变量后，随机截距和斜率的方差基本没有变化，说明该变量不能解释随机截距和随机斜率的变异。

13.2.2.6　在模型中控制个体协变量

实际研究中，为了区分地区效应和其他"噪音"，应将理论上有关的个体变量作为协变量加入模型。本研究中，应加入 age，gender，weight 等变量，模型如下。

水平 1(个体内)模型为：
$$\text{bmi}_{ij} = \beta_{0j} + \beta_{1j} \text{time}_{ij} + e_{ij}$$
水平 2(个体间) 模型为：
$$\beta_{0j} = \gamma_{00} + \gamma_{01} \text{region}_j + \gamma_{02} \text{age}_j + \gamma_{03} \text{gender}_j + \gamma_{04} \text{weight}_j + u_{0j}$$
$$\beta_{1j} = \gamma_{10} + \gamma_{11} \text{region}_j + u_{1j}$$

组合模型为：
$$\text{bmi}_{ij} = \gamma_{00} + \gamma_{01} \text{region}_j + \gamma_{10} \text{time}_{ij} + \gamma_{11} \text{region}_j * \text{time}_{ij} + \gamma_{02} \text{age}_j + \gamma_{03} \text{gender}_j$$
$$+ \gamma_{04} \text{weight}_j + (u_{0j} + u_{1j} \text{time}_{ij} + e_{ij})$$

---

① 此处是比较两个具有不同固定效应，相同随机效应的模型后 -2LL 的差值（method = ml，非 method = reml）。

其中，假设所有的协变量对结局测量的影响都不随时间而变化，也就是说，协变量与时间变量 time 之间不存在交互作用。

SAS 程序：

运行 SAS 程序如下：

proc mixed plots(maxpoints＝none)data＝ exe13 method＝reml covtest noclprint；

class idind；

model bmi＝region | time age gender weight/s ddfm＝kr ；

random int time/subject＝idind G type＝un；

run；

SAS 结果：

SAS 输出的部分结果如下：

Covariance Parameter Estimates					
Cov Parm	Subject	Estimate	Standard Error	Z Value	Pr Z
UN(1, 1)	IDind	2.1336	0.09585	22.26	<.0001
UN(2, 1)	IDind	−0.06589	0.01105	−5.96	<.0001
UN(2, 2)	IDind	0.03162	0.001832	17.26	<.0001
Residual		3.0781	0.05202	59.17	<.0001

图 13-14 协方差参数估计

Fit Statistics	
−2 Res Log Likelihood	61293.8
AIC (Smaller is Better)	61301.8
AICC (Smaller is Better)	61301.8
BIC (Smaller is Better)	61327.2

图 13-15 模型拟合

Null Model Likelihood Ratio Test		
DF	Chi-Square	Pr>ChiSq
3	3411.39	<.0001

图 13-16 零模型似然比检验

Solution for Fixed Effects					
Effect	Estimate	Standard Error	DF	t Value	Pr>|t|
Intercept	16.4528	0.04691	4501	350.75	<.0001
region	0.1802	0.07176	3917	2.51	0.0121
time	0.3165	0.005624	2415	56.28	<.0001
region * time	-0.00426	0.01092	2177	-0.39	0.6966
mean_age	0.2913	0.005809	4139	50.14	<.0001
gender	0.02810	0.05642	3994	0.50	0.6185
weight	6.1532	0.3267	4102	18.83	<.0001

图 13-17　固定效应估计值

SAS 结果解释：

图 13-17 显示，变量 gender 的效应为 $\hat{\gamma}_{04} = 0.0261$（$p = 0.6185$），表示男孩的 BMI 平均初始水平比女孩高 0.03，但是性别差异并没有统计显著。变量 weight 的效应为 $\hat{\gamma}_{05} = 6.1532$（$p<0.0001$），表示基线为超重的儿童 BMI 平均初始水平比基线不超重的儿童高 6.15。age 为连续变量，由于参照组的解释变量取 0 值，而 age = 0 无实际意义，所以此模型对 age 进行了总均数中心化处理（age 的均值约为 8.8），此处 age 的效应为 $\hat{\gamma}_{03} = 0.2913$（$p<0.0001$），表示相对于儿童在 8.8 岁时 BMI 的初始平均值，年龄每增加一岁 BMI 会增加 0.2913。

13.2.2.7　在模型中纳入时间变化协变量

发展模型的优势之一是能够容易地将时间变化协变量纳入模型。在此例数据中，变量 fat（每日脂肪摄入量）是一个时间变化测量，其可能在某种程度上影响不同结局测量 BMI。

SAS 程序：

```
proc mixed plots( maxpoints = none) data = exe13 method = reml covtest noclprint;
class idind;
model bmi = region | time mean_age gender weight mean_fat/s ddfm = kr;
random int time/subject = idind G type = un;
run;
```

在以上 SAS 程序 model 语句自动识别时间恒定和时间变化变量。时间变化变量在个体内和个体间均可取不同值（如此例中的 time，fat），是水平 1 变量。时间恒定变量（如 gender 等）只有在个体间变异，是水平 2 变量。

SAS 结果：

SAS 输出部分结果如下：

Covariance Parameter Estimates					
Cov Parm	Subject	Estimate	Standard Error	Z Value	Pr Z
UN(1, 1)	IDind	2.0530	0.09595	21.40	<.0001
UN(2, 1)	IDind	−0.05610	0.01106	−5.07	<.0001
UN(2, 2)	IDind	0.03036	0.001821	16.68	<.0001
Residual		3.0353	0.05276	57.53	<.0001

图 13-18　协方差参数估计

Fit Statistics	
−2 Res Log Likelihood	58797.7
AIC (Smaller is Better)	58805.7
AICC (Smaller is Better)	58805.7
BIC (Smaller is Better)	58831.1

图 13-19　模型拟合

Null Model Likelihood Ratio Test		
DF	Chi-Square	Pr>ChiSq
3	3234.55	<.0001

图 13-20　零模型似然比检验

Solution for Fixed Effects					
Effect	Estimate	Standard Error	DF	t Value	Pr>|t|
Intercept	16.4183	0.04785	4667	343.14	<.0001
region	0.1674	0.07202	3896	2.32	0.0202
time	0.3180	0.005771	2479	55.11	<.0001
region * time	−0.00436	0.01093	2111	−0.40	0.6896
mean_age	0.3004	0.005943	4305	50.55	<.0001
gender	0.01641	0.05663	3964	0.29	0.7721
weight	6.1703	0.3248	3985	19.00	<.0001
mean_fat	0.005399	0.001696	13E3	3.18	0.0015

图 13-21　固定效应估计值

SAS 结果解释：

图 13-21 显示，变量 fat（此处 fat 变量进行了总均数中心化处理）对结局测量 BMI 有显著正效应（0.0054，$p=0.0015$），表明儿童每日脂肪摄入量越高，其 BMI 越高。

13.2.3　残差方差/协方差结构

到目前为止，在模型构建中通过设定随机截距及随机截距-斜率，我们分析了结局测量初始水平和变化率的个体间变异。该方法被称为随机系数发展模型（random coefficient growth model）。此外，还可以通过设定适当的残差方差/协方差结构（residual variance/covariance structure）来分析个体内变异。此方法有时被称为协方差模式模型。最后，还可以同时设定随机效应和残差方差/协方差结构，从个体内变异和个体间变异两个角度来构建模型，分析总方差。

常见的残差方差/协方差结构（王济川，2008）为：非结构性残差方差/协方差结构（unstructured residual variance/covariance structure，UN）：UN 设定一个非特定结构的方差/协方差矩阵，其所有残差方差/协方差参数具有不同的估计值；复合对称残差方差/协方差（compound symmetry residual variance/covariance structure，CS）：CS 假设所有方差和协方差分别相等，即只需要估计两个参数——共同方差和共同协方差；一阶自回归残差方差/协方差结构（first order auto-regressive residual variance/covariance structure，AR(1)）：AR(1)是时间序列数据中常见的一种结构（Hanna & Quinn，1979），它假设残差方差相等，时滞残差间的相关系数随时间推移呈指数衰减；Toeplitz 残差方差/协方差结构（TOEP residual variance/covariance structure）：TOEP 适用于共同方差、但任意时相关残差的时间序列结构，其不假设序列相关系数随时间而衰减，比 AR(1)局限性小；Huynh-Feldt 残差方差/协方差结构（HF residual variance/covariance structure）：HF 假设残差方差不同，每个协方差由两个相关方差的均值减去一常数参数取得。

为了确定合适的残差方差/协方差结构，一般首先检查无特定结构或非结构性残差方差/协方差以及相关系数矩阵。

SAS 程序：

以下 SAS 程序提供残差方差/协方差结构矩阵：

```
data exe13;
set exe13;
timec = time;
proc mixed plots( maxpoints = none) method = reml covtest noclprInt;
class idind timec;
model BMI = region | time/s ddfm = kr ;
repeated   timec/subject = idind R   rcorr type = un;
run;
```

SAS 程序解释：

以上程序中产生了一个新变量 timec，它只是时间变量 time 的复制，作为分类变量设定在 class，repeated 语句中。在 **proc mixed** 程序运行中，SAS 内部将 timec 处理为代表时间点的一组虚拟变量，以保证在某些时点有缺失观察值的情况下，SAS 能够正确按时间点排列数据。

使用 random 语句来分析个体间变异，使用 repeated 语句来分析个体内变异。分别要求 SAS 在输出中打印模型的残差方差/协方差矩阵(R 矩阵)和残差相关系数矩阵。

SAS 结果：

SAS 部分输出如下：

Estimated R Matrix for IDind 211101001003			
Row	Col1	Col2	Col3
1	6.6837	5.1090	2.9883
2	5.1090	7.7485	4.5580
3	2.9883	4.5580	9.7969

图 13-22　个案 211101001003 的估计 R 矩阵

Estimated R Correlation Matrix for IDind 211101001003			
Row	Col1	Col2	Col3
1	1.0000	0.7099	0.3693
2	0.7099	1.0000	0.5231
3	0.3693	0.5231	1.0000

图 13-23　个案 211101001003 的估计 R 相关矩阵

SAS 结果解释：

图 13-22 和图 13-23 显示，随着时间变化，残差方差和方差间协变或相关略呈下降趋势，但无固定模式。残差方差/协方差结构的选择应通过统计检验。

在以下 SAS 中，我们分别采用 UN、CS、ARID、TOEP 和 Huynh-Feldt 残差方差/协方差结构来拟合模型。我们可以在运行同一模型时分别设定不同的残差方差/协方差结构，也可以用 SAS 宏程序同时拟合带有不同残差方差/协方差结构的模型。

SAS 程序：

```
data exe13;
set exe13;
timec=time;
%macro fit(cov);
proc mixed plots(maxpoints=none) method=reml covtest noclprint;
class idind timec;
model bmi=region | time/s ddfm=kr;
repeated timec/subject=idind R  rcorr type=&cov;
run;
```

%mend fit;

%fit(UN)

%fit(CS)

%fit(AR(**1**))

%fit(TOEP)

%fit(HF)

SAS 程序解释：

type 选项被定义为 SAS 宏程序 fit 中的一个参数(COV)。当调用 fit 宏程序时，可以同时设定数个选项，如*%fit*(UN),*%fit*(CS),*%fit*(AR(1)),*%fit*(TOEP),*%fit*(HF)。在随机截距-斜率模型(random Intercept and slope model, RIS)基础上，运行具有不同残差方差/协方差的"全模型"。结果汇总如下表显示，带有 UN 残差结构的随机截距-斜率模型是以下模型中拟合数据最好的模型，其信息标准统计(AIC、AICC 和 BIC)最小(Richard, 2011)。为了演示全模型的程序，我们选用了 RIS-AR(1)模型进行拟合。

表 13-4　　　　　　　　　　　　　　**各模型统计拟合值比较**

Covariance structures	−2LL	AIC	AICC	BIC
UN	62463.5	62535.5	62535.7	62763.8
CS	64788.3	64792.3	64792.3	64805.0
AR(1)	63490.7	63494.7	63494.7	63507.3
TOEP	63404.8	63420.8	63420.8	63471.5
HF	64512.6	64530.6	64530.6	64587.7
RIS	63733.9	63741.9	63741.9	63767.3
RIS−AR(1)	63135.0	63145.0	63145.0	63176.7

SAS 程序：

运行 RIS-AR(1)模型的 SAS 程序如下：

data exe13;

set exe13;

timec = time;

proc mixed plots(maxpoints = none) method = reml covtest noclprint;

class idind timec;

model bmi = region | time/s ddfm = kr;

random int time/subject = idind G type = un;

repeated timec/subject = idind R　　type = ar(**1**);

run;

SAS 程序解释：

random 语句设定随机截距和斜率系数，及其方差/协方差结构(G 矩阵结构为 UN)；

repeated 语句设定模型的残差方差/协方差结构(R 矩阵结构为 AR(1))。

SAS 结果:

SAS 部分结果输出如下:

Covariance Parameter Estimates					
Cov Parm	Subject	Estimate	Standard Error	Z Value	Pr Z
UN(1, 1)	IDind	0.5519	0.4469	1.23	0.1085
UN(2, 1)	IDind	0.1252	0.02089	5.99	<.0001
UN(2, 2)	IDind	0.005242	0.002401	2.18	0.0145
AR(1)	IDind	0.5915	0.02399	24.66	<.0001
Residual		6.5264	0.3943	16.55	<.0001

图 13-24　协方差参数估计

Fit Statistics	
−2 Res Log Likelihood	63135.0
AIC (Smaller is Better)	63145.0
AICC (Smaller is Better)	63145.0
BIC (Smaller is Better)	63176.7

图 13-25　模型拟合

Null Model Likelihood Ratio Test		
DF	Chi-Square	Pr>ChiSq
4	5914.21	<.0001

图 13-26　零模型似然比检验

Solution for Fixed Effects					
Effect	Estimate	Standard Error	DF	t Value	Pr>|t|
Intercept	16.6894	0.04579	4094	364.44	<.0001
region	0.1802	0.09009	4066	2.00	0.0455
time	0.3068	0.005704	2465	53.79	<.0001
region * time	−0.00345	0.01099	2214	−0.31	0.7536

图 13-27　固定效应估计值

13.3 曲线发展模型

以上我们讨论了线性发展的拟合，但在很多情况下，结局测量变量随时间的变化并非线性的，即不同时间的变化率可能会不同，在这种情况下，我们需要考虑曲线发展模型（curvilinear growth model）。

13.3.1 曲线发展模型的介绍

在分析纵向数据时，我们一般需要对结果变量进行探索性画图，当结果变量以非线性方式变化时，通常需要考虑曲线发展模型，即需要加入时间变量的多项式函数。发展模型的拐点越多，多项式函数的方次越高。理论上讲，对有 T 次观测的纵向数据来说，时间变量多项式函数最高可有（$T-1$）次方（Kevin，2017）。但多项式函数的方次越高，模型估计越难，且模型结果越难解释。因此，本章仅介绍通常使用的二次方发展模型（quadratic growth model）。

拟合二次方发展模型时，只需在线性发展模型的基础上增加一个时间变量的平方项（$time^2 = time * time$）。变量 $time^2$ 的效应可以为固定效应，也可以是随机效应，根据模型的拟合情况而定。这里我们展示了随机截距斜率曲线发展模型的公式：

水平 1（个体内）模型为：

$$\text{bmi}_{ij} = \beta_{0j} + \beta_{1j}\text{time}_{ij} + \beta_{2j}\text{time}_{ij}^2 + e_{ij} \tag{13-7}$$

水平 2（个体间）模型为：

$$\beta_{0j} = \gamma_{00} + u_{0j} \tag{13-8}$$

$$\beta_{1j} = \gamma_{10} + u_{1j} \tag{13-9}$$

$$\beta_{2j} = \gamma_{20} + u_{2j} \tag{13-10}$$

组合模型为：

$$\text{bmi}_{ij} = \gamma_{00} + \gamma_{10}\text{time}_{ij} + \gamma_{20}\text{time}_{ij}^2 + (u_{0j} + u_{1j}\text{time}_{ij} + u_{2j}\text{time}_{ij}^2 + e_{ij}) \tag{13-11}$$

13.3.2 实例分析与 SAS 程序

为了演示非线性发展模型，我们继续使用 CHNS 1991—2011 年的数据集 exe13 进行分析。虽然图 13-1 显示 1991—2011 年儿童 BMI 趋势为直线，我们想通过曲线发展模型进行分析验证。我们仅做随机截距斜率曲线发展模型，此模型放入 time 的随机效应，组合公式如下：

$$\text{bmi}_{ij} = \gamma_{00} + \gamma_{10}\text{time}_{ij} + \gamma_{20}\text{time}_{ij}^2 + (u_{0j} + u_{1j}\text{time}_{ij} + e_{ij}) \tag{13-12}$$

相应的 SAS 程序如下：

SAS 程序：

```
data exe13;
set exe13;
time2 = time * time;
proc mixed plots( maxpoints = none) data = exe13 covtest noclprint;
```

class idind；

model bmi＝time time2/s ddfm＝kr；

random int time/subject＝idind G type＝un；

run；

SAS 结果：

SAS 部分结果输出如下：

Covariance Parameter Estimates					
Cov Parm	Subject	Estimate	Standard Error	Z Value	Pr Z
UN(1, 1)	IDind	4.6614	0.1495	31.19	<.0001
UN(2, 1)	IDind	−0.07410	0.01344	−5.52	<.0001
UN(2, 2)	IDind	0.03155	0.001838	17.17	<.0001
Residual		3.0806	0.05218	59.04	<.0001

图 13-28　协方差参数估计

Fit Statistics	
−2 Res Log Likelihood	63740.1
AIC (Smaller is Better)	63748.1
AICC (Smaller is Better)	63748.1
BIC (Smaller is Better)	63773.4

图 13-29　模型拟合

Null Model Likelihood Ratio Test		
DF	Chi-Square	Pr>ChiSq
3	5277.02	<.0001

图 13-30　零模型似然比检验

Solution for Fixed Effects					
Effect	Estimate	Standard Error	DF	t Value	Pr>|t|
Intercept	16.7179	0.04154	4751	402.50	<.0001
time	0.2912	0.009615	1E4	30.29	<.0001
time2	0.000972	0.000577	9931	1.68	0.0921

图 13-31　固定效应估计值

SAS 结果解释：

图 13-31 显示，时间变量的线性效应（$\hat{\gamma}_{10} = 0.2912$，$p < 0.0001$）统计显著，而时间变量的二次方效应（$\hat{\gamma}_{20} = 0.0009$，$p = 0.0921$）不具有统计显著，说明结局变量随时间变化非线性发展，也就说，结局变量的变化率在不同观测时点是一样的。

13.4　Logistic 发展模型

13.4.1　Logistic 发展模型介绍

在纵向研究中，分类结局测量也很常见，例如"是"与"否"、"健康""一般"和"不健康"等。此时，我们需要采用多层 Logistic 回归模型进行分析。

多层 Logistic 回归模型是固定效应回归模型的扩展，其通过在模型中纳入随机效应来处理多层数据中组内相关问题，因此模型具有混合效应，即固定效应和随机效应（Mihaela，2015）。该模型可表达为：

$$\ln\left(\frac{P}{1-p}\right) = X\beta + ZU \tag{13-13}$$

其中，X 是固定效应的解释变量矩阵，β 为水平 1 固定回归系数向量；Z 是随机效应的解释变量矩阵；U 为随机回归系数向量，其具有零均数和方差/协方差为矩阵 G 的正态分布，但没有残差项。

13.4.2　实例分析与 SAS 实现

在纵向数据中，个体为水平 2 单位，个体的重复测量为水平 1 单位。限于篇幅，我们仅示范多层二分类变量 Logistic 回归模型在纵向数据中的应用。本节我们还是使用数据集 exe 13，结局测量为在每次的测量中儿童是否超重。具体使用的变量如下。

结局变量：

w：是否超重，二分类变量（根据 BMI>24 划分为两类，1 为超重，0 为不超重）。

水平 1 解释变量：在发展模型中，水平 1 解释变量是随时间而变化的研究对象个体内测量，在本研究中包括：

time：调查时间，对 1991 年、1993 年、1997 年、2000 年、2004 年、2006 年、2009 年、2011 年和 2015 年分别编码为：0、2、6、9、13、15、18、20。

水平 2 解释变量：在发展模型中，水平 2 解释变量是不随时间而变化的研究对象个体间测量，数据包括：

region：基线调查时的居住地（1=城市，0=农村）

age：连续变量，为基线调查时的年龄。

gender：性别（1=男，0=女）；

weight：基线调查时是否超重（1 = 超重；0 = 不超重）

我们假设个体协变量仅对是否超重发生比的初始水平有影响，采用多层模型-随机模型可表达为：

$$\ln\left(\frac{P_{ij}}{1-p_{ij}}\right) = \beta_{0j} + \beta_{1j}\,\text{time}_{ij}$$

$$\beta_{0j} = \gamma_{00} + \gamma_{01}\,\text{region}_j + \gamma_{02}\,\text{age}_j + \gamma_{03}\,\text{gender}_j + \gamma_{04}\,\text{weight}_j + u_{0j}$$

$$\beta_{1j} = \gamma_{10} + u_{1j}$$

组合模型为：

$$\ln\left(\frac{P_{ij}}{1-p_{ij}}\right) = \gamma_{00} + \gamma_{01}\,\text{region}_j + \gamma_{10}\,\text{time}_{ij} + \gamma_{02}\,\text{age}_j + \gamma_{03}\,\text{gender}_j$$
$$+ \gamma_{04}\,\text{weight}_j + (u_{0j} + u_{1j}\,\text{time}_{ij})$$

SAS 程序：

```
proc glimmix data = exe13 method = rspl ;
class idind ;
model w( event = '1' ) = time region mean_age gender weight/s dist = binary link = logit
ddfm = bw ;
random int time/subject = idind type = vc ;
nloptions tech = nrridg ;
run ;
```

SAS 程序解释：

proc glimmix 程序与 **proc mixed** 语句非常相似，该程序默认的参数估计法 method 是限制性/残差虚拟似然法（restricted/redidual pseudo likelihood，RSPL），method 选项也可设定为 ML 估计法，如 laplace。在 model 语句中，设定二分类结局变量后，括号内选项 event = '1' 指定分析结局变量 w = 1 的概率。选项 dist = binary 允许我们选择二分类结局测量的具体类别的概率，本例中计算的是 w = 1 的概率。link = logit 选项设定模型的连接函数为 Logit 连接函数。ddfm = bw 设定为 betwithin 方法将残差自由度分解为组间自由度和组内自由度。random 语句中的 type 选择用于指定在估计随机效应时使用的协方差结构，我们使用了 type = VC 选项，这是 SAS 中的默认选项，也是最简单的结构，当指定随机效应时，协方差结构会很快变得非常复杂。因此，在估计随机截距和斜率模型时，我们需要检查日志——接收"非正定 G-matrix"错误并不少见。当这种情况发生时，随机效应的结果是无效的，模型的协方差部分需要简化（Mihaela，2015）。最后 nloptions 语句中的 tech 选项可设定不同的非线性参数估计化技术。

SAS 结果：

SAS 部分结果如下：

Covariance Parameter Estimates			
Cov Parm	Subject	Estimate	Standard Error
Intercept	IDind	1.2893	0.1909
time	IDind	0.004519	0.001084

图 13-32　协方差参数估计

Solutions for Fixed Effects					
Effect	Estimate	Standard Error	DF	t Value	Pr>|t|
Intercept	−5.3130	0.1273	4187	−41.73	<.0001
time	0.1937	0.008038	11065	24.10	<.0001
region	0.1219	0.1239	4187	0.98	0.3253
mean_age	0.1224	0.01176	4187	10.40	<.0001
gender	0.2452	0.1208	4187	2.03	0.0424
weight	4.2337	0.3194	4187	13.26	<.0001

图 13-33　固定效应估计值

SAS 结果解释：

图 13-33 结果显示，变量 region 的效应为 0.1219，表示城市儿童在初始水平的超重率与比农村儿童高，但是没有统计学差异（$p>0.05$）；变量 time 的效应为 0.1937（$p<0.05$），表示随着时间推移，儿童超重概率增加，年龄越大（0.1124，$p<0.05$），超重概率越大；男孩的超重概率比女孩高（0.2452，$p<0.05$）。

◎ **本章小结**

本章我们介绍了纵向数据的特征、线性发展模型、二次方曲线发展模型以及 Logistic 发展模型，并逐步用 **proc mixed** 和 **proc glimmix** 程序运行，探讨何种模型拟合最优，从而选择最优模型进行定量研究。本章中我们介绍的线性发展模型是连续性结局测量数据多层模型的基础模型，根据不同的数据特征，我们还需要尝试加入二次项、三次项或者更高项进行线性发展模型的拟合（王济川，2008），对于非线性发展模型包括在时间上是非线性的发展模型以及参数是非线性的发展模型和随机系数是非线性的发展模型，如果感兴趣的读者可参考 Kevin J. Grimm 撰写的 *Growth Modeling* 或其他相关的书籍。对于离散型结局变量、计数结局变量都可以做发展模型，模型拟合的过程与线性发展模型相似，不同的是 SAS 程序，深刻了解线性发展模型有助于理解更复杂的发展模型。

◎ 参考文献

［1］Bell B，Ene M，Smiley W et al. A multilevel model primer using SAS PROC MIXED［J］. SAS Global Forum，2013.

［2］Gibbons R，D Hedeker，C Waternaux，H Kraemer，J B Greehouse，et al. Some conceptual and statistical issues in analysis of longitudinal psychiatric data［J］. Archives of General Psychiatry，1993，50.

［3］Hannan E J，B G Quinn. The determination of the order of an autoregression［J］. Journal of the Royal Statistical Society，1979，41.

［4］Jos Twisk，Wieke de Vente. Attrition in longitudinal studies：How to deal with missing data［J］. Journal of Clinical Epidemiology，2002，55.

［5］Kevin J Grimm，Nilam Ram，Ryne Estabrook. Growth modeling［M］. New York：The Guilford Press，2017.

［6］Luke D A. Multilevel modeling［M］. Thousand Oaks，CA：Sage，2004.

［7］Mihaela Ene，Elizabeth A. Leighton，Geine L. Blue et al. Multilevel models for categorical data using SAS ® PROC GLIMMIX：The basics［J］. SAS Global Forum，2015.

［8］Richard H. Jones. Bayesian information criterion for longitudinal and clustered data［J］. Statistical in Medicine，2011，30.

［9］Rouant H，D Lepine. Comparison between treatments in a repeated-measurement design：ANOVA and multivariate methods［J］. British Journal of Mathematical and Statistical Psychology，1970，23.

［10］Jos Twisk. 实用流动病学纵向数据分析方法［M］. 陈心广，俞斌，王培刚译，北京：人民卫生出版社，2016.

［11］王济川，谢海义，姜宝法 . 多层统计分析模型——方法与应用［M］. 北京：高等教育出版社. 2008.

第 14 章　年龄-时期-队列模型

在常见的人口统计学研究中，研究者们经常会探究年龄与某一结局之间的关系，或者某一结局随着时间是如何变化的，或者同时研究上述两种关系。此时，大多数研究者并没有意识到自己此时忽略了隐含在其中的第三个时间因素，即队列或世代因素。研究者认为，个体早年生活环境及所经历的重要事件会对生命后期的结果（如健康、幸福感等）产生影响。然而，当我们想要同时分析上述三个时间因素，尤其是想要了解队列因素的影响时，我们并不能通过前面所介绍的那些方法得到合理准确的结果。一个关键的原因在于三者之间存在完全的线性依赖关系，即"队列＝时期−年龄"，这会导致模型的估计失败。本章旨在介绍几种常用的年龄-时期-队列（age-period-cohort，APC）模型（部分学科也称为"年龄-时期-世代模型"），试图解决和回应上述问题。

14.1　年龄-时期-队列模型简介

一般而言，我们经常探究的时间因素可以分解为年龄、时期和队列这三个不同的成分，三者从不同方面影响着人群的各类结局。年龄效应指由生理变化、社会经验积累和/或角色或地位变化所引起的不同年龄组之间的变化。时期效应指随着时期的推移而产生的变化，这种变化同时影响着所有年龄段的人，其通常是由社会、文化或物理环境的变化引起的。队列效应与在相同年代经历出生、结婚等初始事件的人群的变化有关，其反映了在不同时期对不同年龄组有着不同塑造作用的事件或环境的影响（Gleen，2003；Yang & Land，2013）。也就是说，年龄效应是内力的、个体生理或社会性变化导致的影响，时期效应是外力的、宏观政策或社会事件所带来的瞬时影响，而队列则是内外力的交互作用，是个体在不同年龄阶段经历不同社会事件所带来的累积或延迟效应。

APC 模型，顾名思义，旨在同时对上述三种因素进行有效估计。其中，研究者对队列效应尤为关注，以至于有时将 APC 分析称为队列分析（Yang & Land，2013）。然而，自 Mason 等人（1973）于 20 世纪 70 年代首次提出 APC 模型后，该模型的实际应用却一直饱受多重共线问题的困扰，即存在"队列＝时期−年龄"这一线性依赖关系。我们知道，当第三个变量可以表达为前两个变量的线性组合时，研究者就不可能简单地使用常用的回归模型准确估计出三者的效应系数。例如，我国城镇居民 1990—2010 年的年龄-时期别死亡率数据如表 14-1 所示。

表 14-1　　　　　　中国城镇居民年龄-时期别死亡率：1990—2010 年　　（单位：每 10 万人）

年龄（岁）	时期（年）				
	1990	1995	2000	2005	2010
20—24	64.25	49.08	35.1	42.22	39.27
25—29	70.18	61.08	51.145	51.64	42.46
30—34	91.17	87.37	73.995	84.72	61.91
35—39	136.15	121.33	118.15	138.12	101.79
40—44	179.63	209.75	197.915	209.68	166.06
45—49	261.68	306.02	310.135	306.01	259.72
50—54	467.12	400.97	398.63	502.66	375.04
55—59	867.79	685.52	559.18	738.03	563.96
60—64	1585.39	1434.75	1096.18	1199.14	956.08
65—69	2661.59	2464.04	2145.73	1967.18	1544.13
70—74	4614.63	4311.49	3787.095	3752.49	2766.82
75—79	7455.59	6751.83	6120.66	5938.69	4889.94
80—84	12641.64	11663.70	10044.00	10092.88	8754.10

注：原始数据来源于《中国卫生统计年鉴》（1991 年、1996 年、2001 年、2006 年、2011 年）。数据直接来自陈心广和王培刚（2014）的研究。

　　在表 14-1 中，我们以左上角向右下方斜向下画出红虚线箭头，很显然它表示了处于相同出生队列的一群人。例如 1990 年时处于 20—24 岁年龄组的人，在 1995 年就属于 25—29 岁年龄组，他们均出生于 1966—1970 年，即属于 1966—1970 年队列。同样的，在此红虚线箭头上的其他人群均属于该出生队列。从横向视角来看（沿着黑虚线箭头方向，此时年龄组固定不变），时期和队列在统计分析中是完全相同的，即"时期=队列"；从纵向视角来看（沿着红实线箭头方向，此时时期固定不变），年龄和队列在统计分析中是完全相同的。这类数据结构导致年龄、时期、队列效应之间相互混杂、难以准确识别。无论如何，由于"队列=时期-年龄"这一线性依赖关系的存在，我们不能轻易得到死亡率的真实年龄、时期、队列效应。

　　针对上述的年龄-时期别数据，我们可以构建如下代数模型来表示其识别问题：

$$Y_{ij} = \mu + \text{age}_i + \text{period}_j + \text{cohort}_k + \epsilon_{ij} \tag{14-1}$$

　　其中 Y_{ij} 表示结局变量（例如表 14-1 中的死亡率），μ 为截距，age_i 为第 i 个年龄组的年龄效应，period_j 为第 j 个时期的时期效应，cohort_k 为第 k 个队列组的队列效应，其中 $k = I - i + j$（I 为年龄组的组数，表 14-1 中为 13），ϵ_{ij} 为与第 ij 单元格相关的残差。如果以矩阵来表示式 14-1，则有：

$$y = Xb + \epsilon \tag{14-2}$$

在公式(14-2)中，X 被称为设计矩阵(design matrix)，该矩阵对除参照项外的所有项进行编码(包括截距项和三个因素的所有虚拟编码项)，其列数为 $2(I + J) - 3$，行数为 $I \times J$(J 为时期数，表 14-1 中为 5)；出象向量(outcome vector)y 的行数也为 $I \times J$，b 为解向量(solution vector)，其行数为 $2(I + J) - 3$，残差向量 ϵ 有 $I \times J$ 个元素。我们将上述矩阵式两边同时乘以 X 的转置矩阵 X'，可得：

$$X'y = X'Xb + X'\epsilon \tag{14-3}$$

由于一般有 $E(X'\epsilon) = 0$，上式可进一步写为：

$$X'y = X'Xb \tag{14-4}$$

将等式两边同时乘以 $X'X$ 的倒数，可以求得解向量 $b = (X'X)^{-1} X'y$。然而，由于 APC 模型中分类编码的三个因素之间存在完全线性依赖关系，使得 X 矩阵缺少一个秩，即秩亏(rank deficient)为 1，因此 $(X'X)^{-1}$ 实际上是不成立的，因此这种标准方程解法无法得出 APC 模型的唯一解(O' Brien，2015；Yang & Land，2013)。在秩亏为 1 的情况下，APC 模型的非唯一解构成一条直线。假设添加约束条件 $c1$，用 b_{c1} 表示标准方程在该约束条件下的解，那么有：

$$X'y = X'X b_{c1} \tag{14-5}$$

APC 模型之所以会出现线性依赖关系，是因为在零向量(null vector)v 生成设计矩阵 X 的列中存在线性组合，即 $Xv = \vec{0}$。由于零向量 v 由标量(计作 s)乘积唯一确定，且 APC 模型中仅有一个零向量，故有 $Xsv = \vec{0}$ 且 $X'Xsv = \vec{0}$，故公式(14-5)可以写为：

$$X'y = X'X b_{c1} + X'Xsv = X'X(b_{c1} + sv) \tag{14-6}$$

这表明，$b_{c1} + sv$ 也为标准方程的解，即 APC 模型的解构成一条直线(O' Brien，2015)①。

APC 模型的提出和发展离不开研究者对队列效应的日益关注。队列效应是重要的，不仅仅是因为忽略队列效应会导致年龄和时期效应的有偏估计，还因为队列因素有时对结局确实发挥着根本性的作用。队列效应分析具有坚实的理论依据，即生命历程理论(life course theory)。该理论认为，不同的早年生命经历和体验带来了当前个体结局的分化和差异。该理论尤其强调时间因素的重要性，认为时间既包括生理时间(年龄)和日历时间(时期)，也包括历史时间(场景/环境)和社会时间(制度/规范)，后两种时间强调了生命早期受生活环境因素的影响(Elder，1974，1998)。例如，在生命历程理论框架下，个体死亡风险既包含了当前即时性的风险暴露，也包含了从出生到当前的累积性风险暴露(累积/滞后效应)，且在不同人生阶段/年龄阶段下经历这种早期风险暴露会带来不同的死亡风险(关键期/敏感期效应)。

在 APC 模型半个世纪的发展史中，围绕如何解决三者间的完全线性依赖问题产生了诸多极具启发意义的估计方法，使 APC 模型的理论与应用研究充满活力与魅力。APC 模

---

① O' Brien(2015)在其研究中还使用三元一次方程组来类比秩亏为 1 的情况，即存在三个未知数，但给出的三个方程在经过化简后实际上只是两个方程，因此无法求出唯一的解，此时所有的解可以构成空间中的一条直线。

型既可以用于分析宏观/聚合数据，也可以用于分析个体微观数据。在接下来的几个小节里，我们尽量不去展开介绍 APC 模型晦涩难懂的数学原理，而是着重介绍 APC 模型在聚合数据中的应用方法，包括一般约束估计、内源估计及因素特征估计三种。最后，我们再对一种常用于分析微观数据的 APC 模型——分层 APC-交叉分类随机效应模型进行简单介绍。针对聚合数据分析，我们使用前面提到的中国城镇居民死亡率数据进行案例演示；针对微观数据分析，我们使用中国综合社会调查（Chinese General Social Survey，CGSS）中的居民幸福感数据进行案例演示。

14.2　一般约束估计

14.2.1　一般约束估计简介

在 APC 模型刚刚被提出时，研究者便开始使用一般约束估计（generalized constrained estimation）的思想来求解 APC 模型，该思想至今仍是 APC 模型估计的核心理念之一。在最初的约束估计中，研究者在对年龄、时期和队列数据进行分组虚拟变量编码之后，一般会选择假定其中某两个年龄组、时期组或队列组的效应相等（例如，年龄组 1 = 年龄组 2），以此来避免三个因素之间的完全线性依赖关系，得到 APC 模型的解（Fienberg & Mason，1979）。

假设我们要用上述约束估计方法来对表 14-1 中的聚合数据进行 APC 估计，则有方程式 14-7：

$$Y_{ij} = \mu + \sum_1^i \text{age group}_i + \sum_1^j \text{period}_j + \sum_1^k \text{cohort group}_k + \epsilon_{ij} \qquad (14\text{-}7)$$

由于 APC 模型秩亏为 1，因此上式至少需要指定约束条件 age group$_m$ = age group$_n$，或 period$_m$ = period$_n$，或 cohort group$_m$ = cohort group$_n$，使模型恰好可识别。当然，可以同时指定多个约束条件，此时模型过度识别。在此情况下，所使用的约束条件就决定了无数个解中的哪一个具体的解（估计值）将会被得到。

更一般地，假设研究者所添加的约束条件 c 为 age$_m$ = age$_n$，此时约束条件下的向量 $c = (0, \cdots, 1, \cdots, -1, 0, \cdots, 0)'$（此时 APC 矩阵中的第 m 项为 1，第 n 项为 -1），此时 $X'X$ 的最后一行被替换为 $(0, \cdots, 1, \cdots, -1, 0, \cdots, 0)$。随后，需要重新计算这个新矩阵的逆（即倒数），再用 0 替换这个逆的最后一列，从而得到与该约束条件相关的逆 $X'X_c^{-1}$，该逆是存在的，故可以得到该约束条件下的一个确定解。

APC 模型的一般约束估计在操作层面上比较简单，模型也易于理解，但一般需要研究者提供足够的证据来证明其所设定的约束条件具有足够的合理性。与事实相符的约束条件能够帮助我们得到准确的估计值，而不符合实际情况的约束条件则会大大降低约束估计的准确性。

14.2.2　实例分析与 SAS 实现

我们使用表 14-1 中的数据进行操作演示。首先在 Excel 中将数据整理如表 14-2 所示的格式。

age	period	cohort	mortality
20	1990	1970	64. 25
25	1990	1965	70. 18
…	…	…	…
80	1990	1910	12641. 64
20	1995	1975	49. 08
25	1995	1970	61. 08
…	…	…	…
80	2010	1930	8754. 10

表 14-2　　　　　　中国城镇居民年龄-时期别死亡率(1990—2010 年)

　　我们首先采取数据驱动的方式来确定合适的约束条件,即首先运行年龄-时期(age-period,AP)、年龄-队列(age-cohort,AC)及时期-队列(period-cohort,PC)模型,帮助我们确定哪两个虚拟项的估计系数最相近。首先将 Excel 数据导入数据,并对年龄、时期和队列进行虚拟变量编码,最后运行具体的 AP 模型。这里我们使用广义线性模型(generalized linear model,GLM),假设死亡率这一结局变量服从泊松分布。本节及随后两小节所用数据库均为 exe14_1。

SAS 程序:

```
data exe14_1; set work. exe14_1;
if cohort = 1910 then cohort_1910 = 1; else cohort_1910 = 0;
if cohort = 1915 then cohort_1915 = 1; else cohort_1915 = 0;
if cohort = 1920 then cohort_1920 = 1; else cohort_1920 = 0;
if cohort = 1925 then cohort_1925 = 1; else cohort_1925 = 0;
if cohort = 1930 then cohort_1930 = 1; else cohort_1930 = 0;
if cohort = 1935 then cohort_1935 = 1; else cohort_1935 = 0;
if cohort = 1940 then cohort_1940 = 1; else cohort_1940 = 0;
if cohort = 1945 then cohort_1945 = 1; else cohort_1945 = 0;
if cohort = 1950 then cohort_1950 = 1; else cohort_1950 = 0;
if cohort = 1955 then cohort_1955 = 1; else cohort_1955 = 0;
if cohort = 1960 then cohort_1960 = 1; else cohort_1960 = 0;
if cohort = 1965 then cohort_1965 = 1; else cohort_1965 = 0;
if cohort = 1970 then cohort_1970 = 1; else cohort_1970 = 0;
if cohort = 1975 then cohort_1975 = 1; else cohort_1975 = 0;
if cohort = 1980 then cohort_1980 = 1; else cohort_1980 = 0;
if cohort = 1985 then cohort_1985 = 1; else cohort_1985 = 0;
if cohort = 1990 then cohort_1990 = 1; else cohort_1990 = 0;
```

if period ＝1990 then period_1990 ＝ 1；else period_1990 ＝ 0；

if period ＝1995 then period_1995 ＝ 1；else period_1995 ＝ 0；

if period ＝2000 then period_2000 ＝ 1；else period_2000 ＝ 0；

if period ＝2005 then period_2005 ＝ 1；else period_2005 ＝ 0；

if period ＝2010 then period_2010 ＝ 1；else period_2010 ＝ 0；

if age ＝20 then age_20 ＝ 1；else age_20 ＝ 0；

if age ＝25 then age_25 ＝ 1；else age_25 ＝ 0；

if age ＝30 then age_30 ＝ 1；else age_30 ＝ 0；

if age ＝35 then age_35 ＝ 1；else age_35 ＝ 0；

if age ＝40 then age_40 ＝ 1；else age_40 ＝ 0；

if age ＝45 then age_45 ＝ 1；else age_45 ＝ 0；

if age ＝50 then age_50 ＝ 1；else age_50 ＝ 0；

if age ＝55 then age_55 ＝ 1；else age_55 ＝ 0；

if age ＝60 then age_60 ＝ 1；else age_60 ＝ 0；

if age ＝65 then age_65 ＝ 1；else age_65 ＝ 0；

if age ＝70 then age_70 ＝ 1；else age_70 ＝ 0；

if age ＝75 then age_75 ＝ 1；else age_75 ＝ 0；

if age ＝80 then age_80 ＝ 1；else age_80 ＝ 0；

proc genmod；

model mortality ＝ age_25 age_30 age_35 age_40 age_45 age_50 age_55 age_60 age_65 age_70 age_75 age_80 period_1995 period_2000 period_2005 period_2010 ／ dist＝poisson　link＝log；

run；

SAS 程序解释：

proc genmod 表示我们使用广义线性模型进行模型拟合，dist＝poisson 表示结局变量服从泊松分布，link＝log 表示链接函数为 log 函数。上述模型舍去了年龄和时期的第一项，表明我们选择它们作为各自因素的参照项，可以由研究者自由选择舍去哪个项作为参照项（如果不舍去，则模型将会默认各因素的最后一项为参照项）。

SAS 结果：

SAS 结果输出如下：

Model Information		
Data Set	WORK. EXE14_1	
Distribution	Poisson	
Link Function	Log	
Dependent Variable	Mortality	Mortality

图 14-1　AP 模型基本信息

Criteria for Assessing Goodness Of Fit			
Criterion	DF	Value	Value/DF
Deviance	48	237.0220	4.9380
Scaled Deviance	48	237.0220	4.9380
Pearson Chi-Square	48	234.2975	4.8812
Scaled Pearson X2	48	234.2975	4.8812
Log Likelihood		978110.9449	
Full Log Likelihood		−381.9635	
AIC (smaller is better)		797.9269	
AICC (smaller is better)		810.9482	
BIC (smaller is better)		834.8915	

图 14-2 AP 模型拟合信息

Analysis of Maximum Likelihood Parameter Estimates							
Parameter	DF	Estimate	Standard Error	Wald 95% Confidence Limits		Wald Chi-Square	Pr>ChiSq
Intercept	1	4.0063	0.0661	3.8767	4.1360	3669.72	<.0001
age_25	1	0.1845	0.0893	0.0096	0.3594	4.27	0.0387
age_30	1	0.5516	0.0828	0.3894	0.7139	44.40	<.0001
age_35	1	0.9848	0.0773	0.8333	1.1363	162.33	<.0001
age_40	1	1.4324	0.0734	1.2885	1.5762	380.80	<.0001
age_45	1	1.8371	0.0710	1.6980	1.9763	669.38	<.0001
age_50	1	2.2329	0.0694	2.0969	2.3689	1035.33	<.0001
age_55	1	2.6980	0.0681	2.5645	2.8316	1568.10	<.0001
age_60	1	3.3060	0.0671	3.1744	3.4377	2424.14	<.0001
age_65	1	3.8480	0.0666	3.7173	3.9786	3333.31	<.0001
age_70	1	4.4266	0.0663	4.2966	4.5567	4452.06	<.0001
age_75	1	4.9091	0.0662	4.7793	5.0388	5500.21	<.0001
age_80	1	5.4440	0.0661	5.3145	5.5736	6784.88	<.0001
period_1995	1	−0.0856	0.0082	−0.1016	−0.0695	108.95	<.0001
period_2000	1	−0.2207	0.0085	−0.2374	−0.2041	674.20	<.0001
period_2005	1	−0.2173	0.0085	−0.2339	−0.2006	654.68	<.0001
period_2010	1	−0.4156	0.0090	−0.4333	−0.3980	2135.79	<.0001
Scale	0	1.0000	0.0000	1.0000	1.0000		

图 14-3 AP 模型估计结果

SAS 结果解释:

图 14-1 显示该模型选择的结局变量及其分布类型,以及所使用的链接函数是什么。图 14-2 给出了多个拟合指数值。最后图 14-3 的结果估计部分显示了最大似然(maximum likelihood,ML)估计的结果(ML 估计为系统默认估计方法),并给出了各个变量的估计值及对应的标准误、95% 置信区间、p 值等信息。很显然,此时年龄和时期效应均具有统计学意义。

按照上述步骤,我们继续运行 AC 和 PC 模型(对应的 SAS 程序与上面的 AP 模型类似在此不做展示),得到相应结局。我们将三种模型得到的年龄、时期和队列效应用折线图的方式进行呈现,具体见图 14-4。

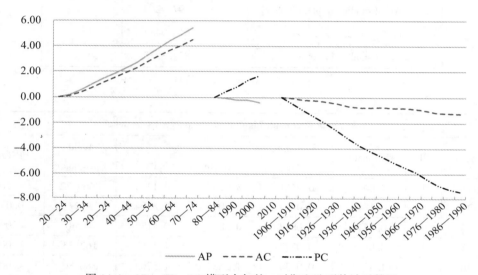

图 14-4　AP、AC、PC 模型中年龄、时期和队列估计系数图

我们知道,成年人的死亡率会随着年龄的增长而加速增长,且相对于时期和队列因素,个体衰老因素对于该生理性指标的影响无疑是最大的。以该比较可靠的专业知识为依据,我们知道 PC 模型对队列效应的估计有较大的偏倚,因为其得到的队列效应远强于 AP 和 AC 模型得到的年龄效应。我们以 AP 和 AC 模型为依据,得到队列 1941—1945 (-0.7859)和队列 1946—1950(-0.7796)的估计系数相差最小,因此设定这两项的估计效应相等。下面利用 SAS 来运行 APC 一般约束估计的全模型。

SAS 程序:

proc genmod date = exe 14_1;

model mortality = age_25 age_30 age_35 age_40 age_45 age_50 age_55 age_60 age_65 age _70 age_75 age_80 period_1995 period_2000 period_2005 period_2010 cohort_1910 cohort_1915 cohort_1920 cohort_1925 cohort_1930 cohort_1935 cohort_1940 cohort_1955 cohort_1960 cohort _1965 cohort_1970 cohort_1975 cohort_1980 cohort_1985 cohort_1990/dist = poisson link = log;

run;

SAS 结果:

SAS 结果输出如下:

Criteria For Assessing Goodness Of Fit			
Criterion	DF	Value	Value/DF
Deviance	33	60.6798	1.8388
Scaled Deviance	33	60.6798	1.8388
Pearson Chi-Square	33	60.9005	1.8455
Scaled Pearson X2	33	60.9005	1.8455
Log Likelihood		978199.1160	
Full Log Likelihood		−293.7924	
AIC (smaller is better)		651.5848	
AICC (smaller is better)		717.5848	
BIC (smaller is better)		721.1652	

图 14-5 APC 全模型拟合信息

Analysis Of Maximum Likelihood Parameter Estimates							
Parameter	DF	Estimate	Standard Error	Wald 95% Confidence Limits		Wald Chi-Square	Pr>ChiSq
Intercept	1	4.1974	0.1519	3.8997	4.4952	763.42	<.0001
age_25	1	0.0915	0.0990	−0.1025	0.2854	0.85	0.3552
age_30	1	0.3632	0.1081	0.1513	0.5750	11.29	0.0008
age_35	1	0.6987	0.1224	0.4589	0.9386	32.59	<.0001
age_40	1	1.0915	0.1432	0.8109	1.3722	58.10	<.0001
age_45	1	1.4674	0.1624	1.1491	1.7857	81.64	<.0001
age_50	1	1.8180	0.1834	1.4586	2.1774	98.28	<.0001
age_55	1	2.1970	0.2056	1.7941	2.5999	114.23	<.0001
age_60	1	2.7092	0.2278	2.2627	3.1557	141.44	<.0001
age_65	1	3.1365	0.2493	2.6479	3.6252	158.26	<.0001
age_70	1	3.5891	0.2749	3.0504	4.1279	170.50	<.0001
age_75	1	3.9476	0.2995	3.3606	4.5347	173.70	<.0001

age_80	1	4.3772	0.3245	3.7412	5.0131	181.98	<.0001
period_1995	1	0.0201	0.0279	−0.0346	0.0748	0.52	0.4716
period_2000	1	−0.0043	0.0535	−0.1091	0.1006	0.01	0.9361
period_2005	1	0.1026	0.0795	−0.0531	0.2583	1.67	0.1965
period_2010	1	0.0157	0.1053	−0.1907	0.2221	0.02	0.8812
cohort_1910	1	0.8702	0.1937	0.4905	1.2498	20.18	<.0001
cohort_1915	1	0.7704	0.1674	0.4423	1.0984	21.19	<.0001
cohort_1920	1	0.6482	0.1412	0.3715	0.9250	21.07	<.0001
cohort_1925	1	0.5567	0.1149	0.3315	0.7820	23.46	<.0001
cohort_1930	1	0.4646	0.0891	0.2899	0.6392	27.18	<.0001
cohort_1935	1	0.3406	0.0637	0.2157	0.4655	28.55	<.0001
cohort_1940	1	0.1257	0.0398	0.0476	0.2037	9.96	0.0016
cohort_1955	1	0.0220	0.0496	−0.0753	0.1192	0.20	0.6579
cohort_1960	1	−0.0655	0.0756	−0.2136	0.0826	0.75	0.3859
cohort_1965	1	−0.0913	0.1025	−0.2922	0.1096	0.79	0.3730
cohort_1970	1	−0.1511	0.1313	−0.4084	0.1062	1.33	0.2497
cohort_1975	1	−0.2877	0.1633	−0.6078	0.0323	3.10	0.0781
cohort_1980	1	−0.4962	0.1982	−0.8847	−0.1077	6.27	0.0123
cohort_1985	1	−0.5566	0.2363	−1.0198	−0.0934	5.55	0.0185
cohort_1990	1	−0.5427	0.2901	−1.1113	0.0259	3.50	0.0614
Scale	0	1.0000	0.0000	1.0000	1.0000		

图 14-6　APC 全模型估计结果

我们同样用折线图的形式来展示上述系数，如图 14-7 所示。浅虚线形式的队列效应线是将第一个队列组作为参照项（其值为零）得到的，即将点实线队列效应线向下平移使第一个队列组为零，这样更加方便我们的观察。正如我们所知道的，死亡率的年龄效应最强，死亡风险随着年龄的增长而不断上升。队列效应也十分重要，死亡风险整体上随着队列的推移而下降。时期效应比较平稳，时期系数无统计学意义。

进一步的，我们对上面运行的所有四种模型的拟合指数进行简单的比较，结果见表 14-3。很明显，一般约束估计的 APC 全模型的 AIC 和 BIC 值最小，且对数似然值的绝对

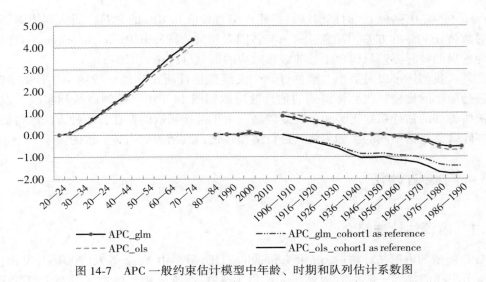

图 14-7　APC 一般约束估计模型中年龄、时期和队列估计系数图

值以及偏差自由度之比也是最小的，具有最好的拟合优度。

表 14-3　　　　　　　　　　　　四种模型的拟合指数比较

模型	AIC	BIC	Log likelihood	Deviance/df
AP 模型	797.93	834.89	−381.96	4.9380
AC 模型	782.27	845.33	−362.13	5.4823
PC 模型	746.35	792.01	−352.18	4.0329
APC 全模型	651.58	721.17	−293.79	1.8388

注：AIC 赤池信息准则，BIC 贝叶斯信息准则。

此外，我们还可以进一步挖掘每个因素能够解释结局变量的方差是多少。可以将死亡率进行对数转化（因为链接函数是对数函数），再使用一般最小二乘法（ordinary least squares，OLS）来对上述四种模型进行约束估计，这样可以得到每个模型的 R^2 值。下面运行一般约束估计的 APC 全模型。

SAS 程序：

proc reg;

model Ln_Mortality = age_25 age_30 age_35 age_40 age_45 age_50 age_55 age_60 age_65 age_70 age_75 age_80 period_1995 period_2000 period_2005 period_2010 cohort_1910 cohort_1915 cohort_1920 cohort_1925 cohort_1930 cohort_1935 cohort_1940 cohort_1955 cohort_1960 cohort_1965 cohort_1970 cohort_1975 cohort_1980 cohort_1985 cohort_1990；

run；

上述程序得到 APC 全模型的 R^2 为 0.9994。同理，运行 AP、AC 和 PC 模型，得到 R^2 分别为 0.9977、0.9984 和 0.9968。我们可以算出，年龄能够解释死亡率对数值 0.26% 的方差(=0.9994-0.9968),时期能够解释死亡率对数值0.10%的方差,而队列能够解释死亡率对数值0.17%的方差。注意,这里与各因素相关的特异方差(unique variance)比较小,是因为这里的特异方差只包含了其非线性效应的部分(O'Brien,2015)。

此外,我们还可以对最小二乘估计和广义线性估计所得到的一般约束估计的 APC 全模型进行简单的比较。我们将得到的估计效应画到图 14-7 中,得到虚线和实线,发现两种方法所得到的估计系数走势相似程度较高。由于链接函数的存在,两种方法所得估计系数的实际含义是稍不同的,如果将其进行适当转化,其结果应当是一致的。

14.3 内源估计法

14.3.1 内源估计法简介

APC 模型的内源估计法(intrinsic estimation,IE)最早由 Yang 等人(2004)开发和使用。在第 1 节中我们提到一般的方程解法无法得出 APC 的唯一解,因为 X 矩阵是不满秩的,且秩亏为 1。对于该矩阵 X,已知它与一个非零向量 B_0 的乘积为零,因此等式 $y = Xb + \epsilon$ 参数解的空间集合 P 可以分解为两个正交分量 N 和 Θ($P = N \oplus \Theta$),其中 N 对应 APC 模型解的一组空集(零解),可记为 $\{sB_0\}$,其中 s 为任意实数,而 Θ 则为与 N 正交的补集。已知不满秩的矩阵 X 一定有一个为零的特征值,如果用 B_0 表示对应这一特征值为零的特征向量(eigenvector),则 B_0 就是 APC 模型解集空间中的一个特殊的解向量,其欧式空间长度为 1。在 APC 模型中,B_0 这一特殊解向量由 APC 模型的任意两组解(记为 b_1 和 b_2)的差值决定,即有 $X(\hat{b}_1 - \hat{b}_2) = X(tB_0)$,其中 t 为任意给定实数。因此,APC 模型的任意两组解 b_1 和 b_2 一定落在其解集的零空间集内,也就是特征向量 B_0 所在的方向上。因此,APC 模型的任意一组解 b,均可以分解为两个部分:$\hat{b} = B + tB_0$,这里的 B 即为 APC 模型的 IE 解(陈心广、王培刚,2014;Yang et al.,2004;Yang & Land,2013)。

APC 模型 IE 解法的提出和发展也伴随着诸多质疑和争议。一些研究者认为,虽然 IE 解法并不需要人为设定约束条件,但其约束条件隐含在数据本身中,可以视作一种特殊的约束估计(约束向量为零向量),且 IE 解的信度和效度并不如 Yang 等人(2004,2013)所认为的那么高,因为 IE 解既可能会随着年龄、时期、队列分组数量的改变而变化,又可能随着参照组的改变而改变(Luo,2013;Pelzer et al.,2015)。此外,IE 估计本身不能在模型估计中控制其他变量,也不能直接给出不同人群的对比结果,因此针对一些数据,需要通过预先加权的方式控制潜在混杂因素,以及其在探究人群异质效应时需要预先将数据分割在不同的数据库中,分批次运行模型。尽管如此,相比于其他很多方法,IE 估计还是存在许多优势的,例如其具有较好的统计学特性、较小的方差和较高的模型拟合度(Yang & Land,2013)。

14.3.2 实例分析与 Stata 实现

IE 估计法目前可以在 Stata 和 R 中运行,以 Stata12.0 版本为例,首先需要在 Stata 软件中键入"ssc install apc"来安装专门的 IE 求解插件。我们仍以表 14-1 数据为例,依然将

excel 数据整理为前面表 14-2 中的形式(数据集依然为 exe14_1),并置于电脑桌面上,导入 Stata 时将第一行作为变量名,随后运行 IE 估计。

Stata 程序:

import excel "C:\Users\Windows User\Desktop\exe14_1.xlsx", sheet("Sheet1") firstrow clear

apc_ie(Mortality), age(Age) period(Period) cohort(Cohort) family(poisson) link(log)

Stata 程序解释:

IE 估计的语句与广义线性模型十分类似。在此语句中,"apc_ie"表示我们要调用 IE 估计的语句,随后括号中的"Mortality"表示我们将 Mortality 列变量作为结局变量进行估计,随后定义年龄、时期、队列三个自变量所在的列变量名称。在 family 后的括号设定结局变量的分布类型,这里设定死亡率数据服从泊松分布。link 后的括号内依据结局变量的分布类型来设定链接函数类型,这里的泊松分布的链接函数为 log 函数。由此可见,IE 估计的 Stata 语句可以针对不同分布类型的结局变量,例如当结局为二分变量时,family 后应当输入 bin,此时 link 后给定的链接函数应当是 logit;如果结局变量为近似服从正态分布的连续型变量,则 family 后应当输入 normal,此时不需要链接函数,可以将 link 语句直接舍去。

Stata 结果:

Iteration 0: log likelihood = −6660.1301

Iteration 1: log likelihood = −730.81621

Iteration 2: log likelihood = −309.92261

Iteration 3: log likelihood = −293.8016

Iteration 4: log likelihood = −293.79239

Iteration 5: log likelihood = −293.79239

Intrinsic estimator of APC effects		No. of obs	=	65
Optimization	: ML	Residual df	=	33
		Scale parameter	=	1
Deviance	= 60.67981628	(1/df) Deviance	=	1.838782
Pearson	= 60.90067761	(1/df) Pearson	=	1.845475
Variance function	: V(u) = u	[Poisson]		
Link function	: g(u) = ln(u)	[Log]		
		AIC	=	10.02438
Log likelihood	= −293.7923856	BIC	=	−77.07496

Mortality	Coef.	OIM Std. Err.	z	P>|t|	[95% Conf. Interval]	
age_20	−1. 66553	0. 065675	−25. 36	0. 000	−1. 79425	−1. 53681
age_25	−1. 62321	0. 055703	−29. 14	0. 000	−1. 73238	−1. 51403
age_30	−1. 40067	0. 048929	−28. 63	0. 000	−1. 49656	−1. 30477
age_35	−1. 11428	0. 041866	−26. 62	0. 000	−1. 19634	−1. 03223
age_40	−0. 77065	0. 035897	−21. 47	0. 000	−0. 84101	−0. 70029
age_45	−0. 44401	0. 031245	−14. 21	0. 000	−0. 50524	−0. 38277
age_50	−0. 14254	0. 02645	−5. 39	0. 000	−0. 19438	−0. 0907
age_55	0. 187302	0. 021299	8. 79	0. 000	0. 145557	0. 229047
age_60	0. 650303	0. 016269	39. 97	0. 000	0. 618416	0. 682189
age_65	1. 0285	0. 013135	78. 30	0. 000	1. 002755	1. 054244
age_70	1. 431926	0. 012422	115. 27	0. 000	1. 407579	1. 456273
age_75	1. 741252	0. 014583	119. 40	0. 000	1. 71267	1. 769834
age_80	2. 121592	0. 01854	114. 43	0. 000	2. 085254	2. 157931
period_1990	−0. 12518	0. 012459	−10. 05	0. 000	−0. 1496	−0. 10076
period_1995	−0. 0559	0. 007862	−7. 11	0. 000	−0. 07131	−0. 04049
period_2000	−0. 03113	0. 006168	−5. 05	0. 000	−0. 04321	−0. 01904
period_2005	0. 124954	0. 008153	15. 33	0. 000	0. 108975	0. 140934
period_2010	0. 087248	0. 01218	7. 16	0. 000	0. 063375	0. 111121
cohort_1910	1. 168989	0. 025707	45. 47	0. 000	1. 118604	1. 219374
cohort_1915	1. 020016	0. 020086	50. 78	0. 000	0. 980649	1. 059383
cohort_1920	0. 848706	0. 015845	53. 56	0. 000	0. 81765	0. 879763
cohort_1925	0. 70805	0. 012936	54. 73	0. 000	0. 682696	0. 733405
cohort_1930	0. 566723	0. 011893	47. 65	0. 000	0. 543413	0. 590032
cohort_1935	0. 393578	0. 014591	26. 97	0. 000	0. 364981	0. 422175
cohort_1940	0. 129469	0. 019224	6. 73	0. 000	0. 091791	0. 167147
cohort_1945	−0. 04536	0. 024636	−1. 84	0. 066	−0. 09365	0. 002922
cohort_1950	−0. 09454	0. 029834	−3. 17	0. 002	−0. 15301	−0. 03606
cohort_1955	−0. 12174	0. 034879	−3. 49	0. 000	−0. 1901	−0. 05338
cohort_1960	−0. 25838	0. 040182	−6. 43	0. 000	−0. 33713	−0. 17962
cohort_1965	−0. 33336	0. 044289	−7. 53	0. 000	−0. 42017	−0. 24656
cohort_1970	−0. 44233	0. 047552	−9. 3	0. 000	−0. 53553	−0. 34913
cohort_1975	−0. 62809	0. 058372	−10. 76	0. 000	−0. 7425	−0. 51368
cohort_1980	−0. 88577	0. 076091	−11. 64	0. 000	−1. 03491	−0. 73664
cohort_1985	−0. 99535	0. 097281	−10. 23	0. 000	−1. 18602	−0. 80469
cohort_1990	−1. 03061	0. 161626	−6. 38	0. 000	−1. 34739	−0. 71383
_cons	6. 279347	0. 014259	440. 37	0. 000	6. 251399	6. 307295

图 14-8　APC 模型 IE 估计结果

Stata 结果解释：

在图 14-8 的输出结果中，ML 表示默认的估计方法为最大似然估计法。(1/df) Deviance、(1/df) Pearson、AIC 赤池信息准则和 BIC 贝叶斯信息准则(Bayesian Information Criteria)均用于衡量模型的拟合情况，其取值越小越好。由于没有绝对的拟合优度标准，这些拟合指标通常在多模型比较中更能发挥作用。很显然，估计系数的 p 值基本都小于 0.05，表明死亡率的年龄、时期、队列效应均具有统计学意义。

由于模型估计经过链接函数 log 转换，我们在解释模型系数时通常需要使用指数函数进行转换。此时，我们需要选择每个因素的其中一项作为参照项，然后将各因素内的项的系数减去该参照项。例如，我们选择年龄组 20—24、时期 1990 和队列 1910—1914 作为参照项，将年龄、时期、队列的所有项各自减去对应参照项的估计系数(此时 3 个参照项的值均变为 0)，再进行自然指数转换(此时 3 个参照项的值均变为 1)，最后将转换后的值用折线图加以直观展示，如图 14-9。由于年龄效应在指数转换后的风险值较大，图 14-3 年龄效应风险值用左纵坐标衡量，时期和队列效应风险值用右纵坐标衡量。关于图 14-9 更多和更深刻的解读，可以参见陈心广和王培刚(2014)的研究。

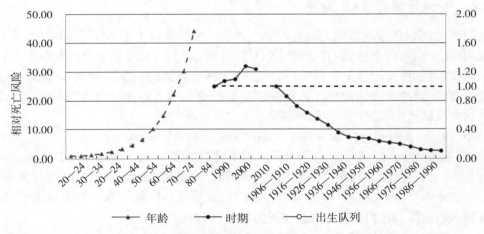

图 14-9 中国居民相对死亡风险的年龄、时期、出生队列效应(1990—2010 年)

14.4 因素特征估计

14.4.1 因素特征估计简介

因素特征法(factor-characteristic approach)是一种使用因素特征代替因素本身，由此打破三个因素之间完全线性依赖关系，来获得 APC 模型的解的方法，它其实并不是严格意义上的 APC 模型。所谓因素特征，指特定因素下的具体特征，例如时期层面的失业率、队列层面的相对队列规模(或队列生育率)。因素特征估计之所以能够获得唯一确定的解，是因为在给定其中两个因素的情况下，我们无法确定第三个因素的特定因素特征值(例如，相对队列规模≠时期–年龄），即因素特征的纳入不构成线性依赖关系。APC 模型因素特征估计法的一个优势在于，它为我们提供了一种"机制"，帮助我们理解年龄/时期/队列因素是如何影响结局变量的。例如，O'Brien（2015）以非婚生育数和相对队列规模为队列特征探讨了二者对美国居民自杀率的影响，发现较高的非婚生育数和较大的相对队列规模显著提高了自杀率。其给出的解释是，非婚生育者和婴儿潮一代是其出生队列中的弱势群体，其长期累积性的劣势地位带来这种消极的后果。

一个队列因素特征估计的数学模型可以表示为如下：

$$Y_{ij} = \mu + age_i + period_j + cohort\ characteristic_k + \epsilon_{ij} \tag{14-8}$$

公式（14-8）表示除了纳入年龄和时期变量之外，还纳入了一个队列特征变量，此时我们称该模型为年龄-时期-队列特征（age-period-cohort characteristic，APCC）模型。实际上，我们可以视具体研究需要，纳入一个因素的多个特征甚至多个因素的多个特征。然而，因素特征估计的一个重要局限在于，如果所纳入的因素特征不能很好地解释结局变量在此因素上的方差或变异，那么该因素的剩余方差将仍然存在于其他因素的估计效应之中，因而所得结果仍可能是失真的。

14.4.2　实例分析与 SAS 实现

我们仍以表 14-1 中的数据为例进行操作演示，然而表 14-1 中并没有具体的因素特征，因此我们从《中国统计年鉴 2011》中收集到对应时期的人均 GDP（衡量经济发展水平）和每千人医院床位数（衡量医疗卫生水平）数据，作为两个具体的时期特征纳入分析。我们想要探究这 20 年间的人均 GDP 和千人医院床位数的变化能否解释时期维度的死亡率变化，同时我们会控制死亡率的年龄和队列效应。此时设定模型为：

$$mortality_{ij} = \mu + age_i + GDP\_per_j + bed_j + cohort_k + \epsilon_{ij} \tag{14-9}$$

公式（14-9）所示模型可以称为年龄-队列-时期特征（age-cohort-period characteristic，ACPC）模型，其各项含义与第一节中的式子相同。很明显，此时我们将时期分类编码数据替换为它的两个特征变量，这使得三者之间存在的线性依赖关系不会影响该模型的估计。在导入数据前，我们需要将数据整理为如下表 14-4 的格式：

表 14-4　　　　　　　　　**中国城镇居民年龄-时期别死亡率（1990—2010 年）**

age	period	cohort	mortality	ln_GDP	Bed
20	1990	1970	64. 25	−1. 8055	1. 6346
25	1990	1965	70. 18	−1. 8055	1. 6346
…	…	…			
80	1990	1910	12641. 64	−1. 8055	1. 6346
20	1995	1975	49. 08	−0. 6840	1. 7035
25	1995	1970	61. 08	−0. 6840	1. 7035
…	…	…	…		
80	2010	1930	8754. 10	1. 0983	2. 5263

注：人均 GDP 水平取对数后更服从正态分布。

由于这里的数据导入和变量虚拟变量编码的程序与章节 14.2 相同，故不再赘述，下面直接利用 exe14_1 数据集展示模型估计过程。

SAS 程序：

proc genmod；

model mortality = age_25 age_30 age_35 age_40 age_45 age_50 age_55 age_60 age_65 age_70 age_75 age_80 cohort_1915 cohort_1920 cohort_1925 cohort_1930 cohort_1935 cohort_1940 cohort_1945 cohort_1950 cohort_1955 cohort_1960 cohort_1965 cohort_1970 cohort_1975 cohort_1980 cohort_1985 cohort_1990 Ln_GDP Bed/dist = poisson　link = log；

run；

SAS 程序解释：

proc genmod 表示该模型将使用广义线性模型进行运行，model 后的语句格式定义模型的具体变量，其与一般的回归模型类似，由于我们选择将第一个年龄组和队列组作为各自因素内的参照项，因此将这两项（age_20 和 cohort_1910）从语句中舍去。当然，研究者可以自由选择各因素内的参照项，然后在模型中舍去。最后我们将两个特征变量输入模型，它们代替了时期的虚拟变量，因此该模型不会存在完全线性依赖关系。最后，dist = poisson 定义结局变量服从泊松分布，link = log 定义其链接函数为 log 函数。

SAS 结果：

SAS 结果输出如下：

Criteria For Assessing Goodness Of Fit			
Criterion	DF	Value	Value/DF
Deviance	34	157. 3886	4. 6291
Scaled Deviance	34	157. 3886	4. 6291
Pearson Chi-Square	34	157. 7753	4. 6404
Scaled Pearson X2	34	157. 7753	4. 6404
Log Likelihood		978150. 7616	
Full Log Likelihood		−342. 1468	
AIC（smaller is better）		746. 2935	
AICC（smaller is better）		806. 4147	
BIC（smaller is better）		813. 6995	

图 14-10　ACPC 模型拟合信息

Analysis Of Maximum Likelihood Parameter Estimates							
Parameter	DF	Estimate	Standard Error	Wald 95% Confidence Limits		Wald Chi-Square	Pr>ChiSq
Intercept	1	4.5137	0.2288	4.0653	4.9621	389.23	<.0001
age_25	1	0.1458	0.0965	−0.0434	0.3349	2.28	0.1310
age_30	1	0.4765	0.0989	0.2827	0.6704	23.21	<.0001
age_35	1	0.8685	0.1039	0.6649	1.0721	69.90	<.0001
age_40	1	1.3184	0.1118	1.0993	1.5375	139.08	<.0001
age_45	1	1.7500	0.1215	1.5118	1.9882	207.32	<.0001
age_50	1	2.1588	0.1313	1.9014	2.4162	270.28	<.0001
age_55	1	2.5949	0.1418	2.3170	2.8728	334.96	<.0001
age_60	1	3.1635	0.1529	2.8637	3.4632	427.91	<.0001
age_65	1	3.6452	0.1646	3.3225	3.9679	490.18	<.0001
age_70	1	4.1597	0.1764	3.8139	4.5055	555.82	<.0001
age_75	1	4.5716	0.1883	4.2025	4.9407	589.34	<.0001
age_80	1	5.0561	0.2017	4.6607	5.4515	628.18	<.0001
cohort_1915	1	−0.0387	0.0234	−0.0845	0.0071	2.74	0.0979
cohort_1920	1	−0.1350	0.0356	−0.2048	−0.0652	14.38	0.0001
cohort_1925	1	−0.1452	0.0483	−0.2399	−0.0504	9.02	0.0027
cohort_1930	1	−0.1866	0.0631	−0.3102	−0.0630	8.76	0.0031
cohort_1935	1	−0.2539	0.0781	−0.4070	−0.1009	10.58	0.0011
cohort_1940	1	−0.4131	0.0928	−0.5950	−0.2312	19.81	<.0001
cohort_1945	1	−0.4796	0.1080	−0.6912	−0.2679	19.73	<.0001
cohort_1950	1	−0.4248	0.1235	−0.6669	−0.1826	11.82	0.0006
cohort_1955	1	−0.3458	0.1393	−0.6188	−0.0728	6.16	0.0131
cohort_1960	1	−0.3759	0.1555	−0.6807	−0.0711	5.84	0.0157
cohort_1965	1	−0.3443	0.1722	−0.6818	−0.0068	4.00	0.0456
cohort_1970	1	−0.3478	0.1899	−0.7199	0.0244	3.35	0.0670
cohort_1975	1	−0.4280	0.2100	−0.8397	−0.0164	4.15	0.0416
cohort_1980	1	−0.5849	0.2324	−1.0405	−0.1293	6.33	0.0119
cohort_1985	1	−0.5686	0.2592	−1.0766	−0.0606	4.81	0.0283
cohort_1990	1	−0.5212	0.3037	−1.1164	0.0739	2.95	0.0861
Ln_GDP	1	−0.0331	0.0206	−0.0734	0.0072	2.59	0.1076
Bed	1	−0.1131	0.0183	−0.1490	−0.0772	38.22	<.0001
Scale	0	1.0000	0.0000	1.0000	1.0000		

图 14-11　ACPC 模型估计结果

SAS 结果解释：

图 14-10 给出了多个拟合指数值，图 14-11 显示了 ML 估计的结果（ML 为系统默认估计方法），并给出了各个变量的估计值及对应的标准误、95% 置信区间、p 值等信息。很显然，年龄和队列效应均具有统计学意义，时期特征估计结果显示，人均 GDP 与死亡率的联系并不是很强，相比之下，每千人床位数的增加与死亡率的下降显著关联（$b = -0.1131$，$p<0.0001$），提示卫生事业发展相较于经济发展对人口健康的影响更加明显和直接。

至此，我们介绍了一般约束估计、IE 估计和因素特征估计这三种方法，下面我们简单对比一下这几种模型所得结果的差异。图 14-12 给出了三种模型的年龄、时期、队列效应线。可以看出，一般约束估计和 IE 估计得到的时期效应均比较平稳；ACPC 估计得到的年龄效应最强，其次是一般约束估计，最后是 IE 估计。相比而言，IE 估计得到的队列效应是最强的，其次是一般约束估计，最后是时期特征估计。实际上，不同模型得到的效应线的斜率/倾斜度之间存在一定的内在关系，其背后也蕴含着极为丰富的数学思想，具体可以参见 O'Brien（2015）的研究。

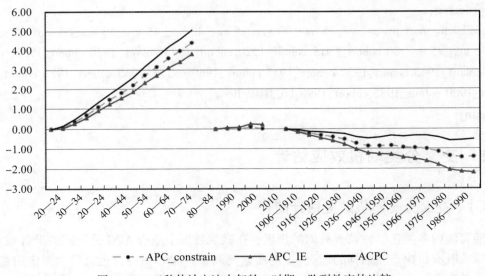

图 14-12　三种估计方法中年龄、时期、队列效应的比较

表 14-5 整理了上面几种模型的拟合情况。可见，IE 估计具有最优的模型拟合度，其次是一般约束估计的 APC 全模型。值得注意的是通过对 AC 模型和 ACPC 模型拟合度的对比（ACPC 是在 AC 模型的基础上添加了两个时期特征变量），可以发现因素特征模型相比其对应的无因素特征的双因素模型，前者的拟合优度具有显著的提升，这也从侧面反映了所纳入的时期特征确实能够解释部分时期变异。

表 14-5　　　　　　　　　　　　　几种 **APC** 模型的拟合指数比较

模型	AIC	BIC	Log likelihood	Deviance/df
AP 模型	797.93	834.89	−381.96	4.9380
AC 模型	782.27	845.33	−362.13	5.4823
PC 模型	746.35	792.01	−352.18	4.0329
APC 全模型	651.58	721.17	−293.79	1.8388
IE 估计	10.02	−77.07	−293.79	1.8388
ACPC 模型	746.29	813.70	−342.15	4.6291

注：AIC 赤池信息准则，BIC 贝叶斯信息准则。

进一步的，我们还可以计算两个时期特征解释了的时期变异比例是多少。依然将死亡率对数值作为结局变量，运行如下基于最小二乘法的 ACPC 模型。我们可以得到模型的 R^2 值为 0.9987，由此可计算出两个时期特征解释了时期效应 30%的变异（（0.9987−0.9984)/(0.9994−0.9984)）。

SAS 程序：

proc reg；

model ln_mortality = age_25 age_30 age_35 age_40 age_45 age_50 age_55 age_60 age_65 age_70 age_75 age_80 cohort_1915 cohort_1920 cohort_1925 cohort_1930 cohort_1935 cohort_1940 cohort_1945 cohort_1950 cohort_1955 cohort_1960 cohort_1965 cohort_1970 cohort_1975 cohort_1980 cohort_1985 cohort_1990 Ln_GDP Bed；

run；

14.5　交叉分类随机效应估计

14.5.1　交叉分类随机效应估计简介

随着国内各类连续性调查数据的积累，在微观数据中进行 APC 分析的要求日益迫切。连续调查既有每次重新抽样的调查（重复横截面调查，如 CGSS），也有每次固定追踪同一批样本的调查（如中国家庭追踪调查）。基于此，Yang 等人（2006）提出用分层模型的思想来解决 APC 识别问题。针对重复横截面形式的微观数据，他们将年龄设置在第一层，时期和队列设置在第二层，形成交叉分类的嵌套结构，即分层 APC-交叉分类随机效应模型（hierarchical age-period-cohort-cross-classified random effects model，HAPC-CCREM）。此时，年龄为固定项，时期和队列则为随机项。这种模型构建方式使得不同层次上的三个因素不能直接相互加减，从而解决了三者之间的线性依赖关系（Yang & Land，2013）。这种交叉分类的模型结构将时期和队列作为随机效应嵌套于个体固定效应之上，此时我们可以理解为在不同的社会历史时点，由于社会历史情境的变迁，具有相似特征的个体的特定结局也随之不断变化。在最简单的情况下，CCREM 可以构建如下：

一层模型：

$$y_{ijk} = \beta_{0jk} + \beta_1 * age_i + e_{ijk} \tag{14-10}$$

二层模型：

$$\beta_{0jk} = \pi_0 + p_{0j} + c_{0k} \tag{14-11}$$

其中，y_{ijk} 为因变量，下标分别表示年龄 i、时期 j 和队列 k，β_1 表示年龄项系数，e_{ijk} 为残差项，β_{0jk} 为总截距，包括时期随机截距 p_{0j}、队列随机截距 c_{0k}，以及控制时期和队列效应的固定截距 π_0，其中 $p_{0j} \sim N(0, \tau_{0j})$，$c_{0k} \sim N(0, \tau_{0k})$。和一般的分层线性模型类似，CCREM 模型也可以添加其他控制变量、交互项、随机斜率项、二层变量等，这些需要根据研究目的进行适当选择。

APC 模型的 CCREM 解法是目前方法学研究者讨论较多的解法。Yang 和 Land（2013）以及 Reither 等人（2015）认为 CCREM 方法所估计出的结果具有较高的信度，且这种随机效应估计总体上优于固定效应估计。然而，一些研究者认为该解法需要在满足一定的假设或条件的情况下才能够得到真实有效的 APC 的解，例如，时期效应应当具有非线性特征（Bell & Jones，2018）。还有一些研究者认为年龄、时期和队列之间以及内部的不同分组宽度会带来估计结果的不一致性（Luo & Hodges，2016；O'Brien，2015）。

进一步的，当数据为严格追踪数据时，基于发展模型的 APC 模型可能是一个更好的选择（Yand & Land，2013；李婷、张闫龙，2014），尽管也有研究者认为可以使用 CCREM 来分析追踪数据（即将追踪数据视作重复横截面数据，不考虑个体内的联系）（Fu & Land，2019）。基于发展模型的 APC 模型本质上是一个发展模型，只需要在一般的发展模型中添加对列变量即可，关于发展模型的介绍可以参见第十三章，在此不作详细介绍。

14.5.2 实例分析与 SAS 实现

我们选取 CGSS 数据，包括 2003 年、2005 年、2006 年、2008 年、2010 年、2011 年、2012 年、2013 年 8 次调查数据，在剔除缺失值后保留样本 68338 个。CGSS2003—2013 属于重复横断面调查，关于 CGSS 的更多介绍详见其官网。我们选择幸福感作为结局变量，选择年龄、年龄平方、教育作为个体层自变量，选择时期和队列作为第二层变量，最后选择时期层面的人均 GDP 增量作为第二层自变量。当然，具体研究中一般会纳入更多控制变量，我们在此仅选择必要的变量作为操作案例。我们想要探究一下几个问题或假设。第一，居民幸福感的年龄、时期和队列效应具体如何，即居民幸福感随着年龄、时期和队列的推移如何变化。第二，如存在明显的时期效应，根据"伊斯特林悖论（Easterlin Paradox）"①，其是否受经济发展的影响。第三，接受高等教育是否影响居民幸福感的队列变化轨迹。具体变量信息见表 14-6。

---

① "伊斯特林悖论"指出，在经济发展水平尤其是收入水平较低阶段，经济或收入与幸福感积极相关，但当经济或居民收入达到一定水平后，二者之间不存在显著关联。

表 14-6　　　　　　　　　　　HAPC-CCREM 变量基本信息表

自变量	编码	均值/比例
年龄	连续型变量	45.97
年龄平方	连续型变量	
大学教育	大专及以上=1	14.0%
	高中及以下=0	86.0%
人均 GDP 增量	连续型变量	3115.70
调查时期	2003、2005、…、2013	
出生队列	-1919、1920-1924、…、1995-1999	

因变量	编码	均值
幸福感	非常不幸福=1，比较不幸福=2，说不上幸福不幸福=3，比较幸福=4，非常幸福=5	3.631

注：原始数据来源于《中国统计年鉴 2014》和 CGSS2003—2013，部分演示思路和数据源于李婷（2018）以及王培刚和姜俊丰（2017）的研究。

首先，我们仅纳入年龄、时期和队列变量以回答第一个问题，设定模型如下。

一层模型：

$$y_{ijk} = \beta_{0jk} + \beta_1 * \text{age}_i + \beta_2 * \text{age}_i^2 + e_{ijk} \tag{14-12}$$

二层模型：

$$\beta_{0jk} = \pi_0 + p_{0j} + c_{0k} \tag{14-13}$$

我们省略数据编码过程，直接演示 CCREM 的 SAS 语句。常用的 CGSS 数据是以 SPSS 的数据库形式保存的，故首先需要将 SPSS 格式数据导入 SAS，随后运行模型。本节所用数据集名称为 exe14_2。

SAS 程序：

proc glimmix data＝exe14_2 maxopt＝10000；

class period cohort_group；

model happiness ＝ age_c age_c2/solution cl dist＝normal；

random period cohort_group/solution；covtest glm/wald；

run；

SAS 程序解释：

我们使用广义线性混合模型（**glimmix**）进行估计，maxopt＝10000 定义最大迭代次数不超过 10000 次，一般情况下迭代几次或几十次就可以使模型达到收敛（下面的案例 1 中迭代了 5 次就收敛了）。class 语句定义第二层变量，model 语句中定义自变量和因变量之间的关系式，这里年龄 age_c 是经过中心化处理的（即将原值减去其均值，下文程序语句中的 GDP1 和 edu_college1 也表示经过了中心化处理），因为我们还纳入了年龄的平方项，中心化的处理方式有助于降低一次项和平方项之间的共线性，此外还有助于我们利用图形的方式来呈现 APC 效应。我们将结局变量 happiness 视作连续型变量，dist=normal 定义其近似服从正态分布，当然读者也可以将其定义为等级变量（等级变量的分层模型参见第十二章内容）。在 random 语句后，我们同时纳入时期和队列组变量，二者被视作交叉平行、非嵌套的二层变量。covtest 语句表示要求输出协方差检验结果，其方法为 glm 广义线性模型，并采用 wald 法进行检验。

SAS 结果：

SAS 输出结果如下：

Fit Statistics	
−2 Res Log Likelihood	168870.5
AIC （smaller is better）	168876.5
AICC （smaller is better）	168876.5
BIC （smaller is better）	168876.7
CAIC （smaller is better）	168879.7
HQIC （smaller is better）	168874.9
Generalized Chi-Square	47277.31
Gener. Chi-Square / DF	0.69

图 14-13　HAPC 模型拟合信息

Covariance Parameter Estimates				
Cov Parm	Estimate	Standard Error	Z Value	Pr>Z
period	0.05105	0.02739	1.86	0.0312
cohort_group	0.001063	0.000582	1.83	0.0339
Residual	0.6918	0.003743	184.81	<.0001

图 14-14　HAPC 模型协方差估计结果

Solutions for Fixed Effects								
Effect	Estimate	Standard Error	DF	t Value	Pr>|t|	Alpha	Lower	Upper
Intercept	3.5836	0.08080	7	44.35	<.0001	0.05	3.3925	3.7746
age_c	−0.00298	0.000497	68312	−6.00	<.0001	0.05	−0.00395	−0.00201
age_c2	0.000210	0.000020	68312	10.31	<.0001	0.05	0.000170	0.000250

图 14-15　HAPC 模型固定效应估计结果

Solution for Random Effects							
Effect	period	cohort_group	Estimate	Std Err Pred	DF	t Value	Pr>|t|
period	2003		−0.3519	0.08056	68312	−4.37	<.0001
period	2005		−0.2218	0.08028	68312	−2.76	0.0057
period	2006		−0.2033	0.08028	68312	−2.53	0.0113
period	2008		0.08298	0.08053	68312	1.03	0.3028
period	2010		0.1317	0.08024	68312	1.64	0.1007
period	2011		0.2713	0.08058	68312	3.37	0.0008
period	2012		0.1745	0.08027	68312	2.17	0.0298
period	2013		0.1166	0.08031	68312	1.45	0.1467
cohort_group		1	−0.01454	0.03193	68312	−0.46	0.6489
cohort_group		2	−0.01450	0.02978	68312	−0.49	0.6264
cohort_group		3	−0.03834	0.02610	68312	−1.47	0.1419
cohort_group		4	0.02450	0.02191	68312	1.12	0.2635
cohort_group		5	0.04338	0.01831	68312	2.37	0.0178
cohort_group		6	0.02511	0.01657	68312	1.51	0.1298
cohort_group		7	0.03877	0.01541	68312	2.52	0.0119
cohort_group		8	0.01219	0.01466	68312	0.83	0.4055
cohort_group		9	−0.04212	0.01466	68312	−2.87	0.0041
cohort_group		10	−0.02457	0.01430	68312	−1.72	0.0857
cohort_group		11	−0.03399	0.01394	68312	−2.44	0.0147
cohort_group		12	0.001313	0.01399	68312	0.09	0.9252
cohort_group		13	0.01478	0.01512	68312	0.98	0.3282
cohort_group		14	0.006837	0.01666	68312	0.41	0.6816
cohort_group		15	−0.00029	0.01922	68312	−0.01	0.9882
cohort_group		16	0.01372	0.02286	68312	0.60	0.5483
cohort_group		17	−0.01225	0.03057	68312	−0.40	0.6886

图 14-16　HAPC 模型随机效应估计结果

SAS 结果解释：

很显然，协方差参数检验结果显示，居民幸福感的时期和队列效应均具有统计学意义，其中具体每个时期点和队列组的幸福感估计值需要看随机效应解的结果。固定效应解的结果显示，居民幸福感的年龄和年龄平方效应也具有统计学意义，即二者之间存在正 U 形关系（平方项估计值为正值表明抛物线开口向上）。

我们继续回答第二个问题，纳入年龄、时期、队列及人均 GDP 增量变量，设定模型如下。

一层模型：

$$y_{ijk} = \beta_{0jk} + \beta_1 * \text{age}_i + \beta_2 * \text{age}_i^2 + e_{ijk} \tag{14-14}$$

二层模型：

$$\beta_{0jk} = \pi_0 + \alpha_1 * \text{GDP}_j + p_{0j} + c_{0k} \tag{14-15}$$

SAS 程序：

proc glimmix data = cgss. exe14_2 maxopt = 10000;

class period cohort_group;

model happiness = age_c age_c2 GDP1/solution cl dist = normal;

random period cohort_group/solution; covtest glm/wald;

run;

SAS 结果：

SAS 结果输出如下：

Fit Statistics	
−2 Res Log Likelihood	168875.3
AIC （smaller is better）	168881.3
AICC （smaller is better）	168881.3
BIC （smaller is better）	168881.5
CAIC （smaller is better）	168884.5
HQIC （smaller is better）	168879.6
Generalized Chi-Square	47276.62
Gener. Chi-Square / DF	0.69

图 14-17　HAPC 模型拟合信息

Covariance Parameter Estimates				
Cov Parm	Estimate	Standard Error	Z Value	Pr>Z
period	0.007194	0.004198	1.71	0.0433
cohort_group	0.001062	0.000581	1.83	0.0339
Residual	0.6918	0.003743	184.81	<.0001

图 14-18　HAPC 模型协方差估计结果

Solutions for Fixed Effects								
Effect	Estimate	Standard Error	DF	t Value	Pr>|t|	Alpha	Lower	Upper
Intercept	3. 5792	0. 03236	6	110. 61	<. 0001	0. 05	3. 5000	3. 6584
age_c	−0. 00297	0. 000496	68312	−5. 99	<. 0001	0. 05	−0. 00395	−0. 00200
age_c2	0. 000210	0. 000020	68312	10. 31	<. 0001	0. 05	0. 000170	0. 000250
GDP1	0. 000159	0. 000024	68312	6. 55	<. 0001	0. 05	0. 000112	0. 000207

图 14-19 HAPC 模型固定效应估计结果

Solution for Random Effects							
Effect	period	cohort_group	Estimate	Std Err Pred	DF	t Value	Pr>|t|
period	2003		−0. 03374	0. 05726	68312	−0. 59	0. 5557
period	2005		−0. 01581	0. 04392	68312	−0. 36	0. 7189
period	2006		−0. 07096	0. 03685	68312	−1. 93	0. 0541
period	2008		0. 01976	0. 03303	68312	0. 60	0. 5496
period	2010		−0. 06889	0. 04340	68312	−1. 59	0. 1124
period	2011		−0. 05207	0. 05810	68312	−0. 90	0. 3702
period	2012		0. 1544	0. 03114	68312	4. 96	<. 0001
period	2013		0. 06727	0. 03194	68312	2. 11	0. 0352
cohort_group		1	−0. 01454	0. 03193	68312	−0. 46	0. 6487
cohort_group		2	−0. 01456	0. 02978	68312	−0. 49	0. 6248
cohort_group		3	−0. 03845	0. 02610	68312	−1. 47	0. 1406
cohort_group		4	0. 02437	0. 02191	68312	1. 11	0. 2660
cohort_group		5	0. 04323	0. 01830	68312	2. 36	0. 0182
cohort_group		6	0. 02498	0. 01657	68312	1. 51	0. 1317
cohort_group		7	0. 03865	0. 01541	68312	2. 51	0. 0121
cohort_group		8	0. 01213	0. 01465	68312	0. 83	0. 4079
cohort_group		9	−0. 04218	0. 01465	68312	−2. 88	0. 0040
cohort_group		10	−0. 02458	0. 01430	68312	−1. 72	0. 0855
cohort_group		11	−0. 03397	0. 01394	68312	−2. 44	0. 0148
cohort_group		12	0. 001363	0. 01399	68312	0. 10	0. 9224
cohort_group		13	0. 01488	0. 01512	68312	0. 98	0. 3249
cohort_group		14	0. 006971	0. 01666	68312	0. 42	0. 6756
cohort_group		15	−0. 00014	0. 01922	68312	−0. 01	0. 9940
cohort_group		16	0. 01401	0. 02285	68312	0. 61	0. 5398
cohort_group		17	−0. 01214	0. 03056	68312	−0. 40	0. 6911

图 14-20 HAPC 模型随机效应估计结果

SAS 结果解释：

以上结果显示，人均 GDP 增量这一时期特征与居民幸福感之间呈现积极联系，更重要的是，时期项的方差估计值有原来的 0.05105 下降至现在的 0.007194(尽管依然具有统计学意义)，表明人均 GDP 增量在很大程度上解释了居民幸福感的时期变化。

我们继续验证第三个问题，纳入年龄、时期、队列及是否接受过高等教育。设定模型如下：

一层模型：

$$y_{ijk} = \beta_{0jk} + \beta_1 * \text{age}_i + \beta_2 * \text{age}_i^2 + \beta_{3k} * \text{edu}_i + e_{ijk} \tag{14-16}$$

二层模型：

$$\beta_{0jk} = \pi_0 + p_{0j} + c_{0k} \tag{14-17}$$

$$\beta_{3k} = \beta_3 + c_{3k} \tag{14-18}$$

如公式(14-16)至公式(14-18)所述，在探究队列轨迹的教育差异时，需要设定教育为随机效应 β_{3k}，其由不随时间变化的固定效应 β_3 和随队列变化的随机效应 c_{3k} 组成。

SAS 程序：

proc glimmix data=exe14_2 maxopt=10000；

class period cohort_group；

model happiness = age_c age_c2 edu_college1/solution cl dist=normal；

random intercept/subject = period solution；

random intercept edu_college1/subject = cohort_group solution；

covtest glm/wald；

run；

SAS 程序解释：

需要注意的是，在交叉分类的分层设定中，当需要纳入个体随机效应时，研究者需要将两个组水平 random 语句分开，分别定义时期和队列这两个组水平。

SAS 结果：

SAS 结果输出如下：

Fit Statistics	
−2 Res Log Likelihood	168360.0
AIC　(smaller is better)	168368.0
AICC (smaller is better)	168368.0
BIC　(smaller is better)	168360.0
CAIC (smaller is better)	168364.0
HQIC (smaller is better)	168360.0
Generalized Chi-Square	46908.28
Gener. Chi-Square / DF	0.69

图 14-21　HAPC 模型拟合信息

Covariance Parameter Estimates					
Cov Parm	Subject	Estimate	Standard Error	Z Value	Pr>Z
Intercept	period	0.05148	0.02759	1.87	0.0310
Intercept	cohort_group	0.000832	0.000505	1.65	0.0499
edu_college1	cohort_group	0.005669	0.002832	2.00	0.0226
Residual		0.6865	0.003715	184.79	<.0001

图 14-22　HAPC 模型协方差估计结果

Solutions for Fixed Effects								
Effect	Estimate	Standard Error	DF	t Value	Pr>|t|	Alpha	Lower	Upper
Intercept	3.5878	0.08098	7	44.30	<.0001	0.05	3.3963	3.7793
age_c	−0.00211	0.000461	68294	−4.57	<.0001	0.05	−0.00301	−0.00120
age_c2	0.000203	0.000019	68294	10.40	<.0001	0.05	0.000164	0.000241
edu_college1	0.2159	0.02343	16	9.22	<.0001	0.05	0.1662	0.2655

图 14-23　HAPC 模型固定效应估计结果

Solution for Random Effects					
Effect	Subject	Estimate	Std Err Pred	DF	t Value	Pr>|t|
Intercept	period 2003	−0.3669	0.08089	68294	−4.54	<.0001
Intercept	period 2005	−0.2132	0.08061	68294	−2.64	0.0082
Intercept	period 2006	−0.1951	0.08061	68294	−2.42	0.0155
Intercept	period 2008	0.08407	0.08086	68294	1.04	0.2985
Intercept	period 2010	0.1308	0.08058	68294	1.62	0.1045
Intercept	period 2011	0.2719	0.08090	68294	3.36	0.0008
Intercept	period 2012	0.1734	0.08061	68294	2.15	0.0315
Intercept	period 2013	0.1151	0.08064	68294	1.43	0.1536
Intercept	cohort_group 1	−0.01292	0.02837	68294	−0.46	0.6489
edu_college1	cohort_group 1	0.002735	0.07404	68294	0.04	0.9705
Intercept	cohort_group 2	−0.01295	0.02681	68294	−0.48	0.6292
edu_college1	cohort_group 2	0.009525	0.07323	68294	0.13	0.8965

图 14-24　HAPC 模型随机效应估计结果

SAS 结果解释：

随机效应解的结果偏长，我们没有全部展示在这里。从协方差参数估计结果中可知，高等教育变量的随机效应具有统计学意义，也就是说，幸福感得分在接受过和没有接受过高等教育的群体之间的队列变化轨迹是有显著区别的。从固定效应解的结果也可以知道，接受过高等教育的人的幸福感要比没有接受过高等教育的人平均高 0.2159 分。

至此，我们回答了之前所提出的 3 个研究问题。进一步的，我们可以用图形的形式来直观展示上述结果，这也是已有相关研究最常用的结果展示方式。我们假设上述三个估计模型分别为模型 1、模型 2 和模型 3，由此获得以下年龄、时期和队列效应线。其中，图 14-25 年龄效应的计算方式为：$y = 3.5836 - 0.00298 * \text{age}_c + 0.00021 * \text{age\_c2}$；图 14-26 时期效应的计算方式为：$y_j = 3.5836 + p_{0j}$ 和 $y_j = 3.5792 + p_{0j}$；图 14-27 队列效应的计算方式为：$y_k = 3.5836 + c_{0k}$ 和 $y_k = 3.5878 + c_{0k} + (0.2159 + c_{3k}) * \text{edu\_college1}$。

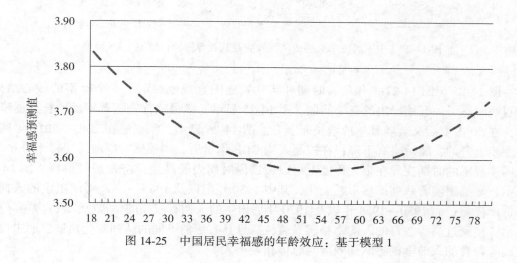

图 14-25 中国居民幸福感的年龄效应：基于模型 1

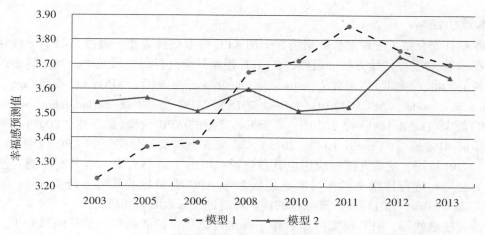

图 14-26 中国居民幸福感的时期效应：模型 1 VS 模型 2

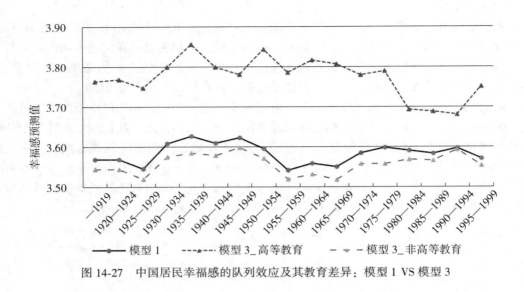

图 14-27 中国居民幸福感的队列效应及其教育差异：模型 1 VS 模型 3

图 14-25 至图 14-27 的年龄、时期和队列效应图直观地展示了三个模型的核心结果，并直观解答了一开始提出的三个问题。图 14-25 显示，幸福感首先随着年龄增长而逐步下降，在 50 多岁后又会随着年龄增长而上升。图 14-26 显示，幸福感在 2003—2011 年期间是逐步上升的，随后略有下降；在控制人均 GDP 增量后，幸福感时期曲线变得十分平缓，说明幸福感的时期变异在很大程度上可以被这段时期内的高速经济发展所解释。图 14-27 显示，幸福感随着队列推移不断变化，其中 1930 年前以及 1955—1969 年间出生的人拥有较低幸福感，而 1930—1954 年以及 1970 年后出生的人拥有较高的幸福感；教育差异分析显示，接受过高等教育的人的幸福感显著较高且具有迥然不同的队列变化轨迹，而未接受过高等教育的人的幸福感队列效应与总体相差不大。

◎ **本章小结**

本章首先介绍了三种聚合数据情况下的 APC 模型估计方法，随后介绍了一种针对微观数据的 APC 模型估计方法。当然，在 APC 模型日新月异的发展之中，越来越多的估计方法相继问世，例如可估函数法（estimable functions approach）、APC 混合模型（age-period-cohort mixed model，APCMM）（O'Brien，2015）、APC 交互（age-period-cohort-interaction，APC-I）模型（Luo & Hodges，2020）、基于工具变量的 APC 模型（梁玉成，2007）、基于发展模型的 APC 模型（Yang & Land，2013），以及基于双重差分模型的 APC 模型（Dinas & Stoker，2014）等，这些方法的应用也日益广泛。但由于篇幅有限，本书不可能对已知的这些方法一一进行详细介绍。目前已出版数本 APC 模型相关教材，包括 Yang 和 Land（2013）及 O'Brien（2015）等，有兴趣的读者可以进行深入阅读和研究。

需要注意的是，APC 模型可以看作一种统计思想，扩展到多个学科的研究中。当模型中存在三个完全线性依赖的时间因素时，我们可以考虑利用 APC 模型的解决思路进行分析。例如，研究者想要研究某种产品的使用寿命如何随时间变化，那么便需要考虑该产品截至报废时被使用了多久(使用时长)、该产品的报废时点以及该产品的出厂时点。很显然,使用时长=报废时点-出厂时点(不考虑出厂到被购买的时间间隔变异),此时 APC 模型的解决思路便是可用的。还有一个常见的案例是,针对婚后幸福感如何随时间变化的问题,研究者可能需要关注何时结婚、结婚多久和目前多大年龄这三个时间因素,此时三者之间也是完全线性依赖关系,可以利用 APC 模型的研究思路展开研究。

正如统计学家乔治·博克斯所言,"所有的模型都是错误的,但有些是有用的"。因此,尽管近年来关于如何正确估计 APC 模型的研究层出不穷,但如前所述,几种常见的 APC 估计方法目前仍是饱受争议的,这也是 APC 模型不断发展创新的原动力之一。需要明确,每种估计方法都有各自的优势与局限,且在满足一定研究假设的情况下才能得到符合事实的解。因此,研究者在进行 APC 模型估计时,既要结合自己的数据特征选择合适的估计方法,也要根据自身专业知识作出合理的判断,避免得出不合理的估计结果。

◎ 参考文献

[1]Bell A, Jones K. The hierarchical age-period-cohort model: why does it find the results that it finds?[J]. Quality & Quantity, 2018, 52(2).

[2]Dinas E, Stoker L. Age-period-cohort analysis: a design-based approach[J]. Electoral Studies, 2014, 33.

[3]Elder G H. Children of the great depression: social change in life experience[M]. Chicago: University of Chicago Press, 1974.

[4]Elder G H. The life course as developmental theory[J]. Child Development, 1998, 69(1).

[5]Fienberg S E, Mason W M. Identification and estimation of age-period-cohort models in the analysis of discrete archival data[J]. Sociological Methodology, 1979, 10.

[6]Fu Q, Land K C. Does urbanisation matter? A temporal analysis of the socio-demographic gradient in the rising adulthood overweight epidemic in China, 1989-2009[J]. Population, Space and Place, 2017, 23(1).

[7]Glenn N D. Distinguishing age, period, and cohort effects[M]. New York: Kluwer Academic/Plenum, 2003.

[8]Luo L. Assessing validity and application scope of the Intrinsic Estimator approach to the age-period-cohort problem[J]. Demography, 2013, 50(6).

[9]Luo L, Hodges J S. Block constraints in age-period-cohort models with unequal-width intervals[J]. Sociological Methods & Research, 2016, 45(4).

[10]Luo L, Hodges J S. The age-period-cohort-interaction model for describing and investigating inter-cohort deviations and intra-cohort life-course dynamics[J]. Sociological Methods & Research, 2020, 10.

[11]Mason K O, Mason W M, Winsborough H H, et al. Some methodological issues in cohort analysis of archival data[J]. American Sociological Review, 1973, 38(2).

[12]O'Brien R. Age-period-cohort models: approaches and analyses with aggregate data[M]. Boca Raton: Chapman & Hall/CRE Press, 2015.

［13］Pelzer B, Grotenhuis M, Eisinga R, et al. The non-uniqueness property of the Intrinsic Estimator in APC models［J］. Demography, 2015, 52(1).

［14］Reither E N, Masters R K, Yang Y C, et al. Should age-period-cohort studies return to the methodologies of the 1970s？［J］. Social Science & Medicine, 2015, 128.

［15］Yang Y, Land K C. A mixed models approach to the age-period-cohort analysis of repeated cross-section surveys, with an application to data on trends in verbal test scores［J］. Sociological Methodology, 2006, 36.

［16］Yang Y, Land K C. Age-period-cohort analysis of repeated cross-section surveys：fixed or random effects？［J］. Sociological Method & Research, 2008, 36(3).

［17］Yang Y C, Land K C. Age-period-cohort analysis：new models, methods, and empirical applications［M］. Boca Raton：Chapman & Hall/CRE Press, 2013.

［18］Yang Y, Fu W J, Land K C. A methodological comparison of age-period-cohort models：the intrinsic estimator and conventional generalized linear models［J］. Sociological Methodology, 2004, 34(1).

［19］陈心广, 王培刚. 中国社会变迁与国民健康动态变化［J］. 中国人口科学, 2014(2).

［20］李婷. 哪一代人更幸福？年龄、时期和队列分析视角下中国居民主观幸福感的变迁［J］. 人口与经济, 2018(1).

［21］李婷, 张闫龙. 出生队列效应下老年人健康指标的生长曲线及其城乡差异［J］. 人口研究, 2014, 38(2).

［22］梁玉成. 现代化转型与市场转型混合效应的分解：市场转型研究的年龄、时期和世代效应模型［J］. 社会学研究, 2007, 22(4).

［23］王培刚, 姜俊丰. 社会变迁与中国居民幸福感动态研究［J］. 中国社会科学(内部文稿), 2017(5).

附　录

专有名词中英文对照

第 1 章

age-period-cohort model	年龄-时期-队列模型
alternative hypothesis	对立假设/备择假设
arithmetic mean	算数平均数
Bernoulli distribution	伯努利分布
binomial distribution	二项分布
categorical variable	分类变量
central limit theorem	中心极限定理
continuous variable	连续型变量
covariance	协方差
covariance matrix	协方差矩阵
dependent variable	因变量
descriptive statistics	描述统计
discrete variable	离散型变量
estimation	估计
explanatory variable	解释变量
generalized linear regression	广义线性回归
geometrical mean	几何平均数
growth model	发展模型

315

heterogeneity	异质性
homogeneity	同质性
hypothesis testing	假设检验
independent variable	自变量
inferential statistics	推断统计
inter-quartile range	四分位数间距
interval estimation	区间估计
interval variable	定距变量
latent variable	潜变量
Logistic regression	Logistic 回归
latent growth model	潜变量发展模型
mean square deviation	均方差
mean vector	均向量
median	中位数
multiple linear regression	多元线性回归
nominal variable	定类变量
normal distribution	正态分布
null hypothesis	零假设/原假设
numerical variable	数值变量
ordinal variable	定序变量
point estimation	点估计
Poisson distribution	泊松分布
predictor	预测因子
probability distribution	概率分布
qualitative variable	定性变量
quantitative variable	定量变量
random variable	随机变量
range	极差

ratio variable	定比变量
regression analysis	回归分析
response variable	反应变量
sample	样本
sample linear regression	一般线性回归
sampling	抽样
sampling distribution	样本分布
standard deviation	标准差
statistics	统计学
statistical inference	统计推断
structural equation model	结构方程模型
study population	研究总体
target population	目标总体
variance	方差
variation	变异

第 2 章

analysis of covariance	协方差分析
analysis of variance，ANOVA	方差分析
mean square，MS	均方
multivariate analysis of variance，MANOVA	多元方差分析
one-way ANOVA	单因素方差分析
sum of squares of deviations from mean，SS	均差平方和
total sum of squares and cross products matrix，SSCP	离差平方和与离差积和矩阵
two/ more-way ANOVA	多因素方差分析

第 3 章

| adjusted R-squared | 调整 R^2 |

maximum likelihood method   最大似然法

multiple linear regression model   多元线性回归模型

omitted variable bias   遗漏变量偏差

ordinary least squares，OLS   普通最小二乘法

partial least-square method   偏小二乘回归

partial regression coefficient   偏回归系数

robust regression   稳健回归

第 4 章

Akaike's information criterion，AIC   赤池信息量准则

backward stepwise   向后逐步

combined stepwise   混合逐步

cumulative logistic regression model   累积 Logistic 回归模型

Deviance   D 统计量

forward stepwise   向前逐步

goodness of fit   拟合优度

information measures   信息指标

likelihood ratio test' LR   似然比检验

log likelihood，LL   对数似然值

maximum likelihood estimation，MEL   最大似然估计法

multinomial logit model   多项 Logit 模型

odds   发生比

odds ratio，OR   发生比率

Pearson chi-square statistic   Pearson χ^2 值

relative risk，RR   相对危险

score test   比分检验

Schwarts criterion，SC   施瓦兹准则

The Hosmer-Lemeshow tests   HL 指标

第 5 章

outer product，OP	外积
outer product and hessian matrices，QML	外积和 Hessian 矩阵
over-dispersion	过大离散
quasi-newton，QN	拟牛顿法
trust region method，TR	信赖域型方法
under-dispersion	过小离散
zero-inflated，ZI	零膨胀
zero-inflated negative binomial，ZINB	零膨胀负二项模型
zero-inflated Poisson，ZIP	零膨胀 Poisson 模型
zero inflated link function	零膨胀链接函数

第 6 章

Cox's proportional hazards regression model	Cox 比例风险回归模型
cumulative distribution function	累积分布函数
cumulative probability of survival	累积生存率
hazard function	风险函数
probability density function	概率密度函数
proportional hazard	比例风险
risk set	风险集
survival analysis	生存分析
survival function	生存函数
survival rate	生存率
survival time	生存时间

第 7 章

canonical discriminant	典则判别

cluster	类别
cluster analysis	聚类分析
cross validation	交叉核实法
cubic clustering criterion，CCC	立方聚类准则
dendrogram	谱系图
discriminant analysis	判别分析
hierarchical clustering	系统聚类法
jackknife	刀切法
K-means clustering	K-均值聚类
semipartial	半偏

第 8 章

Bartlett test of sphercity	巴特莱特球性检验
common factor	公共因子
factor analysis	因子分析
Kaiser-Meyer-Olkin measule of sampling adequacy test	KMO 检验
principal component analysis，PCA	主成分分析
special factor	特殊因子

第 9 章

confirmatory factor analysis，CFA	验证性因子分析
expected parameter change，EPC	参数期望改变值
exploratory factor analysis，EFA	探索性因子分析
latent variable	潜在变量
latent variable model	潜变量模型
measured variable	测量变量
measurement equation	测量方程

measurement model	测量模型
mediating effect	中介效应
mediator	中介变量
moderating effect	调节效应
moderator	调节变量
modification indices，MI	修正指数
multi-group model	多组模型
single-group model	单组模型
staked model	重叠模型
standardized estimation	标准化估计
structural equation	结构方程
structural equation model，SEM	结构方程模型
structural model	结构模型

第 10 章

BCH- adjusted proportional assignment	BCH-调整的比例分配法
BCH-adjusted modal assignment	BCH-调整的莫代尔分配法
conditional latent class analysis	有条件的潜在类别分析
conditional probability	条件概率
global maxima	全局最优
growth mixture modeling	增长混合模型
homogeneity	同质性
item response probability	条件概率
latent class analysis	潜在类别分析
latent class probability	潜类别概率
latent class growth analysis	潜类别增长模型
latentclass separation	潜类别间距

latent profile analysis	潜在剖面分析
latent trait analysis	潜在特质分析
latent transition analysis	潜在转换分析
latent variable modeling	潜变量模型
local independence	局部独立性
local maxima	局部最大化解
manifest variable	外显变量
modal assignment	莫代尔分配法
most likely class regression	最可能类别回归法
multinominal logistic regression	无序多分类 Logistic 回归
multiple-group LCA	多组潜在类别分析
posterior probability	后验概率
proportional assignment	比例分配法
restricted model	设限模型
unadjusted modal assignment	非调整的莫代尔分配法
unadjusted proportional assignment	非调整的比例分配法
unconditional latent class analysis	无条件的潜在类别分析

第 11 章

average treatment effect，ATE	平均处理效用
caliper	卡尺
covariate balance	共变量平衡
discriminant analysis	鉴别分析
region of common support	共同支持域
randomized controled trial，RCT	随机对照试验
propensity score analysis，PAS	倾向值分析
propensity score matching	倾向值评分匹配

stable unit treatment value assumption，SUTVA   稳定单元处理值假定

strongly ignorable treatment assignment   强可忽略干预分派假定

sampling bias   抽样偏差

第 12 章

cross-level interaction   跨层交互作用

ecological fallacy   生态学谬误

empirical bayes estimator   经验贝叶斯估计方法

empty model   空模型

fixed effect   固定效应

fixed regression coefficient   固定回归系数

full maximum likelihood，FML   完全最大似然法

full model   全模型

grand-mean centering   总均数中心化

growth-cure model   增长曲线模型

group-mean centering   组均数中心化

hierarchical model   分层模型

intra-class correlation coefficient，ICC   组内相关系数

iterative generalized least squares，IGLS   迭代广义最小二乘法

LR test   似然比检验

mixed effect model   混合效应模型

multilevel linear model   多层线性模型

multilevel model   多层模型

multivariate normal distribution   多元正态分布

random coefficient model   随机系数模型

random-coefficient regression coefficient   随机系数回归系数

random-effect model   随机效应模型

random-intercept model	随机截距模型
restricted iterative generalized least squares, RIGLS	限制性迭代广义最小二乘法
restricted maximum likelihood, REML	限制性最大似然法
between-group variance	组间方差
within-group variance	组内方差

第13章

average growth trend	平均发展趋势
between-subject heterogeneity	个体间异质性
compound symmetry residual variance/covariance structure, CS	复合对称残差方差/协方差矩阵
first order auto-regressive residual variance/covariance structure, AR(1)	一阶自回归残差方差/协方差结构
HF residual variance/covariance structure, HF	Huynh-Feldt 残差方差/协方差结构
longitudinal data	纵向数据
longitudinal study	纵向研究
missing completely at random, MCAR	完全随机缺失
missing not at randm, MNAR	非随机数据缺失
missing at random, MAR	随机数据缺失
random coefficient growth model	随机系数发展模型
random intercept and slope model, RIS	随机截距-斜率模型
random intercept growth model	随机截距发展模型
random intercept-slope growth model	随机截距-斜率发展模型
residual variance/covariance structure	设定残差方差/协方差结构
restricted -2LL	限制性-2LL
TOEP residual variance/covariance structure	Toeplitz 残差方差/协方差结构
univariate repeated measure ANOVA, URM ANOVA	单元重复测量 ANOVA

unstructured residual variance/covariance structure, UN	非结构性残差方差/协方差结构
within-subject variation	个体内变异

第 14 章

age-cohort-period characteristic, ACPC	年龄-队列-时期特征
age-cohort, AC	年龄-队列
age-period-cohort, APC	年龄-时期-队列
age-period	年龄-时期
age-period-cohort characteristic, APCC	年龄-时期-队列特征
age-period-cohort mixed model	年龄-时期-队列混合模型
age-period-cohort interaction(APC-I)	年龄-时期-队列交互
Bayesian Information Criteria, BIC	贝叶斯信息准则
design matrix	设计矩阵
Easterlin Paradox	伊斯特林悖论
eigenvector	特征向量
estimable functions approach	可估函数法
factor-characteristic approach	因素特征法
generalized constrained estimation	一般约束估计
generalized linear model, GLM	广义线性模型
hierarchical age-period-cohort-cross-classified random effects model, HAPC-CCREM	分层年龄-时期-队列-交叉分类随机效应模型
intrinsic estimation, IE	内源估计
life course theory	生命历程理论
null vector	零向量
outcome vector	出象向量
rank deficient	秩亏
solution vector	解向量
unique variance	特异方差
period-cohort, PC	时期-队列